市政工程质量标准化施工指南

郑州航空港经济综合实验区（郑州新郑综合保税区）建设工程质量安全监督站 编

黄河水利出版社
·郑州·

图书在版编目（CIP）数据

市政工程质量标准化施工指南 / 赵金良等主编；郑州航空港经济综合实验区（郑州新郑综合保税区）建设工程质量安全监督站编. — 郑州：黄河水利出版社，2018. 2
ISBN 978 - 7 - 5509 - 1975 - 4

Ⅰ. ①市… Ⅱ. ①赵… ②郑… Ⅲ. ① 市政工程 - 工程质量 - 质量检验 - 标准化 - 指南 Ⅳ. ①TU990.05-65

中国版本图书馆CIP数据核字（2018）第039493号

组稿编辑：李洪良　电话：0371-66026352　E-mail：hongliang0013@163.com

出 版 社：黄河水利出版社　网址：www.yrcp.com
地址：河南省郑州市顺河路黄委会综合楼14层　邮编：450003
发行单位：黄河水利出版社
发行部电话：0371-66026940、66020550、66028024、66022620（传真）
E-mail：hhslcbs@126.com
承印单位：河南瑞之光印刷股份有限公司
开本：787 mm × 1 092 mm　1/16
印张：15.5
字数：396 千字　印数：1—1 000
版次：2018 年 2 月第 1 版　印次：2018 年 2 月第 1 次印刷

定价：300.00 元

前　言

为全面提高市政基础设施工程施工生产标准化、规范化管理水平，充分发挥工程质量的基础保障作用，促进市政工程又好又快地发展，特编制了市政工程质量标准化施工指南（简称本指南）。

在本指南编制过程中，编写组根据市政工程的施工特点，认真总结和研讨了施工技术的实践经验，充分征求了有关参建单位的意见，依据国家现行的相关规范标准、施工过程控制要点、验收要点及实验区的创新点，并邀请了有关部门的专家进行函审，在此基础上形成了初稿。

本指南适用于新建、改建、扩建的市政工程，共8章，包括雨污水工程、道路工程、桥梁工程、隧道工程、管廊工程、绿化工程、河道工程、质量文明施工等内容。内容图文并茂，浅显易懂，具有很强的实践指导意义。

本指南力求理论联系实际，但由于编者水平有限，编写时间仓促，不足之处在所难免，希望广大读者批评指正。本次印刷为试用版，希望读者在使用过程中多提宝贵意见，使本指南在实践中进一步更新与完善。

2017年6月

《市政工程质量标准化施工指南》
编 委 会

主　　编： 赵金良　马学明　董晓云　常守志　王凌欣

副 主 编： 袁　伟　张宗杰　马成立　焦改霞　李燕飞
韩亚军　王学军　谢闯将　韩　冰　杨尉涛
丁　凯　张建军　杨剑波　王蛟洋　张光海
王文龙

参　　编： 赵玉珍　石建增　杨晓楠　谌奔波　田文星
王永涛　范志军　李　霞　李三民　曲小欢
李　哲　白基正　樊瑞钊　赵　凯　万志栋
钟强义　岳艳军　王文才　王四虎　路贻宝
张青包　杜新生　刘海军　刘秀松　姚孟成
石　健　王　伟　于建光　王远培　张成立
范丽丽　程阳光　叶宜备　张晓密　刘二阳
刘　伟　范海波　梁志强　王家永

主编单位： 郑州航空港经济综合实验区（郑州新郑综合保税区）
建设工程质量安全监督站

参与单位： 郑州航空港兴港投资集团有限公司
中国建筑第七工程局有限公司
中国电力建设股份有限公司
中国中铁股份有限公司
中铁十七局集团有限公司
上海隧道工程有限公司
上海宝冶集团有限公司
河南省建筑工程质量检验测试中心站有限公司
河南鑫港工程检测有限公司

目　录

第 1 章　雨污水工程

1.1　质量控制流程图

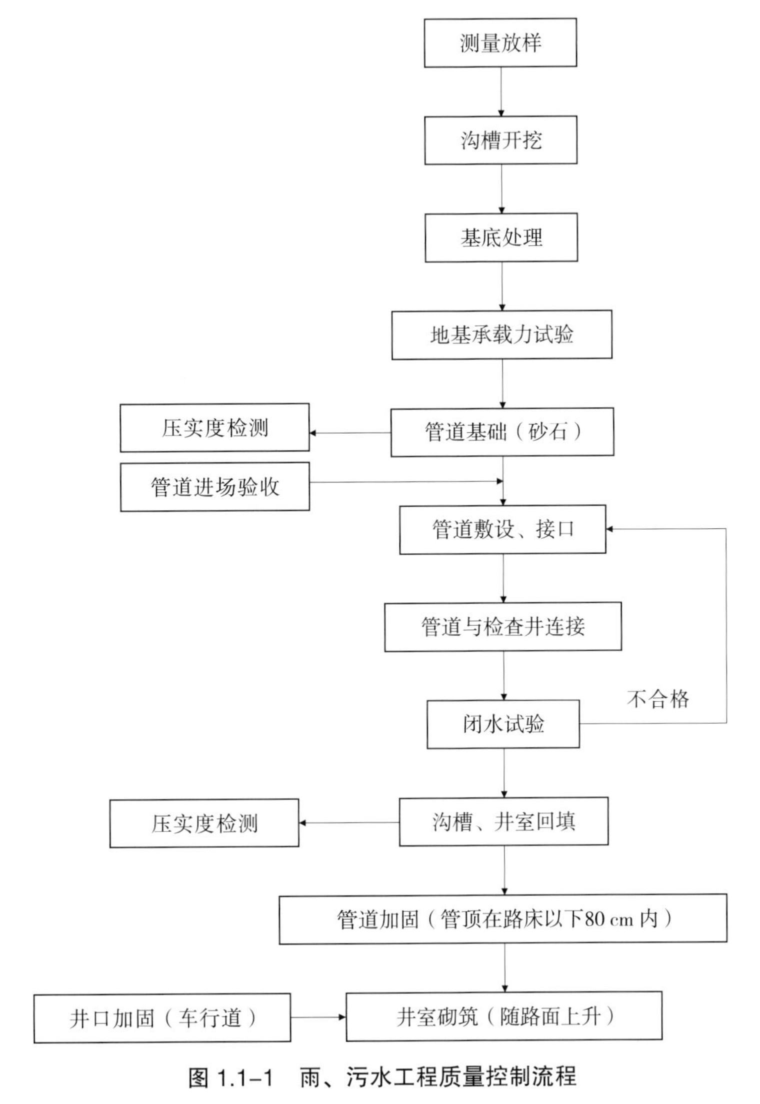

图 1.1–1　雨、污水工程质量控制流程

1.2　沟槽开挖

1.2.1　测量放线

施工前严格按照设计图纸放出管道中心线、开挖边线、坡脚线及检查井位置；设置高程控制点，直线段每 10 m 一点，曲线段每 5 m 一点，并采取必要的防护措施。

图 1.2-1　测量放线

1.2.2　沟槽开挖

1.2.2.1　沟槽底部的开挖宽度无设计要求时，需满足下表要求。

表 1.2-1　管道一侧的工作面宽度

<table>
<tr><th rowspan="2">管道的外径 D_0（mm）</th><th colspan="3">管道一侧的工作面宽度 b_1（mm）</th></tr>
<tr><th colspan="2">混凝土类管道</th><th>金属类管道、化学建材管道</th></tr>
<tr><td rowspan="2">$D_0 \leqslant 500$</td><td>刚性接口</td><td>400</td><td rowspan="2">300</td></tr>
<tr><td>柔性接口</td><td>300</td></tr>
<tr><td rowspan="2">$500 < D_0 \leqslant 1\,000$</td><td>刚性接口</td><td>500</td><td rowspan="2">400</td></tr>
<tr><td>柔性接口</td><td>400</td></tr>
<tr><td rowspan="2">$1\,000 < D_0 \leqslant 1\,500$</td><td>刚性接口</td><td>600</td><td rowspan="2">500</td></tr>
<tr><td>柔性接口</td><td>500</td></tr>
<tr><td rowspan="2">$1\,500 < D_0 \leqslant 3\,000$</td><td>刚性接口</td><td>800 ~ 1 000</td><td rowspan="2">700</td></tr>
<tr><td>柔性接口</td><td>600</td></tr>
</table>

1.2.2.2　沟槽临时堆土或其他施工荷载应不得影响其他建筑物、管线、设施的安全；不得掩埋各种设施影响使用；堆土距沟槽边缘不小于 0.8 m，高度不应超过 1.5 m。

1.2.2.3　开槽施工沟槽每侧临时堆土或施加其他荷载时，堆土距沟槽边缘不小于 0.8 m，且高度不应超过 1.5 m。

沟槽开挖断面应符合施工组织设计（方案）的要求。沟槽挖深较大时，应确定分层开挖深度，机械开挖时槽底预留 200 ~ 300 mm 土层由人工开挖至设计高程，整平。槽底局部超挖或发生扰动，超挖深度不超过 150 mm 时，可用挖槽原土回填夯实，其压实度不应低于原地基土的密实度。

1.2.2.4　如果雨（污）水管、渠底设计高程高于原开挖面或管顶高程高于沟槽深度，需要按反挖工艺施工，至少回填至管顶以上 50 cm 方可进行开挖施工，即先回填再开挖。

图 1.2–2　沟槽分层开挖

图 1.2–3　沟槽不分层开挖

图 1.2–4a　机械开挖至槽底 200 ~ 300 mm 后由人工清槽

图 1.2–4b　机械开挖至槽底 200 ~ 300 mm 后由人工清槽

1.2.3　成槽要求

1.2.3.1　大断面深沟槽开挖时，需编制专项施工方案。

1.2.3.2　成槽要平顺，底部高程、槽宽及放坡均满足设计及规范要求。

1.2.3.3　成槽底部不得有软基或积水，底面要平整、坚实，地基承载力不应低于设计及规范要求，当地基承载力不能满足要求时，应进行地基处理。

1.2.3.4　成槽后五大责任主体单位联合验槽。

图 1.2–5　沟槽开挖至设计标高后验槽

图 1.2–6　沟槽地基承载力检测

1.3 管道基础

沟槽验收合格后，按设计图纸及规范要求进行管道基础施工。若管道基础为原状土地基，超挖地基按沟槽开挖相关要求处理。

（1）管道基础的材料、厚度、压实度必须符合设计及规范要求。

（2）要求原状土、砂石基础与管道外壁间接触均匀，无空隙。

（3）管道有效支撑角范围必须用中、粗砂填充插捣密实，与管底紧密接触，不得用其他材料填充。支撑角回填时质检员、监理工程师必须全过程监控。

图 1.3–1　混凝土管道基础

图 1.3–2　砂基础压实度检测

图 1.3–3a　管道支撑角中、粗砂回填

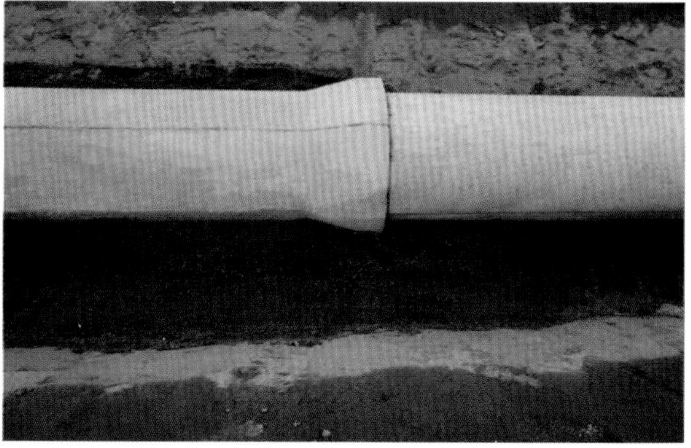

图 1.3–3b　管道支撑角中、粗砂回填

1.4 管道敷设

1.4.1　管节敷设前应满足的条件

（1）各类管材进场时需有产品合格证、型式检验报告及质量证明书等，使用前应复检合格方可使用。混凝土管外观检查时若发现裂缝、保护层脱落、空鼓、接口掉角等缺陷，应修补并经鉴定合格后方可使用。

（2）管道基础验收合格后方可进行管道敷设。

（3）柔性接口的钢筋混凝土管、预（自）应力混凝土管安装前，承口内工作面、插口外工作面应清洗干净。

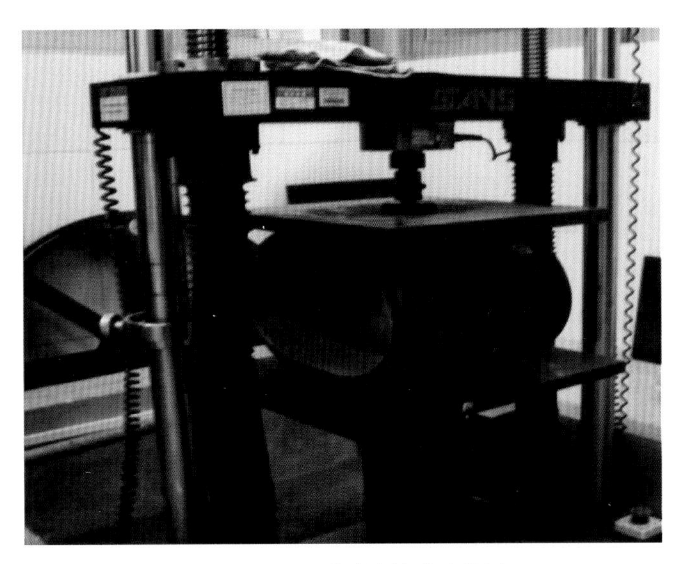

图 1.4–1　双壁波纹管试验检测

河南省建筑工程质量检验测试中心站有限公司

检 验 检 测 报 告

委托单编号：WTS03-2016-909　　报告编号：S03 类 2016 年 23-7209 号

委托单位	郑州航空港区航兴基础设施建设有限公司			
施工单位	中国电力建设股份有限公司 郑州市港区城市基础设施建设项目第二项目经理部第三工程处			
工程名称	郑州航空港经济综合实验区 2016~2018 年片区城市基础设施一级开发建设项目第二标段			
工程部位	仓储五街污水工程			
样品名称	双壁波纹管		检验性质	委托检验
规格型号	DN500 SN8		送样日期	2016.09.09
批号	201608018		检验日期	2016.09.10
代表批量	240m		报告日期	2016.09.14
生产厂家	天津伟星新型建材有限公司			
检验依据	《热塑性塑料管材环刚度的测定》　GB/T 9647-2003 《热塑性塑料管材耐外冲击性能试验方法 时针旋转法》GB/T 14152-2001			
序号	检验项目	标准要求	检验结果	单项结论
1	外观	管材内外壁不允许有气泡、凹陷、明显的杂质和不规则波纹。管材的两端应平整、与轴线垂直并位于波谷区。管材波谷区内外壁应紧密熔接，不应出现脱开现象。	管材内外壁无气泡、凹陷、明显的杂质和不规则波纹。管材的两端平整、与轴线垂直并位于波谷区。管材波谷区内外壁紧密熔接，无脱开现象。	符合要求
2	环刚度（kN/m^2）	≥8	8.19	符合要求
3	环柔性	试样圆滑，无反向弯曲、无破坏、两壁无脱开	试样圆滑，无反向弯曲、无破坏、两壁无脱开	符合要求
4	烘箱试验	无气泡、无分层、无开裂	无气泡、无分层、无开裂	符合要求
5	抗冲击性	无裂纹、无裂缝、试样无破碎	无裂纹、无裂缝、试样无破碎	符合要求
检验结论	依据《埋地用聚乙烯（PE）结构壁管道系统 第 1 部分：聚乙烯双壁波纹管材》GB/T 19472.1-2004，检验项目符合标准要求。			
备　注	委 托 人：岳吉元			
注意事项	1.报告无测试报告专用章及计量认证章无效。2.报告无测试报告专用章骑缝章无效。 3.报告无检验、审核、批准签章或签字无效。4.复印报告未加盖测试报告专用章无效。 5.报告涂改无效。 6.对检验报告若有异议，应于收到报告之日起十五日内向检测单位提出，逾期不予办理。 地址：河南省郑州市金水区丰乐路 4 号 电话：0371-63934069；传真：0371-63850517；网址：http://www.hnjky.com.cn。			

检验人：　审核人：　批准人：

第 1 页 共 1 页

图 1.4–2　双壁波纹管试验检测报告

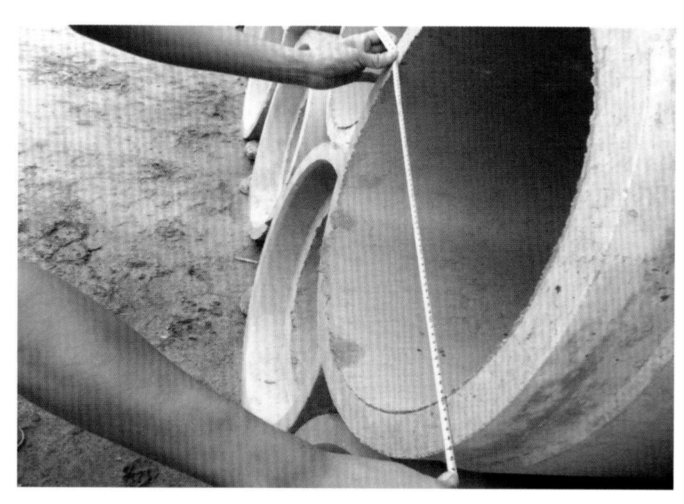

图 1.4–3　混凝土预制管外观及尺寸检测

河南建院建筑材料检测有限公司

检 验 报 告

报告编号：20170309002　　　　共 2 页 第 1 页

样品名称	钢筋混凝土排水管	样品数量	2 根
委托单位	中国电力建设股份有限公司郑州航空港区基础设施二标项目经理部第四工程处	委托人	陈鑫
施工单位	中国电力建设股份有限公司	代表批量	/
建设单位	郑州航空港区航兴基础设施建设有限公司	样品等级	/
见证单位	浙江明康工程咨询有限公司 中咨工程建设监理公司	见证人	汪波（杭建见2011556） 连帅（5107000562）
生产单位	郑州市源通水泥制品有限公司	商　　标	/
工程名称	郑州航空港经济综合试验区2016-2018年片区城市基础设施一级开发建设项目施工总承包（第二标段）	工程部位	排水工程
规格型号	RCP　II　600×200（柔性接头承插口管）	原编号或生产日期	/
检验类别	委托检验	委托日期	2017 年 03 月 09 日
样品状况	符合要求	检验日期	2017 年 03 月 09 日
检验项目	外压荷载、内水压力		
检验依据	GB/T 11836—2009		
检验结论	依据 GB/T 11836-2009 标准，所检项目符合技术要求。 （检验报告专用章） 签发日期：2017 年 03 月 10 日		
备　注	/		

批准：刘永川　　审核：李[illegible]　　主检：李[illegible]

检验单位地址：郑州市红旗路 34 号（河南建筑材料研究设计院内）　电话：0371—63813695　63936772

图 1.4–4　混凝土预制管功能性试验报告

1.4.2　管道安装

（1）承插管插口插入方向应与水流方向一致。

（2）各类管节采用柔性连接时，套在插口上的橡胶圈应平直，无扭曲，正确就位。

（3）管道安装需直顺，遇曲线或弧度时在井位处应合理设置转角。

（4）管道安装完成后，轴线、标高必须符合设计要求。

图 1.4–5　混凝土管道安装

图 1.4–6　柔性管道安装

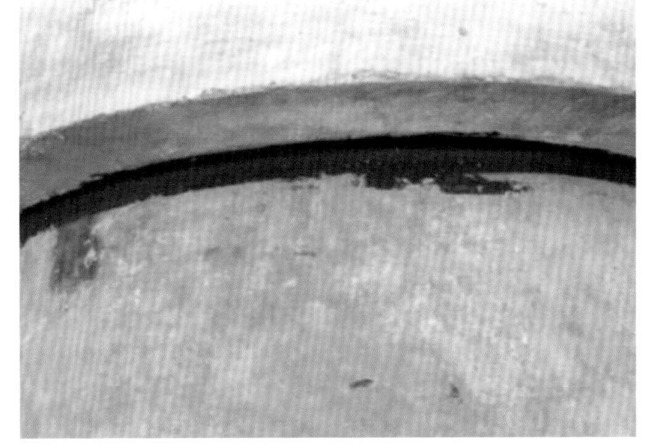

图 1.4–7　钢筋混凝土管之间的柔性连接

图 1.4–8　混凝土管道铺设完成

图 1.4–9　柔性管道铺设完成

1.5 雨水盖板渠

1.5.1 盖板渠施工质量要求

（1）盖板渠渠底地基承载力不小于设计值，压实度符合设计要求，若地基不符合要求，则需进行地基处理。

（2）盖板渠强度、抗渗、抗冻性能应符合设计要求。

（3）盖板渠外观无严重质量缺陷，外壁无渗水。

（4）盖板渠的结构尺寸、预埋件、预留孔洞、止水带等的规格及尺寸符合设计要求，其位置、高程、偏差、线性偏差不影响结构性功能。

1.5.2 钢筋加工与安装

（1）原材料必须复检合格方可使用。

（2）钢筋加工的允许偏差值符合规范要求，见表 1.5–1。

表 1.5–1 钢筋加工允许偏差

项目	允许偏差（mm）
受力钢筋顺长度方向全长的净尺寸	± 10
弯起钢筋的弯折位置	± 15（20）
箍筋内净尺寸	± 3（5）
箍筋 135° 弯钩平直长度	0，+5
顶模棍	± 1
梯子筋、马凳	± 2

注：表中（ ）内数值为规范中合格验收标准。

（3）钢筋安装。

①钢筋的品种、规格、数量、位置、间距、连接方式、接头位置、接头数量等必须符合设计及规范要求。

②钢筋搭接长度应符合规范要求，搭接长度的末端距钢筋弯折处不得小于钢筋直径的 10 倍，接头不宜位于构件最大弯矩处。

③钢筋交叉点应绑扎牢固，不得有漏绑现象。

④控制钢筋保护层厚度的垫块尺寸正确、布置合理、支垫稳固。

图 1.5–1a 钢筋安装验收

图 1.5–1b 钢筋安装验收

图 1.5-2a　模板及钢筋保护层验收

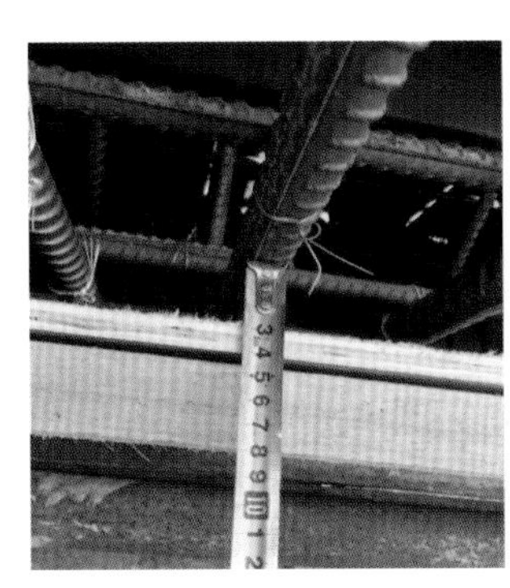

图 1.5-2b　模板及钢筋保护层验收

1.5.3　模板安装及拆除要求

（1）模板及支架的强度、刚度及稳定性需满足受力要求。

（2）模板表面平整、洁净、无破损，若为钢模板，安装前应去除铁锈和油污并涂刷脱模剂。

（3）模板接缝紧密、平顺、无错位。

（4）安装在模板上的预埋件须牢固，位置准确，并做标记。

（5）模板安装后，对其结构尺寸，平面位置，顶部标高，节点联系及纵、横向稳定性进行检查。

（6）模板应在混凝土强度能保证结构棱角不损坏时方可拆除。

1.5.4　变形缝施工要求

（1）橡胶止水带表面平整，无裂口和脱胶现象，当为金属止水带时无钉孔、砂眼现象，且必须复检合格后方可正式使用。

（2）止水带中心线应与变形缝中心线对正，嵌入混凝土结构端面的位置应符合设计要求，且安装固定牢固、线形平顺。

（3）止水带和模板安装中，不得损伤带面，不得在止水带上穿孔或用铁钉固定。

（4）端面模板安装位置应正确，支撑牢固，无变形、松动、漏缝等现象。

（5）变形缝处填塞的密封料符合设计及规范要求。

（6）当检查井处设计无止水带时，必须严格按规范要求对接缝处进行凿毛处理。

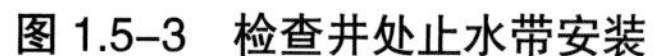

图 1.5-3　检查井处止水带安装

图 1.5-4　施工完成的变形缝

1.5.5　混凝土浇筑及养护要求

（1）混凝土的配合比设计应保证结构设计要求的强度，抗渗、抗冻性能，满足施工需要。

（2）混凝土浇筑必须在钢筋、模板验收合格后方能进行；入模混凝土高度超过 2 m 时需安装溜槽或溜筒防止离析，严格控制混凝土振捣时间，严禁欠振或过振。

（3）预埋件与止水带周边浇筑时，人工辅助振捣，确保混凝土密实，且止水带不发生位移。

（4）应按照变形缝分仓浇筑，且施工缝需按照规范中的要求进行设置。

（5）混凝土浇筑后保温、保湿养护。

图 1.5-5　盖板渠垫层覆盖养护

图 1.5-6　盖板渠覆盖养护

1.5.6　盖板制作及安装

（1）盖板预制场地需平坦开阔并采用混凝土硬化。

（2）盖板混凝土钢筋、模板、浇筑及养护按照国家现行规范要求施工。当购置成品盖板时，需有产品合格证、型式检验报告及质量证明书等，并复检合格方可正式使用。

（3）盖板安装前须按照设计及规范要求检查预制盖板的规格尺寸及表观质量，且盖板渠墙顶应清扫干净，充分洒水湿润，再按设计及规范要求厚度坐浆饱满；盖板就位后相邻盖板高差小于 10 mm，板端压墙长度允许偏差为 ±10 mm，缝宽应均匀一致，板缝采用水泥砂浆填实。

图 1.5-7　盖板钢筋模板验收

图 1.5-8　盖板混凝土养护

图 1.5-9　盖板安装

图 1.5-10　盖板缝施工

1.6　检查井井室施工

1.6.1　原材料质量要求

（1）混凝土模块砖外观质量、强度及抗渗等级符合设计及现行规范要求。

（2）砌筑抹面水泥砂浆强度、结构混凝土强度、抗渗要求符合设计及规范要求。

（3）检查井踏步采用塑钢材质，其质量及规格尺寸符合相关图集要求。

（4）检查井井盖选用的型号、材质应符合郑州航空港区相关图集要求。

（a）

（b）

图 1.6-1　航空港实验区标准雨污水井盖

1.6.2 施工过程质量要求

（1）检查井基础应坐落在土质良好的原状土层上，地基承载力应满足设计及规范要求，不能满足时须做地基处理。

（2）井室的底层模块砖需与基础底板混凝土同步浇筑。

图 1.6–2 模块砖与基础底板同时浇筑

图 1.6–3 混凝土管穿墙处凿毛处理

（3）进出检查井的圆管若为承插口管，承口不应直接与检查井相接，须选用接井专用短管节或切除承口。

（4）进出检查井的混凝土管的第一节管、柔性管材 1.0 m 范围内的管道基础须采用 180° 混凝土基础。混凝土类管道穿过井壁施工时，第一节管与基础连接部分应做凿毛处理，使管道与混凝土连接紧密、密实；柔性管道穿井壁施工时，应注意对管道与井壁之间需加固的部位进行钢筋混凝土加固稳定。管道应与井壁衔接严密且管口与井壁齐平。

图 1.6–4 对柔性管道穿墙处进行加固

图 1.6–5 柔性管道进出检查井 1 m 范围内混凝土基础

（5）砌筑结构的井室施工应注意：砌筑前砌块充分湿润，砂浆配比符合要求；检查井内的流槽、踏步应与井室同时施工；在砌筑时铺浆饱满，灰浆与砌块黏结紧密，不得漏浆；上下砌块错缝；内外井壁采用（防水）水泥砂浆勾缝压实。当模块砖砌筑的砂浆抗压强度大于 1.0 MPa 时，方可进行灌孔混凝土的浇筑。

图 1.6–6　混凝土管道进出检查井第一节管道混凝土基础

图 1.6–7　检查井外壁抹灰

（6）灌孔混凝土连续灌注时需控制高度：当模块宽度小于等于 30 cm 时，不宜超过 15 层；当模块宽度大于等于 40 cm 时，不宜超过 20 层，且混凝土一次投料高度不大于 40 cm，并用振捣棒隔孔插捣，确保灌孔混凝土密实。两次浇筑相接处的模块砖灌孔混凝土需预留一半的深度不予灌满，以确保接缝严密。

（7）现浇钢筋混凝土结构的井室施工应注意：钢筋、模板检验合格后方能浇筑；振捣密实，无欠振、过振、走模、漏浆；及时养护。

（8）井室施工达到设计高程后，应及时浇筑或安装井圈，井圈应以水泥砂浆坐浆并安放平稳。井室内的预留孔、预埋件应符合设计要求；井室内外粉及爬梯安装应符合现行规范要求。溜槽表面平顺，污水井应与下游管内顶齐平，雨水井应与上游管中心齐平。接入检查井管道（包括支管、干管）均与管内顶平；雨水井的溜槽高度应与上游管中心齐平。

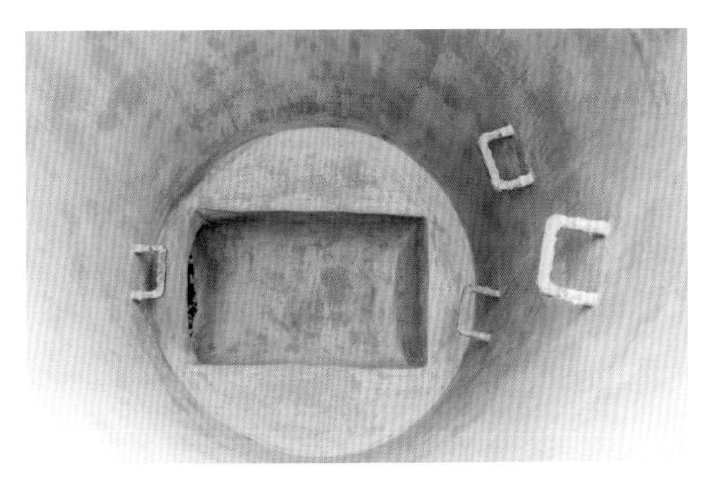

图 1.6–8　检查井内踏步及溜槽

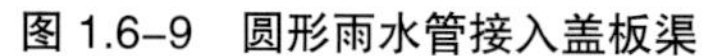

图 1.6-9　圆形雨水管接入盖板渠

图 1.6-10　污水检查井成品

1.7　闭水试验

1.7.1　做无压管道闭水试验时，试验管段应符合下列规定：

（1）管道及检查井外观质量已验收合格。

（2）管道未回填土且沟槽内无积水。

（3）全部预留孔应封堵，不得渗水。

（4）管道两端堵板承载力经核算应大于水压力的合力；除预留进出水管外，应封堵坚固，不得渗水。

（5）顶管施工，其注浆孔封堵且管口按设计要求处理完毕，地下水位于管底以下。

1.7.2　管道闭水试验应符合下列规定：

（1）试验段上游设计水头不超过管顶内壁时，试验水头应以试验段上游管顶内壁加 2 m 计。

（2）试验段上游设计水头超过管顶内壁时，试验水头应以试验段上游设计水头加 2 m 计。

（3）计算出的试验水头小于 10 m，但已超过上游检查井井口时，试验水头应以上游检查井井口高度为准。

（4）管道闭水试验应按《给水排水管道工程施工及验收规范》（GB 50268）的闭水法试验进行。

1.7.3　不同管道闭水试验抽检频次要求：

（1）污水管道沟槽回填之前应根据设计及相关要求全线进行闭水试验。

（2）雨水管道闭水试验频次符合设计要求，当无设计要求时需首段闭水或根据地方标准要求进行闭水。

（3）对于雨水渠，若图纸要求闭水，则按规范及设计要求闭水；若图纸无要求，则首段必须闭水；若为整体现浇混凝土渠，水头不低于 2 m；若为分体式现浇混凝土渠，水头不低于 0.5 m。

1.7.4　做管道闭水试验时，应进行外观检查，不得有漏水现象，且符合现行规范要求。

图 1.7–1　管道闭水试验

1.8　沟槽回填

1.8.1　沟槽回填前应符合下列规定：

（1）沟槽应在管道闭水试验合格后及时回填，分层夯实。

（2）沟槽内砖、石、木块等杂物清除干净。

（3）沟槽内不得有积水。

（4）保持降水、排水系统正常运行，不得带水回填。

（5）回填作业的现场试验段长度应为一个井段或不少于 50 m，改变回填方式的要重新进行现场试验。

（6）管道两侧和管顶以上 500 mm 范围内的回填材料，应由沟槽两侧对称运入槽内，不得直接回填在管道上；回填其他部位时，应均匀运入槽内，不得集中推入。

1.8.2　沟槽回填应符合下列规定：

（1）开槽施工回填，回填材料必须符合规范及设计要求，条件相同的回填材料，每铺筑 1 000 m^2，应取样一次，每次取样至少应做两组检测。回填材料发生变化或来源变化时，应分别取样检测。

（2）柔性管道的沟槽回填，管内径大于 800 mm 的柔性管道，回填施工时应在管内设竖向支撑；管基有效支撑角范围内应采用中粗砂填充密实，与管壁紧密接触，不得用土或其他材料填充；管道半径以下回填时，应采取防止管道上浮、位移的措施。

（3）沟槽回填从管底基础部位开始到管顶以上 500 mm 范围内，必须人工回填；管顶 500 mm 以上部位可用机械从管道轴线两侧同时夯实；每层回填高度不大于 200 mm。

（4）沟槽分段回填压实时，相邻段的接槎应呈台阶形，且不得漏夯，每回填一层都要严格按要求进行压实度检测，压实度满足要求后，方可进行下一层回填施工。

图 1.8–1　柔性管道回填采取防上浮措施

图 1.8–2　柔性管道分层回填

图 1.8–3　沟槽两侧采用小型夯实机械分层回填

图 1.8–4　刚性管道分层回填

图 1.8–5　盖板渠两侧分层回填

图 1.8–6　沟槽回填压实度检测

1.8.3　井室、雨水口及其他附属构筑物周围回填应符合下列规定：

（1）井室周围的回填应与管道沟槽回填同时进行；不便同时进行时，应留台阶形接槎。

（2）井室周围回填压实时应沿井室中心对称进行，且不得漏夯。

（3）回填材料压实后应与井壁紧贴。

（4）严禁在槽壁上取土回填。

（5）回填材料必须符合设计及规范要求，当回填材料为土工合成材料时必须集中搀拌均匀，其最优含水量必须符合标准击实试验要求，且回填宽度严格符合设计要求。

图 1.8–7　井周分层回填

第 2 章　道路工程

2.1　路基工程

2.1.1　质量控制流程图

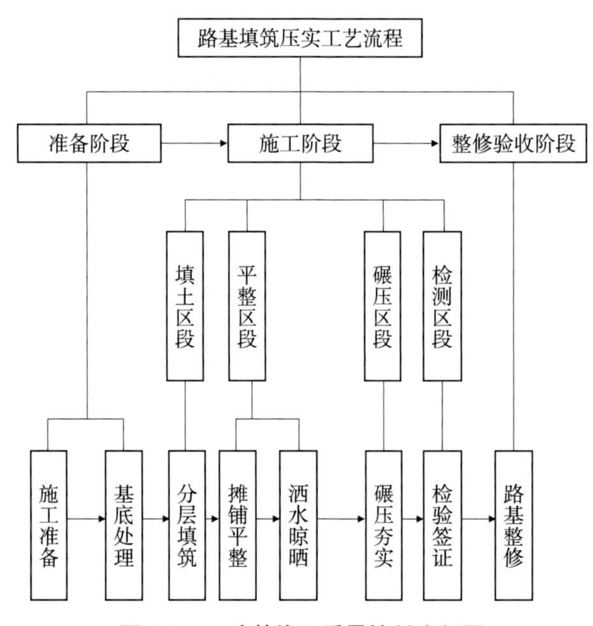

图 2.1-1　路基施工质量控制流程图

2.1.2　填方路基

2.1.2.1　填方路基质量控制要点

（1）填方前应将地面积水、积雪（冰）、冻土、生活垃圾等清除干净，将树根坑、井穴、坟坑等进行技术处理，并将地面整平。

（2）填方材料的强度（CBR）值应符合设计要求。

（3）不同性质的土应分类、分层填筑，不得混填，填土中粒径大于 100 mm 的土块应打碎或剔除。

（4）填土应分层进行，下层填土验收合格后，方可进行上层填筑。遇有翻浆，必须采取处理措施。

（5）每层虚铺厚度应根据压实机具的性能并经试验确定，受潮湿及冻融影响较小的土壤应填在路基的上部。

（6）路基填土中断时，应对已填路基表面土层压实并进行防护，填土边缘应做成垂直面，上下层应留台，每级台阶宽度不得小于 1 m。

（7）路基填方完成时，应恢复道路中线、路基边线，并进行整形。

图 2.1–2　路基清表并碾压

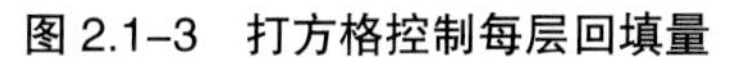

图 2.1–3　打方格控制每层回填量

图 2.1–4　挂线控制摊铺厚度

2.1.2.2　路基填方压实要求及质量检验

（1）填土的压实遍数，应按压实度要求，经现场试验确定。

（2）压实应在土壤含水量接近最优含水量时进行。其含水量偏差应经试验确定。

（3）路床应平整、坚实，无显著轮迹、翻浆、波浪、起皮等现象，路堤边坡应密实、稳定、平顺等。

图 2.1–5　路基填方压实度检测

（4）路基压实度符合设计及规范要求，采用环刀法、灌砂法或灌水法，每 1 000 m^2，每压实层抽检 3 点。

（5）路基弯沉值符合设计及规范要求，检测前应设置标定检测线或检测点，每车道，每 20 m 测 1 点。

图 2.1–6　路基碾压完成效果图

图 2.1–7　路床弯沉检测

2.1.3　挖方路基

（1）路堑范围内原基面土质必须符合设计及规范要求，若遇有软土地层或土质不良情况，必须采取相应处理措施。

（2）质量检验标准同路基填方 2.1.2.2。

2.2　水泥石灰稳定土基层

2.2.1　质量控制流程图

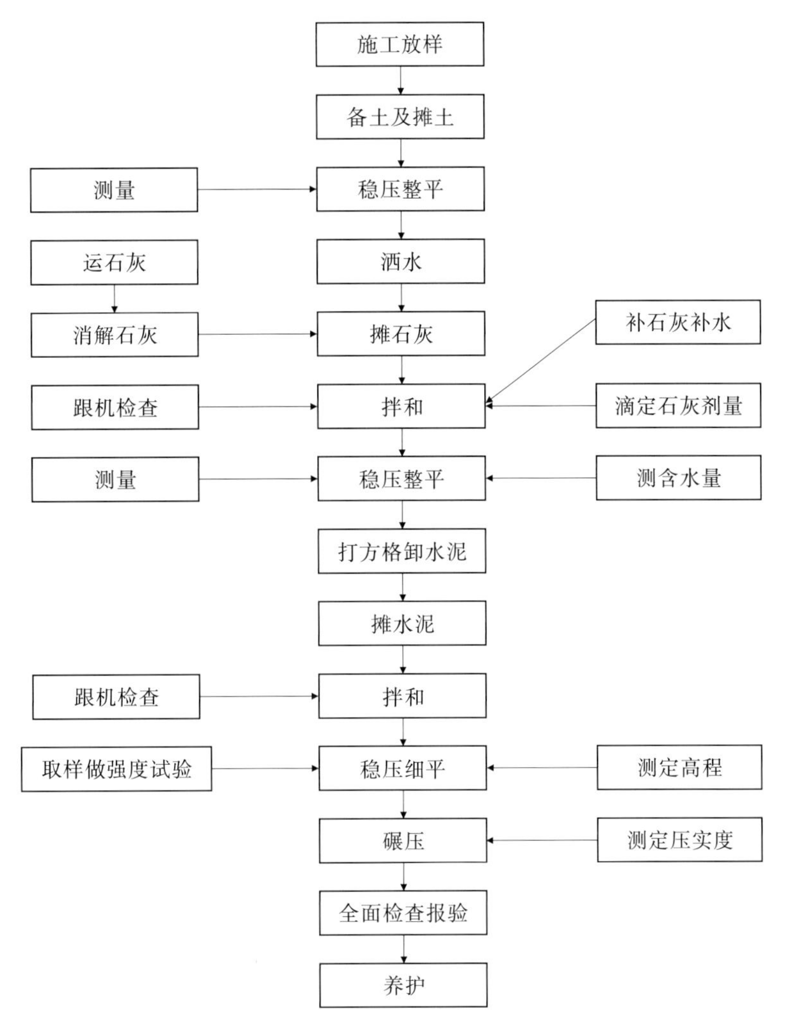

图 2.2–1　水泥石灰稳定土施工质量控制流程图

2.2.2　原材料质量控制要求

（1）土质应经过筛选，土中的有机物含量符合设计及规范要求，土内不得含有生活、建筑垃圾，淤泥等杂物，材料的最大粒径不宜超过分层厚度的 60%，且不应大于 10 cm。

（2）石灰、水泥必须经复检合格后方可正式使用。

2.2.3　摊铺拌和质量控制要求

大面积施工前必须先进行试验段施工，试验段长度应根据实际工程量确定，通过试验段确定相关施工参数。

（1）土料摊铺：路床验收合格后分幅恢复中线、边线控制桩，要求直线段 10 m 一个，曲线段 5 m 一个；在边线控制桩上要标清控制高程线。打网格控制上土量。

（2）撒布石灰并拌和：土料上完后采用推土机整平、压路机碾压，测量方格网，控制石灰用量，石灰撒布前必须充分消解并过筛，其用量宜比设计配合比增加 0.5% ~ 1%。石灰布料后，及时采用大型路拌机拌和 3 ~ 4 遍，禁止使用农用旋耕耙等简易机械，然后洒水闷料 12 h 以上（按计算好的洒水量补水）。

图 2.2-2　路床验收合格后打网格上土

（3）撒布水泥并拌和：对石灰土含水量检测合格后，打网格撒布水泥，再拌和 3 ~ 4 遍；水泥撒布后至碾压成型必须在 3 h 以内完成。拌和过程应注意混合料的含水量、灰剂量和拌和深度，必须拌至上路床表面，宜侵入表面 5 ~ 10 cm，不得出现素土或夹层，要求拌和均匀。

（4）松铺系数需通过试验确定，用平地机进行整平，整平时应拉线检查高程、横坡，高程控制要考虑压实系数的预留量，尽量避开高温时间整平成型。

图 2.2-3　打网格撒布石灰及路拌机掺拌

图 2.2–4　打网格撒布水泥及路拌机掺拌

2.2.4　接缝处理

两工作段衔接处，应采用搭接形式。上下两层接缝应错开 500 mm 以上。应避免纵向接缝，一幅拌和完成后应在水泥初凝时间内拌和另外一幅，后一幅的拌和应与前一幅重合约 500 mm，并一同碾压。

2.2.5　养护

碾压成型后及时覆盖、洒水保湿养护。冬季覆盖二布一膜保温。养护期不应少于 7 d，养护期间封闭交通。铺筑上结构层前应对下结构层进行清扫，并洒水湿润。

图 2.2–5　二灰土碾压成型

图 2.2–6　二灰土覆盖养护

2.2.6　质量检验

（1）外观质量：外观应平整、坚实、接缝平顺，无明显粗细骨料集中现象，无推移、裂缝、贴皮、松散、浮料。

（2）压实度：城市快速路、主干路基层大于或等于 97%，底基层大于或等于 95%。采用灌砂法或灌水法每 1 000 m^2，每一压实层抽检 1 点。

（3）无侧限抗压强度：每 2 000 m^2 抽检一组（6 块）标准养护的 7 d 无侧限抗压强度。现场养护 7 d 取芯，取出芯样应外观完整、密实，检测其厚度及无侧限抗压强度满足设计及规范要求。

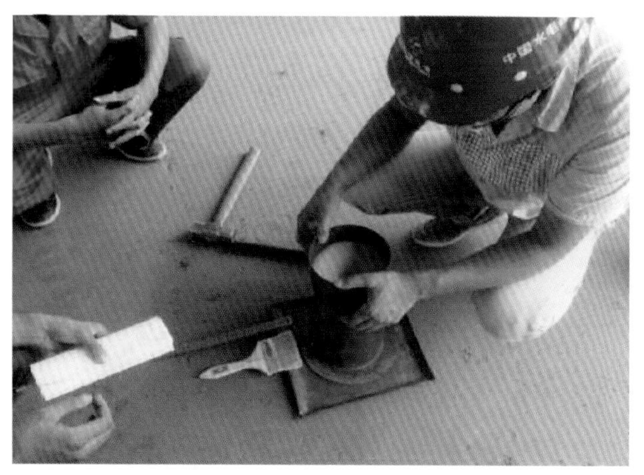

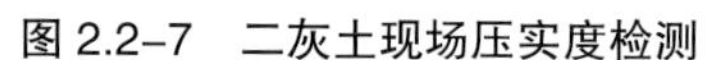

图 2.2-7　二灰土现场压实度检测

图 2.2-8　二灰土现场钻取芯样

2.3　水泥（或水泥粉煤灰）稳定碎石基层

2.3.1　质量控制流程图

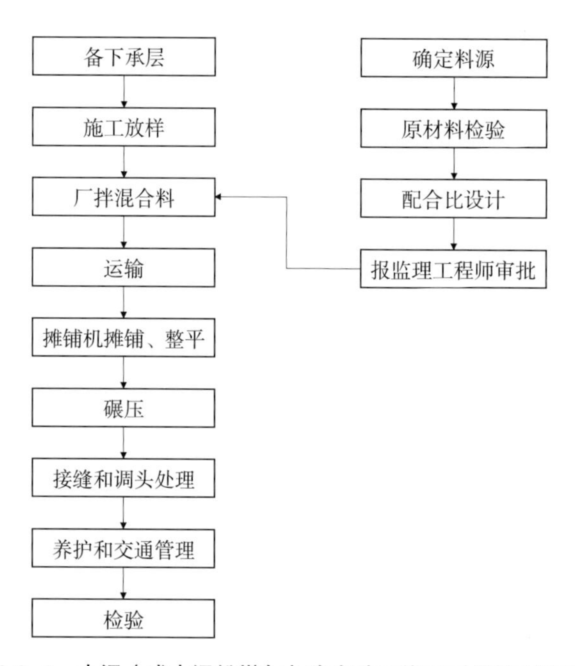

图 2.3-1　水泥（或水泥粉煤灰）稳定碎石施工质量控制流程图

2.3.2　原材料质量控制

（1）轧制碎石的材料可为各种类型的岩石（软质岩石除外）、砾石。碎石中不得有黏土块、植物根叶、腐殖质等有害物质。碎石颗粒范围和技术指标应符合相关规定。

（2）应选用初凝时间大于 3 h、终凝时间不小于 6 h 的 32.5 级、42.5 级普通硅酸盐水泥、矿渣硅酸盐水泥、火山灰硅酸盐水泥。水泥应有出厂合格证与生产日期，复验合格方可使用。

2.3.3　施工质量控制

大面积施工前必须先进行试验段施工，试验段长度应根据实际工程量确定，通过试验段确定相关施工参数。

（1）准备下承面。

在铺筑混合料之前，将下基层面的浮土、杂质清理干净并洒水湿润，使基层面的标高、平整度、压实度、宽度、横坡度均达到设计及规范要求，芯样孔洞采用同种材料回填夯实，并经监理工程师验收合格后，方可施工水泥（水泥粉煤灰）稳定碎石基层。

（2）施工测量及支立模板。

施工前恢复中线，路基两侧设高程指示桩。直线地段每 20 m 设一桩，曲线地段每 10 m 设一桩，并做出明显标记，指示基层边缘位置及压实后需达到的高度。根据测量标高支立模板，模板需具有一定的支撑力或刚度，且稳固牢靠，碾压过程中不产生位移或变形。

图 2.3-2　下承面清理干净并洒水湿润

（3）混合料的拌和及运输。

施工前先进行配合比设计。必须采用厂拌法，拌制前，需先检测集料的级配及含水量再调配施工配合比，拌制的混合料的含水量根据气温高低和蒸发量的大小采取略高于最佳含水量 0.5% ~ 2% 的情况拌和，拌和过程中当集料的级配及含水量变化时需及时调整施工配合比，并严格控制水泥用量。

（4）摊铺碾压。

混合料采用多功能摊铺机摊铺整形。摊铺时使用两台摊铺机同时全单幅摊铺，两台摊铺机的纵向距离保持在 30 m 以内，将混合料按试验段确定的松铺厚度均匀摊铺，当混合料离析或存在集料不均情况时，需配以人工掺拌均匀后再行摊铺。在摊铺机无法工作的局部路段或部位，采用人工摊铺。

碾压过程中，如有“弹簧”、松散、起皮等现象，应及时翻开重新拌和（加适量的水泥）。

水泥（或水泥粉煤灰）稳定碎石基层不宜两层连铺，分层施工时应在下层养护 7 d 后，方可进行上层基层施工。

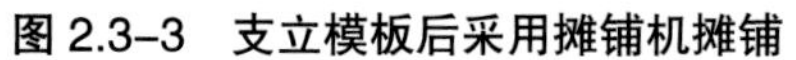

图 2.3–3　支立模板后采用摊铺机摊铺

图 2.3–4　水泥（或水泥粉煤灰）稳定碎石碾压成型

（5）接缝处理。

①应尽量减少水泥稳定碎石摊铺接缝，作业段之间可设置横向接缝，接缝处应留置直槎，应将上一作业段接槎处的斜坡刨除形成垂直断面，在接槎断面上撒布水泥浆进行下一阶段施工，如图 2.3–5 所示。

②若基层多层摊铺，则上下两层横向接缝处应错开，形成台阶状，且错缝距离不应小于 500 mm，如图 2.3–6 所示。

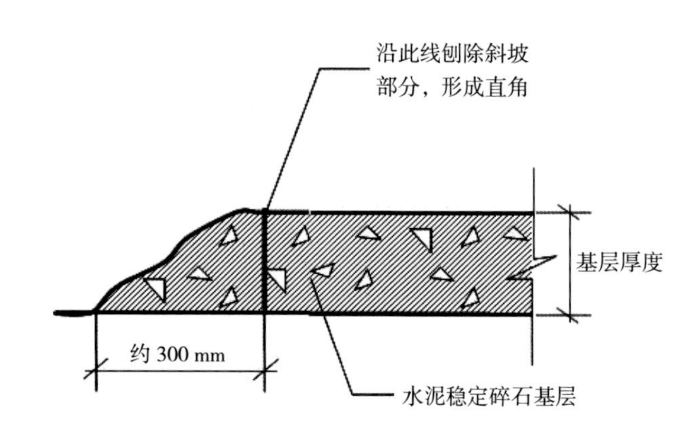

图 2.3–5　切直缝

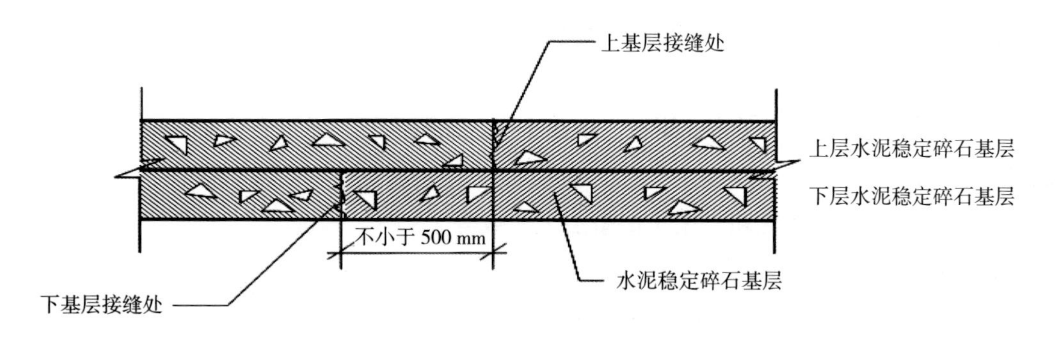

图 2.3–6　上下基层施工缝错开

（6）养护。

①每一检验批碾压完成并经压实度、高程等检验合格后，应立即开始养护。

②宜采用覆盖洒水养护，并在整个养护期间保持覆盖物处于潮湿状态。每日洒水次数视气候而定，以（底）基层表面保持潮湿状态为准，冬季施工时需覆盖保温养护。

③养护期不应少于 7 d。养护期间必须封闭交通。

④基层清理完成后，应尽快进行面层施工，不宜将水泥稳定碎石基层长期暴晒。

图 2.3–7　水稳层覆盖洒水养护

（7）施工注意事项。

①水泥稳定碎石基层施工时，杜绝双层连铺，严禁用薄层贴补法进行找平。

②水泥稳定碎石基层的宽度应为设计宽度加施工必要宽度。

③施工期的日最低气温应在 5 ℃以上，宜在第一次重冰冻（–5 ～ –3 ℃）到来之前 15 ～ 30 d 完成基层施工；雨期施工基层表面宜采取防雨措施，现场应设置临时排水设施，防止浸泡；热期施工应避开高温时段，基层表面应采取防晒措施，防止粒料松散。

2.3.4　质量检验

（1）外观质量：表面应平整、坚实、接缝平顺，无明显粗、细骨料集中现象，无推移、裂缝、贴皮、松散、浮料。

（2）压实度：城市快速路、主干路基层大于或等于 97%，底基层大于或等于 95%。采用灌砂法或灌水法每 1 000 m^2、每一压实层抽检 1 点。

（3）无侧限抗压强度：每 2 000 m^2 抽检一组（6 块）标准养护的 7 d 无侧限抗压强度。养护 7 d 后再现场钻取芯样，且外观密实、完整，无烂根现象，厚度及强度符合设计及规范要求。

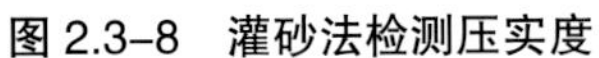

图 2.3-8　灌砂法检测压实度

图 2.3-9　水稳层养护 7 d 现场取芯

2.4　侧、平石

2.4.1　测量放样

侧、平石安装前先校核道路中线，测设侧、平石安装控制桩，直线段桩距为 10 m，曲线段不大于 5 m，路口为 1 ~ 5 m。每处均用全站仪测设侧石内边线，以钉进带有红线的水泥钉作为标记，并测出钉子顶面高程，根据侧、平石设计高程进行标高控制。

2.4.2　混凝土垫层施工

首先用水准仪放出侧、平石下细石混凝土垫层的宽度及顶面高程，方可安装模板。混凝土浇筑前，基面要充分洒水湿润。混凝土浇筑完成后覆盖洒水养护不可少于 7 d。

2.4.3　侧、平石质量控制

侧、平石进场时复检合格方可使用，且表面色泽一致、无裂纹，严禁缺边、掉角、不方正等现象，路口、隔离带端部等曲线段侧、平石，宜按设计弧形加工预制。

图 2.4-1　侧、平石及条石样板块

2.4.4　侧、平石安装

大面积施工前必须先进行试验段施工，试验段长度应根据实际工程量确定，通过试验段确定相关施工参数。

（1）统一采用坐浆法施工。安装前，基础先清理干净，保持湿润。安装时，采用侧石内侧标线控制位置、侧石顶部标线控制高程、水平尺控制相邻块高差。相邻侧、平石缝用 8 mm 厚木条或钢筋控制，缝隙宽满足规范规定的 10 mm。

（2）路口圆弧段的侧、平石施工应加密线形控制点，事先计算好每段路口侧、平石块数，用机械切割成型或预制厂根据半径直接预制现场拼装。侧、平石安装要求线形直顺，曲线段圆滑美观。

（3）侧、平石安装完成后，必须挂线检查，确保线条顺畅。

图 2.4–2　采用水平尺控制相邻块高差

2.4.5　侧、平石成型与勾缝养护

（1）勾缝前先将缝内的土及杂物剔除干净，并用水润湿，然后用砂浆灌缝填充密实后勾平，用弯面压成凹型。用软扫帚除去多余灰浆，并覆盖洒水养护，养护不得少于 3 d。

（2）侧、平石安装完成后，应及时回填夯实路肩和中央带后背的回填土或浇筑靠背混凝土进行稳固。

（3）侧、平石安装后，应砌筑稳固、顶面平整、缝宽均匀、线条直顺、曲线圆滑美观、勾缝密实均匀、无杂物污染。

图 2.4–3　侧、平石勾缝后养护

图 2.4–4　浇筑完成的靠背混凝土

图 2.4–5　圆弧段侧、平石

图 2.4–6　直线段侧、平石

2.4.6　雨水口施工

（1）雨水口的位置及深度应符合设计要求。

（2）雨水口槽底应夯实并及时浇筑混凝土基础。

（3）管端面在雨水口内露出的长度小于 20 mm，管端完整无损。

（4）砌筑时，灰浆饱满，随砌随勾缝，抹面压实。

（5）砌筑完成后的雨水口内保持清洁，及时加盖，保证安全。

（6）雨水口与检查井的连接管的坡度应符合设计要求。

（7）井框、井篦应完好无损、安装稳固。

（8）雨水口相邻两侧的平石当剩余宽度小于平石设计尺寸的一半时，应将相邻的两块平石合计宽度平均后，采用两块完整平石均等切割后再行安装。

图 2.4–7　雨水口安装效果图

图 2.4–8　雨水口内效果图

2.5　热拌沥青混合料面层

2.5.1　质量控制流程图

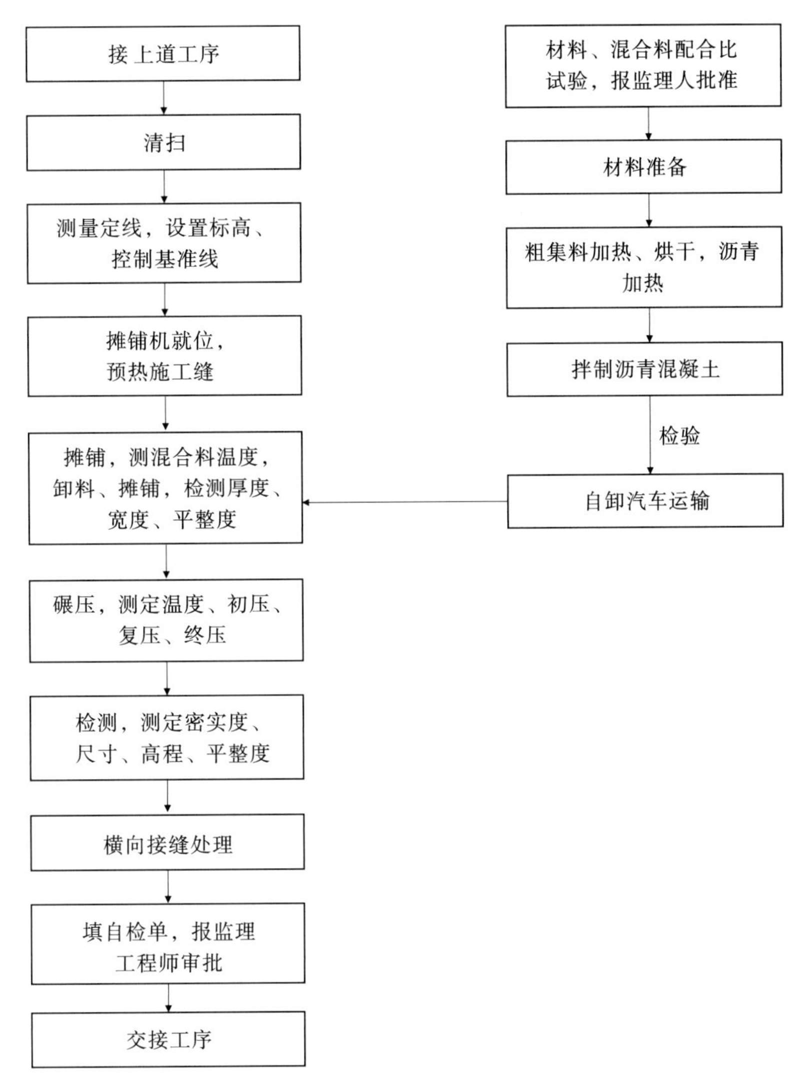

图 2.5–1　沥青混凝土路面施工质量控制流程图

2.5.2　施工质量控制

2.5.2.1　透层

（1）基层表面应有效、全方位、均匀喷洒透层油，在透层油完全渗透入基层后方可铺筑面层。喷洒透层油的时间应根据设计要求确定，设计无要求时在基层碾压成型后表面稍变干燥，但尚未完全硬化之前喷洒。

（2）透层油的渗透深度宜不小于 5 mm，如不能达到渗透深度，则应更换稠度或品种。用于透层油的基质沥青和其他材料应符合现行规范的有关规定。

（3）透层油洒布后的养护时间应根据透层油的品种和气候条件由试验确定。液体沥青中的稀释剂全部挥发或乳化沥青水分蒸发后，应及时铺筑沥青混合料面层。

图 2.5–2　基层面及时喷洒透层油

图 2.5–3　透层油洒布后效果图

2.5.2.2　封层

（1）封层施工前应将基层表面清扫干净，确保封层与基层紧密连接。

（2）封层油宜采用改性沥青或改性乳化沥青。集料应质地坚硬、耐磨、洁净，粒径级配应符合要求。

（3）用于稀浆封层的混合料，其配比应经设计、试验，符合要求后方可使用。

（4）下封层宜采用层铺法表面处治或稀浆封层法施工。沥青（乳化沥青）和集料用量应根据配合比设计确定。

（5）封层应不透水，厚度与平整度满足设计要求，当无设计要求时厚度不宜小于 6 mm。

2.5.2.3　粘层

（1）双层式或多层式热拌热铺沥青混合料面层，上、下层间铺筑间隔期已铺层面受污染时，或间隔期较长，或在水泥混凝土路面、沥青稳定碎石基层、旧沥青路面层上加铺沥青混合料层时，应在既有结构和路缘石、雨水进水口、检查井等构筑物与沥青混合料层连接面喷洒粘层油。

（2）粘层油宜采用快裂或中裂乳化沥青、改性乳化沥青，也可采用快、中凝液体石油沥青，所使用的基质沥青标号宜与主层沥青混合料相同。其用量一般情况下为 0.3 ~ 0.6 L/m^2。当粘层油上铺筑薄层大孔隙排水路面时，粘层油的用量宜增加到 0.6 ~ 1.0 L/m^2。

（3）粘层油宜在摊铺面层当天洒布。

图 2.5–4　洒布封层油

图 2.5–5　洒布粘层油

2.5.2.4　玻纤土工格栅

（1）玻纤土工格栅质量应符合设计要求，外观无破损、污染现象。

（2）铺设玻纤土工格栅前下承层必须清扫干净，无油污、杂物。粘层油应在 24 h 前完成，以加强玻纤土工格栅与沥青混合料层的黏结。

（3）路面温度低于 5 ℃或路面潮湿时，不得铺设玻纤土工格栅，以保证玻纤土工格栅与沥青混合料层的黏结。

（4）铺设玻纤土工格栅必须张紧，不得有翘起、褶皱、断丝。固定土工格栅的钢钉按规范要求进行设置。玻纤土工格栅的长度方向应沿路线的纵向铺设，在转弯处可以剪断拉平，确保铺设平整。纵向铺设顺序应与沥青混合料摊铺方向相反，并根据沥青混合料摊铺方向，将后一端压在前一端之下。横向铺设顺序应从横坡的高处往低处铺设，与沥青混合料碾压方向相反，并根据沥青混合料碾压方向，将后一边压在前一边之下。纵横向搭接宽度不得小于 20 cm。如果发现有不平整或褶皱现象，则必须重新铺设。

（5）铺好的玻纤土工格栅应保证不因车辆的转弯或刹车造成对格栅的损害，且应保持洁净，如有损坏，必须更换或修补。

（6）铺设玻纤土工格栅后，沥青面层应尽量紧跟着施工。不宜一次铺设太长的玻纤土工格栅，一次铺设的路线长度以满足一天沥青面层需要的工作面数量为宜，以免因下雨、降温等天气变化引起路面潮湿、降温，从而导致玻纤土工格栅与路面失去黏结力而翘起。

图 2.5-6　铺设完成的玻纤土工格栅

2.5.2.5　沥青面层

（1）原材料控制。

①所用沥青品种、标号应符合国家现行有关标准，按同一生产厂家、同一品种、同一标号、同一批号连续进场的沥青（石油沥青每 100 t 为 1 批，改性沥青每 50 t 为 1 批）每批次抽检一次，复检合格后方能使用。

②粗集料应洁净、干燥、表面粗糙，符合设计规定的级配范围最大粒径与分层压实厚度相匹配。

③细集料包括天然砂、机制砂、石屑。细集料必须由具有生产许可证的采石场、采砂场生产。细集料应洁净、干燥、无风化、无杂质，颗粒级配符合规范要求。

④沥青混合料的矿粉必须采用石灰岩或岩浆岩中的强基性岩石等憎水性石料经磨细得到的矿粉，原石料中的泥土杂质应除净。矿粉应干燥、洁净，能自由地从矿粉仓流出。

⑤沥青混合料配合比设计应符合现行规范要求。

（2）拌和。

①热拌沥青混合料宜由有资质的沥青混合料集中搅拌站供应。

②沥青混合料间歇式搅拌机每盘的搅拌周期不宜少于 45 s，其中干拌时间不宜少于 5 ~ 10 s。

③热拌沥青混合料出料温度分别是：50 号石油沥青 150 ~ 170 ℃，70 号石油沥青 145 ~ 165 ℃，90 号石油沥青 140 ~ 160 ℃，110 号石油沥青 135 ~ 155 ℃。

（3）运输。

①热拌沥青混合料宜采用与摊铺机匹配的自卸汽车运输，且运输车辆的总运力应比搅拌能力或摊铺能力有所富余，运料车应采取覆盖篷布等保温、防雨、防污染的措施，运料车装料时防止粗细集料离析。

②热拌沥青混合料运输到现场的温度分别是：50 号石油沥青不低于 145 ~ 165 ℃，70 号石油沥青不低于 140 ~ 155 ℃，90 号石油沥青不低于 135 ~ 145 ℃，110 号石油沥青不低于 130 ~ 140 ℃。

图 2.5–7　沥青运到现场后检测温度

（4）摊铺。

①摊铺前复查基层和附属构筑物的质量，确认符合要求；对施工机具进行检查，确认处于良好状态。

②机具要求：热拌沥青混合料应采用机械摊铺；城市快速路、主干路宜采用两台以上摊铺机联合摊铺，每台机器的摊铺宽度宜小于 6 m；表面层宜采用多机全幅摊铺，减少施工接缝；相邻两幅之间应有重叠，重叠宽度宜为 5 ~ 10 cm。相邻两台摊铺机宜相距 10 ~ 30 m，且不得造成前面摊铺的混合料冷却。

③热拌沥青混合料摊铺温度分别是：50 号石油沥青不低于 140 ~ 160 ℃，70 号石油沥青不低于 135 ~ 150 ℃，90 号石油沥青不低于 130 ~ 140 ℃，110 号石油沥青不低于 125 ~ 135 ℃；城市快速路、主干路不宜在气温低于 10 ℃的条件下施工。

④热拌沥青混合料的松铺系数应根据混合料类型、施工机械和施工工艺等通过试验段确定，试验段不宜小于 100 m。

⑤摊铺沥青混合料应缓慢、均匀、连续不间断，摊铺过程中不得随意变换摊铺速度或中途停顿。熨平板按所需厚度固定后不得随意调整。

图 2.5-8　沥青摊铺过程中温度检测

（5）碾压。

①开始碾压时热拌沥青混合料内部温度分别是：50 号石油沥青不低于 135 ~ 150 ℃，70 号石油沥青不低于 130 ~ 145 ℃，90 号石油沥青不低于 125 ~ 135 ℃，110 号石油沥青不低于 120 ~ 130 ℃；碾压终了的表面温度分别是：50 号石油沥青不低于 80 ~ 85 ℃，70 号石油沥青不低于 70 ~ 80 ℃，90 号石油沥青不低于 65 ~ 75 ℃，110 号石油沥青不低于 60 ~ 70 ℃。

②压实后的沥青混合料应符合压实度及平整度的要求。沥青混合料的分层压实厚度不得大于 10 cm。

③热拌沥青混合料压实按初压、复压、终压三个阶段进行；碾压应从外侧向中心碾压，碾压稳定均匀；热拌沥青混合料面应待摊铺层自然降至表面温度低于 50 ℃后，方可开放交通。

（6）接缝要求。

①沥青混合料面层的施工接缝应紧密、平顺。

②上、下层的纵向热接缝应错开 150 mm，冷接缝应错开 300 ~ 400 mm。相邻两幅及上、下层的横向接缝均应错开 1 m 以上。

③表面层接缝应采用直槎，以下各层可采用斜接槎，层较厚时也可做阶梯形接槎。

④对冷接槎施工前，应对茬面涂少量沥青并预热。

（7）检查井井盖、雨水篦子与沥青混凝土面层应衔接平顺。

2.5.2.6　质量检验

沥青混合料面层压实度，对城市快速路、主干路不应小于 96%，对次干路及以下道路不应小于 95%，每 1 000 m^2 测 1 点；面层厚度应符合设计规定，允许偏差 −5 ~ +10 mm，每 1 000 m^2 测 1 点；弯沉值不应大于设计规定，每车道、每 20 m，测 1 点。

图 2.5-9 沥青摊铺碾压

图 2.5-10 沥青接缝处理

图 2.5-11 井盖与沥青混凝土面层衔接平顺

图 2.5-12 雨水篦子与沥青混凝土面层衔接平顺

2.6 人行道

大面积施工前必须先进行试验段施工，试验段长度应根据实际工程量确定，通过试验段确定相关施工参数。

2.6.1 质量控制要点

（1）人行道路基及结构层各项技术指标必须符合设计及规范要求。

（2）人行道道砖预制厂家需提供产品检验报告及合格证，且进场后道砖复检合格后方能使用。

（3）人行道道砖铺砌前检验砖块尺寸是否合格，表面颜色是否一致，有无蜂窝、露石、脱皮、裂缝等现象。

（4）铺筑前进行测量放线，沿设计方向和人行道设计面挂线，保证人行道道砖表面平顺、接缝顺直、方向一致，按设计顺坡无积洼或鼓包，且铺筑时随时检查位置与高程，严格控制人行道面层高程。

（5）人行道道砖铺筑前，需洒水湿润，避免吸收砂浆中水分影响质量。

（6）人行道道砖铺砌砂浆应饱满，严禁空鼓，且表面平整、稳定、缝隙均匀。铺筑过程中，随时用 3 m 靠尺检查其平整度，并拉线检测其纵横缝的直顺度，对不顺直砖缝随时调整。与检查井等构筑物相接时，应平整、美观，不得反坡。铺设完成后用干砂掺 1/10 水泥拌和均匀将缝填满并在表面洒水使砂灰沉实，直至砂灰灌满，且要保持砖面清洁。

（7）盲道砖铺筑需避开障碍物，行进盲道砖与提示盲道砖不得混用。盲道应连续铺设，遇路口断开，盲道起、终点及转弯处应设提示盲道。

（8）弯道路面可采用调整道板砖缝宽来施工，但缝宽应满足：弯道外侧的缝宽≤ 6 mm，弯道内侧的缝宽≥ 2 mm。

（9）道板砖铺筑完成后，必须封闭交通，并应湿润养护，当水泥砂浆达到设计强度后，方可开放交通。

2.6.2　质量检验

（1）外观质量：稳固、无翘动，表面平整、缝线直顺、缝宽均匀、灌缝饱满，无翘边、翘角、反坡、积水现象。

（2）允许偏差：平整度每 20 m 测 1 点时≤ 5 mm，井框与面层高差每座 1 点时≤ 4 mm，相邻块高差每 20 m 测 1 点时≤ 3 mm，纵缝直顺度每 40 m 测 1 点时≤ 10 mm，横缝直顺度每 20 m 测 1 点时≤ 10 mm，缝宽每 20 m 测 1 点时（+3，–2） mm，横坡每 20 m 测 1 点时 ±0.3% 且不反坡。

图 2.6–1　直线段人行道铺筑

图 2.6–2　人行道三面坡铺筑

图 2.6–3　人行道井盖安装

第3章 桥梁工程

3.1 测量工程

施工单位对建设单位提供的控制点进行复核测量，测量复测报告经监理工程师批准后方可进行工程测量。

供施工测量用的控制桩，应注意保护，经常校测，保持准确。雨后或受到碰撞、遭遇损害时，应及时校测。

3.2 模板和支架工程

3.2.1 模板一般规定

（1）模板及支架的强度、刚度与稳定性需满足受力要求。

（2）模板表面平整、洁净、无破损，若为钢模板，安装前去除铁锈和油污并涂刷脱模剂。

（3）模板接缝紧密、平顺、无错位。

（4）安装在模板上的预埋件须牢固，位置准确，并做标记。

（5）模板安装后，对其结构尺寸，平面位置，顶部标高，节点联系及纵、横向稳定性进行检查。

3.2.2 支架一般规定

（1）钢管应无裂纹、凹陷、锈蚀，不得采用对接焊接钢管。

（2）钢管应平直，直线度允许偏差应为管长的1/500，两端面应平整，不得有斜口、毛刺。

（3）铸件表面应光滑，不得有砂眼、缩孔、裂纹、浇冒口残余等缺陷，表面粘砂应清除干净。

（4）各焊缝应饱满，焊药应清除干净，不得有未焊透、夹砂、咬肉、裂纹等缺陷。

（5）构配件防锈漆涂层应均匀，附着应牢固。

（6）钢管直径、壁厚应符合设计及规范要求。

3.2.3 模板清理

（1）钢模板在安装前，先将表面附着的杂物清理干净，然后采用抛光机对模板进行打磨，保证模板表面洁净，然后涂刷隔离剂。

（2）木模板在安装前，采用小型铲具和扫帚等工具将表面附着的杂物清理干净，然后采用抹布对表面进行擦拭。在安装前，涂刷隔离剂。

3.2.4 模板和支架的安装

（1）模板安装前，应先采用空压机或者高压水枪将结构物范围内的浮渣、灰尘等杂物清理干净。

（2）支架搭设前，应对承载力不满足要求的地基进行处理，对积水进行排除。搭设时按照设计图纸及监理工程师已审批过的施工方案进行。

图 3.2–1 模板打磨

图 3.2–2 模板涂刷隔离剂

3.2.5 模板和支架的拆除

（1）非承重模板应在混凝土强度能保证结构棱角不损坏时方可拆除，混凝土强度宜为 2.5 MPa 以上。

（2）芯模和预留孔道内模应在混凝土抗压强度能够保证结构表面不发生塌陷和裂缝时，方可拔出。

（3）承载结构的模板和支架拆除应符合设计要求。若设计无规定，应符合表 3.2–1 的规定。

表 3.2–1 现浇结构拆除底模时的混凝土强度

结构类型	结构跨度（m）	按设计混凝土强度标准值的百分率（%）
板	≤ 2	50
	2 ~ 8	75
	＞ 8	100
梁、拱	≤ 8	75
	＞ 8	100
悬臂构件	≤ 2	75
	＞ 2	100

3.2.6　模板验收

3.2.6.1　轴线检查

模板安装前，应先对模板位置进行测量放样，然后用墨线将模板边线放出，并对墨线进行复测。安装时，应拉水平和竖向通线。模板安装牢固后，应采用测量仪器进行复测，确保模板轴线满足允许偏差要求。

3.2.6.2　垂直度检查

模板加固牢固后，采用线锤进行吊线检查，保证模板垂直度满足允许偏差要求。

3.2.6.3　拼缝、错台及平整度检查

模板拼缝应严密，不得漏浆；相邻模板间的高差不得大于 2 mm；模板表面平整度采用 2 m 靠尺进行检测，平整度不得大于 5 mm。

3.3　钢筋工程

3.3.1　施工工艺流程

进场验收→检验检测→钢筋加工制作→钢筋安装→质量验收。

3.3.2　钢筋原材料控制

3.3.2.1　进场验收及检测

钢筋进场时，应具有出厂质量证明书、合格证及试验报告单，钢筋表面不得有裂纹、结疤、折叠、凸块、凹坑、夹块、锈蚀等现象。进场后，应按不同的钢种、等级、牌号、规格及生产厂家分批抽取试样进行力学性能检验。每批的质量不宜大于 60 t，超过 60 t 的部分，每增加 40 t 应增加一个抽检批次，经复检合格后方可使用。

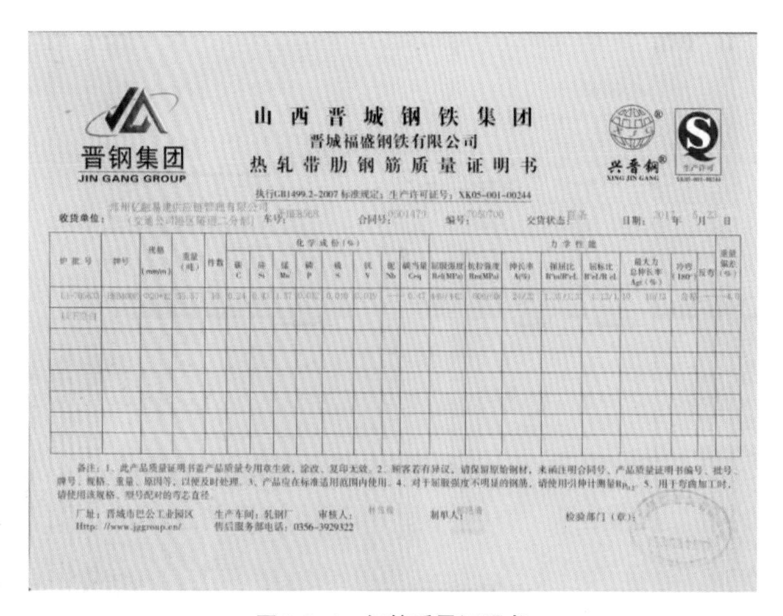

晋钢集团
JIN GANG GROUP

山西晋城钢铁集团
晋城福盛钢铁有限公司
热轧带肋钢筋质量证明书

兴晋钢 XING JIN GANG

执行GB1499.2-2007标准规定；生产许可证号：XK05-001-00244

收货单位：　车号：　合同号：　编号：　交货状态：　日期：　年　月　日

炉批号	牌号	规格（mm/m）	重量（吨）	件数	化学成份（%）								力学性能								重量偏差（%）
					碳 C	硅 Si	锰 Mn	磷 P	硫 S	钒 V	铌 Nb	碳当量 Ceq	屈服强度 ReL(MPa)	抗拉强度 Rm(MPa)	伸长率 A(%)	强屈比 R°m/R°eL	屈标比 R°eL/R eL	最大力总伸长率 Agt（%）	冷弯（180°）	反弯	

备注：1. 此产品质量证明书盖产品质量专用章生效，涂改、复印无效。2. 顾客若有异议，请保留原始钢材，来函注明合同号、产品质量证明书编号、批号、牌号、规格、重量、原因等，以便及时处理。3. 产品应在标准适用范围内使用。4. 对于屈服强度不明显的钢筋，请使用引伸计测量$R_{p0.2}$。5. 用于弯曲加工时，请使用该规格、型号配对的弯芯直径。

厂址：晋城市巴公工业园区　生产车间：轧钢厂　审核人：　制单人：　检验部门（章）：

Http: //www.jzgroup.cn/　售后服务部电话：0356-3929322

图 3.3-1　钢筋质量证明书

河南中建建设工程检测有限公司

ZJ-006-1

钢筋原材试验检测报告

共1页 第1页

委托单位	郑州航空港区航盛基础设施建设有限公司	委托编号	WT-1710717
工程名称	郑州航空港经济综合实验区（郑州新郑综合保税区）志洋路西跨高路河1桥梁工程	样品名称	热轧带肋钢筋
工程部位	志洋路西跨高路河1桥桥面系	检验日期	2017/06/05
试验依据	GB/T 228.1-2010、GB/T 232-2010	报告日期	2017/06/05
判定依据	GB/T 1499.2-2007	钢筋种类牌号	HRB400
样品描述	顺直、无锈蚀	生产厂家	山东莱钢永锋钢铁有限公司
主要仪器设备及编号	万能材料试验机、电子称、游标卡尺		

报告编号	批号/代表数量（t）	公称直径（mm）	重量偏差（%）		屈服强度（MPa）		抗拉强度（MPa）		断后伸长率（%）		最大力总伸长率（%）		弯曲结果	屈标比	强屈比
			技术指标	检测结果	技术指标	检测结果	技术指标	检测结果	技术指标	检测结果	技术指标	检测结果			
BG-GJ1710116	C2017055007	16	±5	-2	400	445	540	597	16	23.5	/	/	无裂纹	/	/
	21.238					449		612		23.5		/	无裂纹	/	/
以下空白															

检测结论：	依据GB/T 228.1-2010、GB/T 232-2010检测，该样品所检项目符合GB/T 1499.2-2007及设计要求。
备注：	1、见证人：宋磊（B41160050100153），见证单位：郑州中兴工程监理有限公司；取样人：丁晓庆。 2、该样品为委托单位送样，仅对样品负责。 3、报告未经同意，不得复制(完整复制除外)。 4、对检测结果有异议者，请于收到报告之日起十日内提出。

检验检测机构地址：郑州市航海东路经开第五大街129号　　电话：0371-60935778

试验：　　审核：　　签发：　　检测单位：（盖章）

图 3.3–2　钢筋原材试验检测报告

3.3.2.2　钢筋存放

在工地存放时，应按不同品种、规格，分批分类堆置整齐，不得混杂，并应设立识别标志；钢筋存放时下部应垫高或堆置在台座上，上部进行覆盖，防止水浸和雨淋；存放的时间不宜超过 6 个月。

图 3.3–3　钢筋分类存放（一）

图 3.3-4　钢筋分类存放（二）

3.3.2.3　预制构件的吊环，必须采用未经冷拉的热轧光圆钢筋制作，且其使用时的计算拉应力应不大于 50 MPa，不得以其他钢筋替代。

3.3.3　钢筋加工

3.3.3.1　受力钢筋弯制和末端弯钩均应符合设计要求，设计未规定时，末端弯钩应符合下列规定：180° 平直段长度不应小于 3 *d*（*d* 为钢筋直径），135° 平直段长度不应小于 5 *d*，90° 平直段长度不应小于 10 *d*。

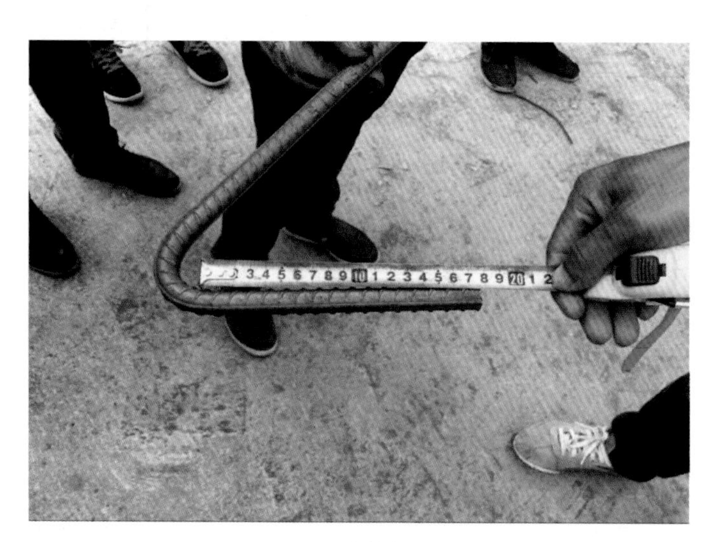

图 3.3-5　弯钩长度检查

3.3.3.2　箍筋、拉筋的末端应按设计要求做弯钩，并应符合下列规定：对一般结构构件，箍筋弯钩的弯折角度不应小于 90° ，弯折后平直段长度不应小于 5 *d*；对有抗震设防要求或设计有专门要求的结构构件，箍筋弯钩的弯折角度不应小于 135° ，弯折后平直段长度不应小于 10 *d*。

3.3.3.3　钢筋的形状、尺寸应按照设计的规定进行加工，加工后的钢筋，其表面不应有削弱钢筋截面的伤痕。钢筋加工好后应按编号分类、分批存放整齐，并做好防锈蚀和防污染措施。

图 3.3–6　钢筋加工

图 3.3–7　半成品钢筋堆放

3.3.3.4　钢筋加工的形状、尺寸应符合设计要求，其偏差应符合表 3.3–1 的规定。

表 3.3–1　钢筋加工的允许偏差

项目	允许偏差（mm）
受力钢筋沿长度方向的净尺寸	± 10
弯起钢筋的弯折位置	± 20
箍筋外廓尺寸	± 5

3.3.4　钢筋的连接

3.3.4.1　接头的设置应符合下列规定：

（1）在同一根钢筋上宜少设接头。

（2）钢筋接头应设在受力较小区段，不宜位于构件的最大弯矩处。

（3）在任一焊接或绑扎接头长度区段内，同一根钢筋不得有两个接头，在该区段内的受力钢筋，其接头的截面面积占总截面面积的最大百分率应符合表 3.3–2 的规定。

表 3.3–2　接头长度区段内受力钢筋接头的截面面积占总截面面积的最大百分率

接头形式	接头面积最大百分率（%）	
	受拉区	受压区
主钢筋绑扎接头	25	50
主钢筋焊接接头	50	不限制

注：1. 焊接接头长度区段内是指 35 d 长度范围内，但不得小于 500 mm，绑扎接头长度区段是指 1.3 倍搭接长度。
2. 装配式构件连接式的受力钢筋焊接接头可不受此限制。

3.3.4.2　钢筋采用机械连接接头时，应符合下列规定：

（1）钢筋丝头现场加工与接头安装应按接头提供单位的加工、安装技术要求进行，操作工人应经专业培训合格后方可上岗，人员应稳定。

（2）钢筋端部应采用带锯、砂轮锯或带弧形刀片的专用钢筋切断机切平，切口面应与钢筋轴线垂直，严禁采用剪断机剪断或用气割机切割，严禁马蹄形翘曲。

图 3.3–8　钢筋端头切割

（3）钢筋丝头加工与接头连接前应先进行工艺试验，在检验合格后方可进行正式加工。

（4）对每种规格的丝头先进行外观质量检查：螺纹牙型应饱满，连接套筒里面不得有裂纹，表面及内螺纹不得有严重的锈蚀及其他肉眼可见的缺陷；然后采用钢尺对丝头长度进行检测，丝头单侧外露长度公差为 0 ～ 2.0 p；最后采用通止环规对丝头剥肋直径进行检测，通规可以顺利通过，止规旋入长度不得超过 3 p。已检验合格的丝头螺纹应用塑料保护帽加以保护，防止装卸时损坏，并按规格分类堆放整齐。

图 3.3-9　丝头加工

图 3.3-10　丝头端面处理

图 3.3-11　通止环规检测套筒及丝头

图 3.3-12　丝头加保护帽保护

（5）在同条件下经外观检查合格的机械连接接头，同钢筋生产厂、同强度等级、同规格、同类型和同形式接头应以 500 个为一个验收批进行检验与验收，不足 500 个时亦作为一个验收批。对接头的每一个验收批，应在工程结构中随机截取 3 个试件进行试验。

3.3.4.3　钢筋的接头为搭接或帮条电弧焊时，应符合下列规定：

（1）钢筋所采用的焊条，应符合设计要求和现行国家标准《碳钢焊条》（GB/T 5117）或《低合金钢焊条》（GB/T 5118）的规定。在钢筋工程焊接开工前，参与该工程施焊的焊工必须进行现场条件下的焊接工艺试验，焊工必须持证上岗。在焊接工艺试验合格后，方可正式施工生产。

（2）搭接焊时，应对焊接端钢筋进行预弯，使两钢筋的轴线在同一直线上，焊缝宽度不应小于主筋直径的 80%，焊缝厚度应与主筋表面齐平；采用帮条电弧焊时，帮条应采用与主筋相同的钢筋，其总截面面积不应小于被焊接钢筋的截面面积。电弧焊接头的焊缝长度，对双面焊缝不应小于 5 d，单面焊缝不应小于 10 d。

（3）凡钢筋牌号、直径及尺寸相同的焊接骨架和焊接网应视为同一类型制品，且每 300 个接头作为一个验收批，一周内不足 300 个时亦应按一批计算，每周至少检查一次。对接头的每一个验收批，应在工程结构中随机截取 3 个试件进行试验。

（4）采用搭接焊、帮条焊的接头，应逐个进行外观检查。焊缝表面应平顺，无裂纹、夹渣和较大的焊瘤等缺陷。

图 3.3-13　搭接焊试件

3.3.4.4　钢筋绑扎连接应符合下列规定：

（1）受拉区域内，HPB235 钢筋绑扎接头的末端应做成弯钩，HRB335、HRB400 钢筋可不做弯钩。

（2）直径不大于 12 mm 的受压 HPB235 钢筋的末端，以及轴心受压构件中任意直径的受力钢筋的末端，可不做弯钩，但搭接长度不得小于钢筋直径的 35 倍。

（3）钢筋搭接处，应在中心和两端至少 3 处用绑丝绑牢，钢筋不得滑移。

（4）受拉钢筋绑扎接头的搭接长度，应符合表 3.3-3 的规定；受压钢筋绑扎接头的搭接长度，应取受拉钢筋绑扎接头长度的 70%。

表 3.3-3　受拉钢筋绑扎接头的搭接长度

钢筋牌号	混凝土强度等级		
	C20	C25	＞C25
HPB235	35 d	30 d	25 d
HRB335	45 d	40 d	35 d
HRB400	—	50 d	45 d

注：1. 当带肋钢筋直径 $d > 25$ mm 时，其受拉钢筋的搭接长度应按表中数值增加 5 d 采用。
2. 当带肋钢筋直径 $d < 25$ mm 时，其受拉钢筋的搭接长度应按表中数值减少 5 d 采用。
3. 在任何情况下，纵向受拉钢筋的搭接长度不得小于 300 mm，受压钢筋的搭接长度不得小于 200 mm。
4. 两根直径不同的钢筋的搭接长度，以较细钢筋的直径计算。

3.3.5　钢筋的安装

3.3.5.1　安装钢筋时应符合下列规定：

（1）钢筋的级别、直径、根数、间距等应符合设计的规定。

（2）钢筋的交叉点宜采用绑丝绑牢，必要时可采用点焊焊牢。

（3）绑扎钢筋的铁丝丝头不应进入混凝土保护层内。

（4）钢筋绑扎时，除设计有特殊规定外，箍筋应与主筋垂直。

（5）对多层多排钢筋，为保证钢筋的垂直度和整体稳定性，宜根据安装需要设立一定数量的架立钢筋。

（6）当顶板和底层由多层钢筋构成时，在绑扎时应保证上、下层钢筋在同一个垂直面上，以保证钢筋间距，便于进行混凝土振捣。

3.3.5.2　机械连接接头安装

（1）安装接头时采用管钳对丝头进行拧紧，钢筋丝头应在套筒中央位置相互顶紧，标准型、正反丝型、异径型接头安装后的单侧外露螺纹不宜超过 2 p。

（2）接头安装后应用扭矩扳手校核拧紧扭矩，最小拧紧扭矩值应符合表 3.3–4 的规定。

表 3.3–4　直螺纹接头安装时最小拧紧扭矩值

钢筋直径（mm）	≤ 16	18 ~ 20	22 ~ 25	28 ~ 32	36 ~ 40	50
拧紧扭矩（N·m）	100	200	260	320	360	460

3.3.6　钢筋保护层的控制

（1）混凝土垫块应具有足够的强度和密实性；采取其他材料制作垫块时，除应满足使用强度要求外，其材料中不应含有对混凝土产生不利影响的因素。

（2）垫块应相互错开、成梅花形分散设置在钢筋与模板之间，垫块在结构或构件侧面和底面所布设的数量应不少于 4 个 / m^2，重要部位应适当加密。

（3）垫块应与钢筋绑扎牢固，且丝头不应进入混凝土保护层内。

（4）混凝土浇筑前，应对垫块的位置、数量和紧固程度进行检查，不符合要求时应及时处理。

图 3.3–14　承台保护层厚度检测

3.3.7 钢筋安装后的质量控制

绑扎或焊接的钢筋网和钢筋骨架不得有变形、松脱和开焊，钢筋安装允许偏差及检验方法应符合表 3.3–5 的规定。

表 3.3–5 钢筋安装允许偏差和检验方法

项目		允许偏差（mm）	检验方法
绑扎钢筋网	长、宽	±10	尺量
	网眼尺寸	±20	尺量连续三档，取最大偏差值
绑扎钢筋骨架	长	±10	尺量
	宽、高	±5	尺量
纵向受力钢筋	锚固长度	–20	尺量
	间距	±10	尺量两端、中间各一点，取最大偏差值
	排距	±5	
纵向受力钢筋、箍筋的混凝土保护层厚度	基础	±10	尺量
	板、墙、壳	±3	尺量
绑扎箍筋、横向钢筋间距		±20	尺量连续三档，取最大偏差值
钢筋弯起点位置		20	尺量，沿纵、横两个方向量测，并取其中偏差的较大值
预埋件	中心线位置	5	尺量
	水平高差	+3，0	塞尺量测

3.4 混凝土工程

3.4.1 施工工艺流程

施工准备→混凝土进场验收→混凝土输送→混凝土浇筑振捣→混凝土收面→养护→成品保护。

3.4.2 施工准备

（1）应对支架、模板、钢筋和预埋件等进行检查，模板内的杂物、积水及钢筋上的污物应清理干净。模板如有缝隙或孔洞，应堵塞严密且不漏浆。

（2）当浇筑高度超过 2 m 时，应采用串筒、溜管等设施，串筒距浇筑面不大于 50 cm，防止混凝土离析。

3.4.3 材料及试验检验要求

（1）混凝土生产前，检测机构需对配合比进行验证，确保施工配合比满足设计及规范要求。每次混凝土浇筑应按检验批要求商品混凝土厂家提供混凝土质量保证资料，认真核对浇筑部位、混凝土等级和抗渗抗冻等级。

（2）坍落度应满足设计及规范要求，混凝土到场后，应按要求做坍落度试验检测，并做好检测记录。当坍落度不符合要求时，应进行退场处理。

（3）工地建立标准养护室，在浇筑混凝土时留置试块，脱模后及时放入标准养护室中，并对试块进行编号，在标准养护室中养护 28 d 后送至第三方检测机构进行 28 d 抗压强度试验。若现场未建立标准养护室，应将试块及时送至第三方检测机构进行标准养护。

（4）同条件养护试块应由施工、监理等方在混凝土浇筑部位共同见证取样，试件应留置在靠近相应结构构件的适当位置，并采取相同的养护方法。

图 3.4-1　现场坍落度检测

图 3.4-2　混凝土试块标准养护室

3.4.4　混凝土浇筑

（1）混凝土应分层分段连续浇筑，每层浇筑厚度约 30 cm。采用插入式振动棒振捣，振捣棒插入的深度以进入下层混凝土 50 ~ 100 mm 为宜。振捣时间以混凝土不再显著下沉，不出现气泡，开始泛浆为宜。

（2）大体积混凝土浇筑时宜按照全面分层法、分段分层法、斜面分层法三种方式浇筑，整体连续浇筑时分层厚度宜为 300 ~ 500 mm。层间的最长时间间隔不应超过混凝土的初凝时间，当超过混凝土的初凝时间时，应在层面留设施工缝。

冬季施工期间，混凝土的入模温度应不低于 5 ℃；夏季施工期间，混凝土的浇筑宜在气温较低时进行，宜采取措施降低混凝土的入模温度，确保入模温度不高于 30 ℃。

（3）在混凝土浇筑过程中，应安排专人对模板进行检查。当发现局部有松动和漏浆的地方时，应及时进行处理。发现有胀模和螺栓松动的情况时，应立即停止混凝土的浇筑，待模板加固修复后再浇筑混凝土。

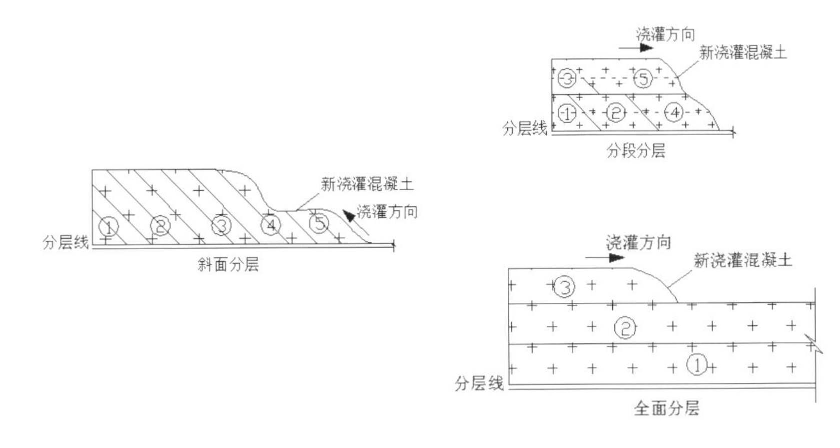

图 3.4-3　大体积混凝土浇筑分层示意图

3.4.5　混凝土收面

混凝土应进行二次收面，收面后表面应平整，无脚印、坑窝等现象。梁体顶面和混凝土铺装层顶面应进行拉毛，拉毛深度为 1 ～ 2 mm。

3.4.6　混凝土的养护

在混凝土收面完成后，及时进行覆盖养护，养护措施及时间应符合设计要求。若设计无要求，养护时间一般不得少于 7 d，大体积和抗渗混凝土养护时间不应少于 14 d。

3.5　钻孔灌注桩施工

3.5.1　施工工艺流程

桩位放样→护筒埋设→钻机就位钻孔→成孔→安装钢筋笼→安装导管→灌注混凝土。

3.5.2　桩位放样

平整场地后，根据设计桩位，确定钻孔中心位置。施工前严格按照设计图纸桩位坐标放出钻孔桩中心位置，并采用十字护桩法护桩。

3.5.3　埋设护筒

（1）护筒的壁厚、材质、埋置深度应符合设计及规范要求。当使用旋转钻时，护筒内径应比钻头直径大 20 cm；使用冲击钻机时，护筒内径应大于 40 cm。护筒四周采用黏土并分层回填夯实；护筒顶高出周围地面 30 cm。

图 3.5–1　护筒埋设

图 3.5–2　护筒中心复核

图 3.5–3　旋挖钻施工

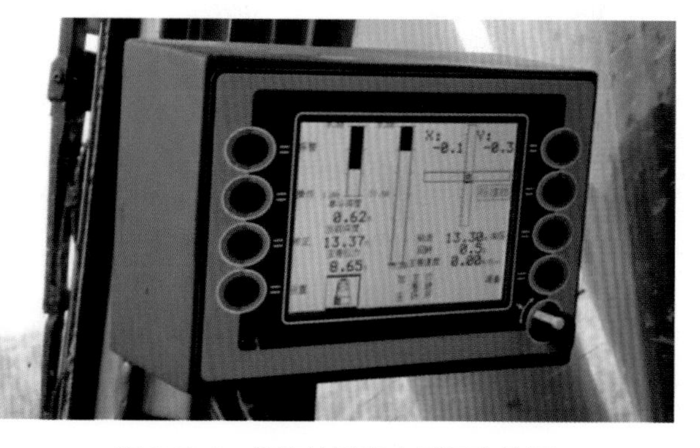

图 3.5–4　旋挖钻垂直度及深度检测

图 3.5–5　循环钻垂直度检测

（2）护筒埋设后，钻孔前应对护筒顶标高和中心位置进行复核，无误后方可钻孔。护筒顶面中心与设计桩位偏差不大于 5 cm，倾斜度不大于 1%。

3.5.4　钻孔

（1）钻孔过程中要根据规范要求随时检查孔的垂直度。

（2）钻孔过程中及时测定泥浆比重、黏度、含砂率三项泥浆指标，成孔后的泥浆指标，是从桩底部、中部、顶部分别取样检验平均值。

表 3.5–1　钻孔桩泥浆指标

泥浆指标	泥浆比重	黏度	含砂率
成孔前	1.05 ~ 1.15	16 ~ 21 s	＜ 2%
成孔后	1.05 ~ 1.10	17 ~ 20 s	

（3）钻孔过程中用测绳测孔深，随时掌握成孔深度。

（4）钻孔过程中对每种土质都须留取渣样，标签上面标示出取样深度和土质描述情况，以核对是否和设计地质一致。

图 3.5–6　泥浆指标检测

图 3.5–7　渣样取样

3.5.5 清孔

（1）终孔后，核实地质情况是否与设计相符。应对孔径、孔形、孔深和倾斜度进行检验；挖孔桩终孔并对孔底处理后，应对孔径、孔形、孔深、倾斜度及孔底处理情况进行检验。

（2）孔径、孔形、倾斜度和孔底沉淀厚度宜采用专用仪器检测，检孔器的外径应不小于桩孔直径，长度宜为外径的 4 ~ 6 倍；孔深采用专用测绳检测。

（3）清孔时，必须保持孔内水头，防止坍孔。

（4）不得用加深钻孔深度的方式代替清孔。

图 3.5–8　孔径及倾斜度检测

图 3.5–9　孔深检测

（5）钻孔灌注桩成孔质量应符合表 3.5–2 的规定。

表 3.5–2　钻孔灌注桩成孔质量标准

项目		规定值或允许偏差
钻孔桩	孔的中心位置（mm）	群桩：100；单排桩：50
	孔径（mm）	不小于设计桩径
	倾斜度（%）	钻孔：＜ 1；挖孔：＜ 0.5
	孔深（m）	摩擦桩：不小于设计规定 支撑桩：比设计深度超深不小于 0.05
	沉淀厚度（mm）	摩擦桩：符合设计规定。设计未规定时，对于直径≤ 1.5 m 的桩，≤ 200；对于桩径＞ 1.5 m 或桩长＞ 40 m 或土质较差的桩，≤ 300 支撑桩：不大于设计规定；设计未规定时≤ 50
	清孔后泥浆指标	相对密度：1.03 ~ 1.10；黏度：17 ~ 20 Pa·s； 含砂率：＜ 2%；胶体率：98%

3.5.6 钢筋笼加工及吊装

（1）有条件的采用滚焊机分段加工钢筋笼，并进行编号。

（2）钢筋笼在运输过程中，应采取适当的措施防止变形。

（3）在钢筋笼外侧应设置保护层垫块，垫块的间距在竖向不应大于 2 m，在横向圆周不应少于 4 处。

图 3.5-10　钢筋笼加工

（4）吊放钢筋笼入孔时应对准孔位，保持垂直；下放钢筋笼时，要求有技术人员在场，吊筋长度应计算准确，以控制钢筋笼的桩顶、底标高；钢筋笼节段连接采用焊接或机械连接的方式，接头须错开布置，节段钢筋连接合格经监理验收后方可下放。如测桩方式为超声波检测法，声测管安装位置和长度必须符合设计图纸要求，接头连接必须紧固，管内灌水必须注满清水，以确保声测管不漏水。

图 3.5-11　钢筋笼保护层垫块安装

图 3.5-12　钢筋笼下放

图 3.5–13　钢筋笼节段对接

图 3.5–14　伸入承台部分主筋用泡沫棉包裹

（5）伸入承台主筋采用泡沫（壁厚 1 cm 以上）包裹，以隔离混凝土，便于截桩头施工时剥离钢筋。

（6）钢筋笼骨架的制作和安装质量应符合表 3.5–3 的规定。

表 3.5–3　灌注桩钢筋笼骨架制作和安装质量标准

项目	允许偏差	项目	允许偏差
主筋间距（mm）	± 10	保护层厚度（mm）	± 20
箍筋间距（mm）	± 20	中心平面位置（mm）	20
外径（mm）	± 10	顶端高程（mm）	± 20
倾斜度（%）	0.5	底面高程（mm）	± 50

图 3.5–15　钢筋笼箍筋间距验收

图 3.5–16　钢筋笼外径验收

3.5.7　安装导管

（1）导管使用前应进行水密承压和接头抗拉试验，严禁采用压气试验，进行水密试验的水压宜为孔底静水压力的 1.5 倍。

图 3.5–17　导管水密试验

（2）导管下入长度和实际孔深必须严格丈量，使导管底口与孔底的距离能保持在 0.3 ~ 0.5 m。

3.5.8　灌注水下混凝土

（1）灌注水下混凝土之前，应再次检查孔内泥浆性能指标和孔底沉淀厚度，如超过规定，应进行第二次清孔，符合要求后方可灌注水下混凝土。

（2）灌注时混凝土坍落度宜为 180 ~ 220 mm。

图 3.5–18　清孔

图 3.5–19　坍落度检测

（3）灌注混凝土时，首浇混凝土必须保证埋管深度不小于 1 m，灌注过程中根据实测埋管深度分节拆除导管，导管埋深宜为 2 ~ 6 m。为确保桩顶质量，在桩顶设计标高以上加灌 0.5 ~ 1.0 m。

（4）灌注的混凝土顶面距离钢筋骨架底部 1 m 左右时，宜降低灌注速度；整个混凝土浇筑过程中应采取可靠措施对钢筋笼进行固定，防止钢筋笼上浮。

（5）在拔出最后一段导管时，拔管速度要慢，以防止桩顶沉淀的泥浆挤入导管而形成泥心。

（6）每根桩在浇筑地点制作混凝土试件不得少于 2 组。

（7）拆除后的导管应及时冲洗和保养，堆放整齐，以备下次使用。

图 3.5–20　水下混凝土首灌

图 3.5–21　导管分节拆除

图 3.5–22　导管冲洗保养

3.5.9　桩基检测

在桩基混凝土强度和龄期达到设计及规范要求时，采用低应变法、声波透射法、高应变法等方法对桩基承载力和完整性进行检测。

图 3.5–23　声波透射法检桩

图 3.5–24　高应变法检桩

图 3.5-25　单桩承载力检测

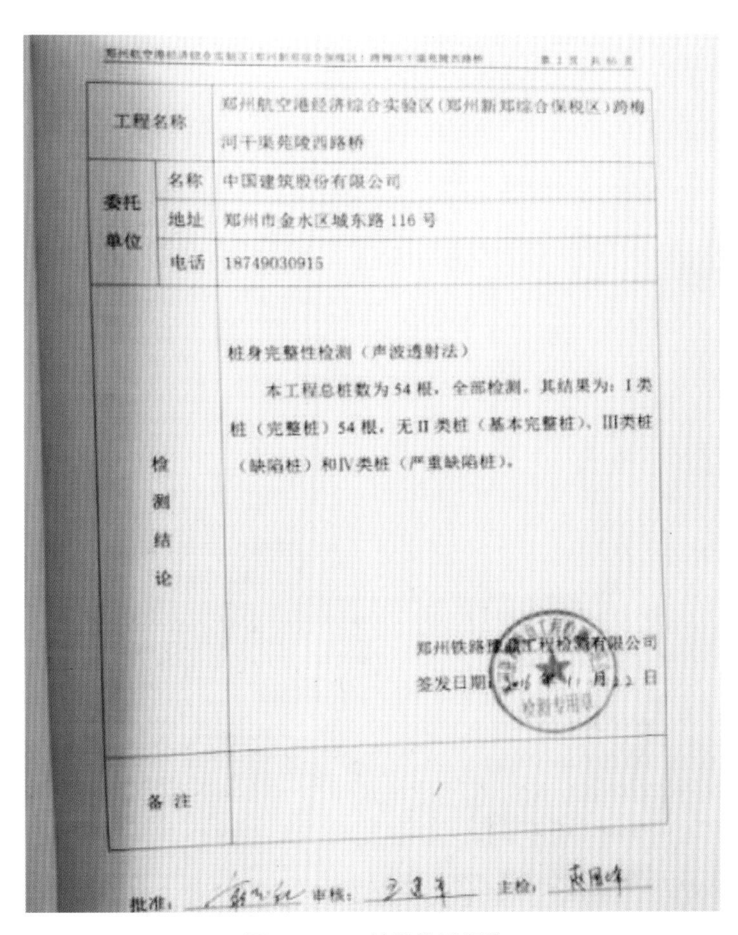

[illegible]

工程名称		郑州航空港经济综合实验区（郑州新郑综合保税区）跨梅河干渠苑陵西路桥
委托单位	名称	中国建筑股份有限公司
	地址	郑州市金水区城东路 116 号
	电话	18749030915
检测结论		桩身完整性检测（声波透射法） 本工程总桩数为 54 根，全部检测，其结果为：I 类桩（完整桩）54 根，无 II 类桩（基本完整桩）、III类桩（缺陷桩）和IV类桩（严重缺陷桩）。 郑州铁路[illegible]工程检测有限公司 签发日期：[illegible]年[illegible]月[illegible]日
备注		

批准：[illegible]　审核：[illegible]　主检：[illegible]

图 3.5-26　桩基检测报告

3.6 承台施工

3.6.1 施工工艺流程

测量放样→基坑开挖→凿除桩头→浇筑混凝土垫层→钢筋绑扎→模板安装→浇筑混凝土→养护→基坑回填。

3.6.2 测量放样

平整场地后，根据承台设计尺寸，准确放样基坑开挖上口线、下口线，并撒出白灰线。

3.6.3 基坑开挖

桩身混凝土强度在达到设计强度及规定龄期后方可进行基坑开挖，若地下水位较高或处于河道中，开挖前应采用相应措施先进行降水。开挖时，对基坑平面尺寸和标高进行测量控制。在开挖过程中若发现渗水现象，则应在基坑四周适当位置布置排水沟和截水沟，避免长时间裸露和浸泡。

3.6.4 桩头凿除

在承台开挖至设计标高后，在桩顶标高位置处统一用红油漆标识。采用无齿锯绕桩头环向一周切割，切割深度 3 ~ 4 cm；在桩顶标高上 5 ~ 10 cm 处环切第二刀，用风镐凿出 V 形槽，剥离混凝土，环切时不得损伤主筋。

凿除过程中保证不扰动设计桩顶以下的桩身混凝土，严禁对桩头强行拉断，以免破坏主筋。凿除后，应保证桩头混凝土的完整性，杜绝出现桩头被破坏，并将桩头和钢筋表面的浮浆等杂物清理干净。

图 3.6–1 桩头环切

图 3.6–2　桩头凿除效果

3.6.5 钢筋绑扎

（1）大体积混凝土施工时应采取有效措施，降低水化热的危害，确保混凝土质量。

（2）墩身钢筋在预埋过程中，要与承台钢筋的底层和顶层网片进行固定连接。为保证预埋钢筋的位置准确，采用定位胎具对钢筋进行定位。

图 3.6-3　承台冷却水管布设

图 3.6-4　墩身预埋钢筋胎具

3.6.6　模板安装

承台模板宜采用大块钢模，安装前将承台底部的泥土等杂物清理干净，须对模板进行除锈，涂刷脱模剂，模板安装应拼缝严密，支撑牢固可靠；模板安装完成后，应及时对模板顶面高程进行复测。

图 3.6-5　承台模板安装

图 3.6-6　承台模板顶面高程复测

3.6.7　混凝土浇筑

混凝土采用分层连续浇筑，分层厚度不大于 30 cm。在混凝土初凝前对混凝土表面进行抹压收浆，收面要保证顶面平整。

3.6.8　承台养生

承台浇筑完成后及时进行保湿保温养护，混凝土强度达到 2.5 MPa 以上后，方可进行模板的拆除。拆模时应注意对承台表面、棱角的保护。

图 3.6–7　承台混凝土收面

图 3.6–8　承台养护

3.6.9　质量检验标准

混凝土承台允许偏差应符合表 3.6–1 的规定。

表 3.6–1　混凝土承台允许偏差

项目	允许偏差（mm）	检验频率		检验方法
		范围	点数	
断面尺寸（长、宽）	± 20	每座	4	用钢尺量，长、宽各 2 点
承台厚度	0 +10		4	用钢尺量
顶面高程	± 10		4	用水准仪测量 4 角
轴线偏位	15		4	用经纬仪测量，纵、横各 2 点
预埋件位置	10	每件	2	经纬仪放线，用钢尺量

3.7　墩台施工

3.7.1　施工工艺流程

测量放样→承台顶面凿毛、清理干净→搭设操作平台→钢筋绑扎→模板安装→浇筑混凝土→养护→台背回填。

3.7.2　墩台平面放样及凿毛

墩台施工前，对墩台范围内承台表面混凝土凿毛，放样出墩台的中心标高、中轴线及立模边线，复测墩台底标高并采用高强度等级砂浆在墩台外边线铺设砂浆垫层并利用水平尺找平，使标高一致，以利于支模。

图 3.7–1　墩身与承台结合面凿毛

3.7.3　模板安装

墩台模板采用拼装式组合钢模板，拼装前采用砂轮机打磨至板面光滑、无铁锈、毛刺，模板间接缝用海绵双面胶带贴密实。模板安装好后，对其轴线位置、水平标高、各部分尺寸、垂直度进行检查。

图 3.7–2　模板平整度检查

图 3.7–3　墩身模板安装

图 3.7–4　模板校核

图 3.7–5　垂直度校核

3.7.4 墩身钢筋绑扎

绑扎钢筋时须严格按照图纸施工，绑扎墩身内水平构造筋时，注意预留混凝土施工时的通道。墩身顶部钢筋较密，绑扎时注意留出下料口和人洞。

图 3.7–6 墩身钢筋绑扎

图 3.7–7 墩身钢筋间距检查

3.7.5 混凝土浇筑

浇筑混凝土时，串筒、溜槽等的布置应方便摊铺和振捣，并应明确划分工作区域。

3.7.6 模板拆除及养护

拆模采用吊车配合人工方式，为保证墩柱外观质量，拆模时不得强行撬模，以免损伤混凝土光洁度及钢模板。

图 3.7–8 墩身混凝土浇筑

图 3.7–9 墩身拆模后外观质量

墩台混凝土浇筑完成后，应及时进行养护，养护时间不得少于 7 d；掺有缓凝型外加剂或有抗渗等要求以及高强度混凝土，养护时间不得少于 14 d。

图 3.7–10　墩身养护

图 3.7–11　墩身保温养护

3.7.7　台背回填

（1）台背回填材料应符合设计要求。

（2）台背填土宜与路基填土同时进行，宜采用机械碾压。

（3）回填土均应分层夯实，填土压实度应符合国家现行标准的有关规定。

图 3.7–12　台背回填

3.7.8　质量检验标准

现浇混凝土墩台允许偏差应符合表 3.7–1 的规定，现浇混凝土柱允许偏差应符合表 3.7–2 的规定。

表 3.7–1　现浇混凝土墩台允许偏差

项目		允许偏差（mm）	检验频率		检验方法
			范围	点数	
墩台身尺寸	长	+15 0	每个墩台或每个节段	2	用钢尺量
	厚	+10 −8		4	用钢尺量，每侧上、下各 1 点
顶面高程		± 10		4	用水准仪测量
轴线偏位		10		4	用经纬仪测量，纵、横各 2 点
墙面垂直度		≤ 0.25% H，且不大于 25		2	用经纬仪测量或用垂线和钢尺量
墙面平整度		8		4	用 2 m 直尺、塞尺量
节段间错台		5		4	用钢尺和塞尺量
预埋件位置		5	每件	4	经纬仪放线，用钢尺量

表 3.7-2　现浇混凝土柱允许偏差

项目		允许偏差（mm）	检验频率		检验方法
			范围	点数	
断面尺寸	长、宽（直径）	± 5	每根柱	2	用钢尺量，长、宽各 1 点，圆柱量 2 点
顶面高程		± 10		1	用水准仪测量
垂直度		≤ 0.2% H，且不大于 15		2	用经纬仪测量或用垂线和钢尺量
轴线偏位		8		2	用经纬仪测量
平整度		5		2	用 2 m 直尺、塞尺量
节段间错台		3		4	用钢板尺和塞尺量

图 3.7-13　墩身平整度检测

图 3.7-14　墩身保护层检查

图 3.7-15　墩身强度检测

3.8　支　座

3.8.1　支座安装

（1）支座进场后应有出厂性能试验报告和出厂合格证，并经复检合格后方可使用。

（2）支座安装前，应对垫石顶面的浮砂进行清理，对垫石混凝土强度、平面位置、顶面高程、预留地脚螺栓孔和预埋钢垫板等进行复核检查。

（3）支座安装时，应分别在垫石和支座上标出纵、横向的中心十字线；应严格按照设计图纸上的型号及方向进行安装，避免反置。

（4）安装完成后，支座应保持水平，方向须正确，不得有偏斜、不均匀受力和脱空等现象；支座与梁底及垫石之间必须密贴，间隙不得大于 0.3 mm。

产品合格证

产品名称：盆式橡胶支座

规格型号：GPZⅡ 5.0MN SX±100

出厂编号：61105A

该产品经检验，符合JT/T391-2009标准，质量合格，准予出厂。

检验员代号：

衡水宝力工程橡胶有限公司

质量监督检验部

2016年10月1日

产品合格证

产品名称：盆式橡胶支座

规格型号：GPZⅡ 5.0MN SX±100

出厂编号：61106A

该产品经检验，符合JT/T391-2009标准，质量合格，准予出厂。

检验员代号：

衡水宝力工程橡胶有限公司

质量监督检验部

2016年10月1日

图 3.8–1　支座合格证

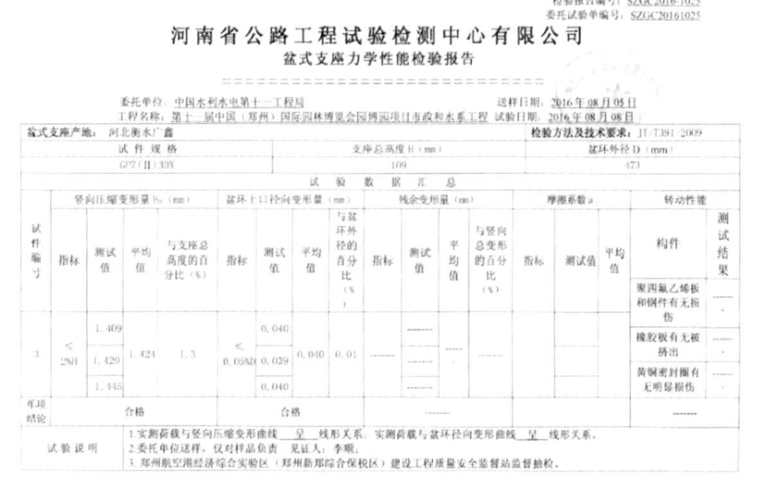

检验报告编号：SZGC2016-1025
委托试验单编号：SZGC20161025

河南省公路工程试验检测中心有限公司

盆式支座力学性能检验报告

委托单位：中国水利水电第十一工程局　　送样日期：2016年08月05日

工程名称：第十一届中国（郑州）国际园林博览会园博园项目市政和水系工程　　试验日期：2016年08月08日

盆式支座产地：河北衡水广鑫　　检验方法及技术要求：JT/T391-2009

试件规格	支座总高度 H（mm）	盆环外径 D（mm）
GPZ（Ⅱ）3SX	109	473

试验数据汇总

试件编号	竖向压缩变形量 h（mm） 指标	测试值	平均值	与支座总高度的百分比（%）	盆环上口径向变形量（mm） 指标	测试值	平均值	与盆环外径的百分比（%）	残余变形量（mm） 指标	测试值	平均值	与竖向总变形的百分比（%）	摩擦系数μ 指标	测试值	平均值	转动性能 构件	测试结果
3	≤2%H	1.409	1.424	1.3	≤0.05%D	0.040	0.040	0.01	------	------	------	------				聚四氟乙烯板和钢件有无损伤	------
		1.420				0.039				------						橡胶板有无被挤出	------
		1.445				0.040				------						黄铜密封圈有无明显损伤	------
单项结论	合格				合格				------							------	

试验说明：
1.实测荷载与竖向压缩变形曲线＿呈＿线形关系；实测荷载与盆环径向变形曲线＿呈＿线形关系。
2.委托单位送样，仅对样品负责　见证人：李顺；
3.郑州航空港经济综合实验区（郑州新郑综合保税区）建设工程质量安全监督站监督抽检。

图 3.8–2　支座检验报告

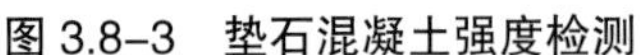

图 3.8-3　垫石混凝土强度检测

图 3.8-4　支座安装

3.8.2　质量检验标准

表 3.8-1　支座安装质量标准

项目		规定值或允许偏差
支座中心与主梁中线（mm）		2
支座顺桥向偏位（mm）		10
高程（mm）		符合设计规定，未规定时为 ±5
支座四角高差（mm）	承压力≤ 5 000 kN	小于 1
	承压力＞ 5 000 kN	小于 2

3.9　预应力工程

3.9.1　材料验收

3.9.1.1　预应力筋进场时，应具有产品合格证、出厂检验报告，并应符合下列规定：

（1）预应力筋不得有弯折，表面不得有裂纹、毛刺、机械损伤、氧化铁锈、油污等。

（2）预应力筋用的锚具、夹具和连接器，表面不得有裂纹、机械损伤、锈蚀、油污等。

（3）钢丝按照同一牌号、同一规格、同一生产工艺为一检验批，每批不得大于 60 t；在不少于 3 盘的钢丝中从每盘钢丝的两端进行取样抽检，抽检合格后方可使用。

（4）钢绞线按照同一牌号、同一规格、同一生产工艺为一检验批，每批不得大于 60 t；在不少于 3 盘的钢绞线中从每盘端部的正常部位截取一根试样，抽检合格后方可使用。

（5）精轧螺纹钢筋按照同一牌号、同一规格、同一生产工艺为一检验批，每批不得大于 60 t，对表面质量应逐根进行检查；在每批中任选 2 根进行抽检，抽检合格后方可使用。

3.9.1.2　锚具、夹具和连接器进场时，应对其质量证明文件、包装、标志和规格进行检验，锚具和夹片应以不超过 1 000 套为一个检验批，连接器应以不超过 500 套为一个检验批；每套锚具抽取不少于 5 套、夹片每套抽取不少于 5 片进行硬度试验，抽检合格后方可使用。

河南省建筑工程质量检验测试中心站有限公司

检 验 检 测 报 告

委托单编号：WTS03-2016-2673　　　　报告编号：S03 类 2016 年 04–6670 号

委托单位	中国建筑股份有限公司		
施工单位	中国建筑股份有限公司		
工程名称	郑州航空港经济综合实验区（郑州新郑综合保税区）航新路跨梅河干渠桥梁工程		
工程部位	航新路桥箱梁		
样品名称	钢绞线	检验性质	见证取样
规格型号	1×7-15.20-1860	送样日期	2016.12.05
批　　号	/	检验日期	2016.12.06
代表批量	30t	报告日期	2016.12.13
生产单位	河南恒星钢缆有限公司		
检验依据	《金属材料 拉伸试验 第 1 部分：室温试验方法》GB/T228.1-2010 《预应力混凝土用钢材试验方法》GB/T 21839-2008		

编号	检验项目	指标要求	测试结果	单项结论
1	抗拉强度（MPa）	≥1860	1880	合格
			1885	合格
			1880	合格
2	整根钢绞线最大力（kN）	≥260	263	合格
			264	合格
			263	合格
3	0.2%屈服力（kN）	≥229	230	合格
			232	合格
			232	合格
4	最大力总伸长率（%）	≥3.5	3.6	合格
			3.8	合格
			3.8	合格
5	松弛率	≤2.5	2.4	合格
检验结果	依据《预应力混凝土用钢绞线》GB/T5224-2014 标准，所检项目符合标准要求。			
备　注	委 托 人：许磊前 取 样 员：肖茜（H41150061600086） 见 证 人：孙艳玲（H41150050100494） 见证单位：广州宏达工程顾问有限公司			
注意事项	1.报告无测试报告专用章及计量认证章无效。2.报告无测试报告专用章骑缝章无效。 3.报告无检验、审核、批准签章或签字无效。4.复印报告未加盖测试报告专用章无效。 5.报告涂改无效。 6.对检验报告若有异议，应于收到报告之日起十五日内向检测单位提出，逾期不予办理。 地址：河南省郑州市金水区丰乐路 4 号 电话：0371-63934069；传真：0371-63850517；网址：http://www.hnjky.com.cn。			

检验人：　　　　审核人：　　　　批准人：

第 1 页 共 1 页

图 3.9–1　钢绞线检验检测报告

3.9.1.3　预应力管道应具有足够的刚度，能传递黏结力，应符合下列要求：

（1）钢管和高密度聚乙烯管的内壁应光滑，壁厚不得小于 2 mm。

（2）金属螺旋管道应按国家现行标准《预应力混凝土用金属螺旋管》（JG/T 3013）的规定进行检验，宜采用镀锌材料制作，钢带厚度不宜小于 0.3 mm。

3.9.1.4　预应力筋和金属管道应置于干燥、防潮、无腐蚀气体的室内存放，在室外存放时，不得直接堆放于地面，应支垫并遮盖。

3.9.2　预应力筋制作

（1）预应力筋宜使用砂轮锯或切断机切断，不得采用电弧切割。

（2）预应力筋由多根组成时，应每隔 1 m 进行绑扎一道，不得互相缠绞。

3.9.3　预应力管道安装

（1）管道安装应按照设计位置要求进行，并用“井”形或“U”形定位筋固定牢固，安放后的管道必须平顺、无折角。

（2）管道接头采用大一号的波纹管套接，要对称旋紧，并用胶带纸缠好接头处以防止混凝土浆掺入。

图 3.9–2　波纹管定位

图 3.9–3　接头处理

（3）当管道位置与非预应力钢筋发生矛盾时采取以管道为主的原则，适当移动普通钢筋保证管道位置的正确，严禁切断主筋，必须切断的箍筋、构造筋等应在管道安装完成后补焊恢复。

（4）波纹管端部的预埋锚垫板应垂直于孔道中心线，并在混凝土浇筑期间不产生位移。

（5）张拉端及锚固端锚后钢筋绑扎严格按照图纸进行，严格做好加密钢筋的绑扎。

（6）浇筑混凝土之前对管道仔细检查，主要检查管道上是否有孔洞，接头是否连接牢固、密封，管道位置是否有偏差，检查无误后，方可进行混凝土浇筑。施工中人员、机械、振动棒不能碰撞管道。

图 3.9–4　张拉端锚后加密钢筋绑扎

图 3.9–5　预应力管道安装

3.9.4　混凝土要求

（1）混凝土中严禁使用含氯化物的外加剂及引气剂或引气型减水剂。

（2）混凝土中氯离子最大含量不宜超过水泥用量的 0.06%，当超过时，宜采取掺加阻锈剂、增加保护层厚度、提高混凝土密实度等防锈措施。

（3）浇筑混凝土时，避免振动器碰撞到预应力管道，确保管道位置准确。

（4）加强张拉端及锚固端部位混凝土的振捣，确保混凝土振捣密实，避免在张拉时张拉端混凝土被局部拉裂。

3.9.5　预应力张拉

（1）预应力钢筋张拉作业人员应经培训考试合格后方可上岗。

（2）张拉设备的校准期限不得超过半年，且不得超过 200 次张拉作业。张拉设备应配套校准，配备使用。

（3）张拉时混凝土强度和龄期应符合设计要求，设计未规定时，不得低于设计强度的 80%，弹性模量应不低于混凝土 28 d 弹性模量的 80%。安装锚具、千斤顶和工具锚时，要保证三者与锚垫板垂直。

（4）梁体预应力张拉均为两端张拉，施加预应力应对称进行，每次张拉应有完整的原始张拉记录，且应在监理在场的情况下进行。

（5）实际伸长值与理论伸长值的差值应符合设计要求，设计无规定时，差值应控制在 ±6% 以内。

（6）张拉过程中预应力筋断丝、滑丝、断筋的数量不得超过规范要求。

（7）预应力筋锚固节段张拉断预应力筋的内缩量应满足设计及规范要求。

千斤顶标定报告

检定依据：JJG621-2012

受检设备：液压千斤顶

检定仪器：TL 传感器-401

仪器校准：中国计量科学研究院

委托单位：中国建筑股份有限公司
郑州航空港经济综合实验区

标定日期：2017 年 2 月 18 日

河南精试预应力金属结构检测有限公司
开封市大力桥建研究所

图 3.9-6　千斤顶标定报告

图 3.9–7　预应力筋张拉

（8）张拉控制应力达到100%后应持荷不少于5 min，稳定后方可锚固。锚固后夹片顶面应平齐，其相互间的错位不宜大于2 mm，且露出锚具外的长度不大于4 mm。

（9）锚固完毕并经检验确认合格后方可切除端头多余的预应力筋，切除时应采用砂轮切割机，严禁采用电弧焊，切割后预应力筋的外露长度不应小于30 mm。锚具应采用封端混凝土保护，当长期外露时，应采取防锈措施。

图 3.9–8　锚固后外露长度不少于 30 mm

图 3.9–9　外露钢绞线涂刷防锈剂

（10）钢筋后张法允许偏差应符合表3.9–1的规定。

表 3.9–1　钢筋后张法允许偏差

项目		允许偏差（mm）	检验频率	检验方法
管道坐标	梁长方向	30	抽查30%，每根查10个点	用钢尺量
	梁高方向	10		
管道间距	同排	10	抽查30%，每根查5个点	用钢尺量
	上下排	10		
张拉应力值		符合设计要求	全数	查张拉记录
张拉伸长率		±6%		
断丝滑丝数	钢束	每束一丝，且每断面不超过钢丝总数的1%		
	钢筋	不允许		

3.9.6　孔道压浆

（1）预应力筋张拉锚固后，孔道应尽早压浆，应在48 h内完成；压浆时，现场应计量设备，以确保按照配合比准备加料。

（2）压浆前用水冲洗孔道，以冲走杂物并湿润孔道内壁，防止干燥的孔壁吸收水泥浆中的水分而降低浆液的流动性。

（3）压浆时，应从孔道最低处向高处进行，在孔道最高位置处设置排气孔。对水平或曲线孔道，压浆的压力宜为 0.5 ~ 0.7 MPa；对超长孔道，最大压力不宜超过 1.0 MPa；对竖向孔道，压浆的压力宜为 0.3 ~ 0.4 MPa。

（4）为保证孔道压浆顺利进行，压浆前应对孔道进行抽真空，真空度宜稳定在 –0.06 ~ –0.10 MPa。

（5）浆液的初始流动度控制在 10 ~ 17 s，采用稠度仪对浆液流动度进行检测。压浆时和压浆后 3 d 内梁体和环境温度不应低于 5 ℃；压浆后应达到孔道的排浆口排出与规定流动度相同的浆液为止，关闭排浆口后，宜稳压 3 ~ 5 min。

图 3.9–10　真空机辅助压浆

图 3.9–11　浆液流动度检测

（6）压浆作业时，每一工作班应留取 1 组（6 个）边长为 70.7 mm 的立方体水泥浆试块，标准养护 28 d。

（7）压浆后应及时浇筑封锚混凝土，封锚前，应先对张拉端混凝土进行凿毛，并将杂物清理干净。

图 3.9–12　孔道压浆

图 3.9–13　封锚端混凝土凿毛

3.10 现浇混凝土梁施工

3.10.1 支架地基处理

地基承载力必须符合设计要求，地表碾压平整，浇筑整体式混凝土垫层，设置排水设施，防止雨水、养护水浸泡地基，地基处理范围至少要宽出支架 50 cm。

3.10.2 支架搭设与预压

（1）支架按照批准的专项施工方案进行，搭设完成后，应经监理单位、施工单位组织相关人员共同参与验收，并形成验收记录。

图 3.10–1 盘扣式支架搭设

图 3.10–2 碗扣式支架搭设

（2）支架搭设完成后采用堆载预压方式进行支架预压，根据预压方案设置沉降观测点，沉降观测偏差应符合规范要求。

图 3.10–3 支架预压

3.10.3　模板安装

安装前测量放样确定模板安装边线、标高，曲线段应适当加密放样点，模板拼缝采用硅胶进行填充。

模板安装完成后，平面位置、高程、表面平整度及错台均应满足规范要求。

图 3.10–4　梁体模板安装

图 3.10–5　模板标高复测

图 3.10–6　模板错台修整

3.10.4　钢筋绑扎

钢筋绑扎前必须把模板清扫干净，并用墨线将主筋位置在模板上弹出，定位准确。钢筋安装严格按线施工，控制钢筋间距、数量；避免将扎丝、焊条头、焊渣等杂物落到模板内；按照要求设置足够数量的保护层垫块，确保保护层合格。钢筋焊接、机械连接质量应满足规范要求，同一断面钢筋接头数量不大于 50%。

图 3.10–7　梁体底腹板钢筋绑扎

图 3.10–8　梁体顶板钢筋绑扎

3.10.5　混凝土浇筑

梁体混凝土浇筑时采取纵向分段、水平分层的方式连续浇筑，先从箱梁两侧腹板同步对称均匀进行，当有纵坡时需从低端向高端进行浇筑。

振捣时，确保混凝土密实，特别是预应力张拉端、锚固端及支座等重点部位，必须振捣密实。

浇筑顶板混凝土时，应从两侧向中间分段浇筑翼缘板和顶板混凝土，浇筑后对桥面进行整平，要求坡度顺直，表面平整。

图 3.10–9　梁体混凝土浇筑

3.10.6　梁体养护

常温下混凝土浇筑完成后，应及时覆盖并洒水养护。当气温低于 5 ℃时，应采取保温措施，并不得对混凝土洒水养护。养护时间不少于设计要求，当设计无要求时，应不得少于 7 d；掺有缓凝型外加剂或有抗渗等要求以及高强度混凝土，不得少于 14 d。

图 3.10–10　梁体土工布覆盖养护

图 3.10–11　梁体冬季养护

3.10.7　检验标准

（1）梁体表面应无孔洞、漏筋、蜂窝、麻面和宽度超过 0.15 mm 的收缩裂缝。

（2）整体浇筑钢筋混凝土梁、板允许偏差应符合表 3.10–1 的规定。

表 3.10–1　整体浇筑钢筋混凝土梁、板允许偏差

检查项目		规定值或允许偏差（mm）	检查频率		检查方法
			范围	点数	
轴线偏位		10	每跨	3	用经纬仪测量
梁板顶面高程		± 10		3 ~ 5	用水准仪测量
断面尺寸（mm）	高	+5 −10		1 ~ 3 个断面	用钢尺量
	宽	± 30			
	顶、底、腹板厚	+10 0			
长度		+5 −10		2	用钢尺量
横坡（%）		± 0.15		1 ~ 3	用水准仪测量
平整度		8		顺桥向每侧面每 10 m 测 1 点	用 2 m 直尺、塞尺量

3.11　钢箱梁施工

3.11.1　一般规定

（1）钢梁应由具有相应资质的企业制造，并应符合国家现行标准的有关规定。

（2）钢梁制造的所有焊工和无损检测人员均应持证上岗。

3.11.2　材料要求

3.11.2.1　钢材、焊接材料（焊丝、焊剂、焊条）、涂装材料应符合国家现行标准规定和设计要求，应具有出厂合格证和厂方提供的材料性能试验报告，并按国家现场标准规定抽样复检，复检合格后方可使用。

（1）牌号为 Q235、Q345 且板厚小于 40 mm 的钢材，应按同一生产厂家、同一牌号、同一质量等级的钢材组成检验批，每批重量不应大于 150 t。

（2）牌号为 Q235、Q345 且板厚大于或等于 40 mm 的钢材，应按同一生产厂家、同一牌号、同一质量等级的钢材组成检验批，每批重量不应大于 60 t。

（3）牌号为 Q390 的钢材，应按同一生产厂家、同一质量等级的钢材组成检验批，每批重量不应大于 60 t。

（4）牌号为 Q235GJ、Q345GJ、Q390GJ 的钢板，应按同一生产厂家、同一牌号、同一质量等级的钢材组成检验批，每批重量不应大于 60 t。

（5）牌号为 Q420、Q460、Q420GJ、Q460GJ 的钢材，每个检验批应由同一牌号、同一质量等级、同一炉号、同一厚度、同一交货状态的钢材组成，每批重量不应大于 60 t。

图 3.11–1　钢板现场取样

河南省建筑工程质量检验测试中心站有限公司

检 验 检 测 报 告

委托单编号：WTS03 2016 1235　　　　报告编号：303 举 2016 年 04-4493 号

委托单位	郑州航空港兴港投资集团有限公司			
施工单位	中国建筑股份有限公司			
工程名称	郑州航空港经济综合实验区			
工程部位	苑陵西路桥钢箱梁			
生产单位	南京钢铁股份有限公司			
样品名称	热轧钢板		检验性质	见证取样
规格型号	25*3650*9830		送样日期	2016.09.29
牌　　号	Q345D		检验日期	2016.09.30
代表批量	7.041t		报告日期	2016.10.08
检验依据	《金属材料 拉伸试验 第 1 部分：室温试验方法》GB/T 228.1-2010 《金属材料 弯曲试验方法》GB/T 232-2010			
序号	检验项目	标准要求	检验结果	单项结论
1	屈服强度（MPa）	≥335	360	合格
			360	合格
2	抗拉强度（MPa）	470~630	520	合格
			515	合格
3	伸长率（%）	≥20	23.5	合格
			23.0	合格
4	冷弯结果 d=3a 180°	不得产生裂纹	无裂纹	合格
检验结论	依据《低合金高强度结构钢》GB /T 1591-2008，所检项目符合标准要求。			
备　注	委 托 人：徐磊前 取 样 员：肖茜（H41150061600086） 见 证 人：林张兴（B14050859） 监理单位：广州宏达工程顾问有限公司			

图 3.11–2　钢板检验检测报告

3.11.2.2　高强度螺栓连接副等紧固件及其连接应符合国家现行标准规定和设计要求，应具有出厂合格证和厂方提供的材料性能试验报告，按出厂批每批抽取 8 副进行扭矩系数复检，复检合格后方可使用。

3.11.2.3　高强螺栓的栓接板面应具有出厂检验报告，按出厂批抽取 3 组试件进行抗滑移系数复检，复检合格后方可使用。

3.11.2.4　地脚螺栓材料应符合《直角地脚螺栓》（JB/ZQ 4364）、《低合金高强度结构钢》（GB/T 1591）的规定。

3.11.3　焊接

（1）焊接材料及辅助材料应符合相关国家标准，焊材牌号应通过焊接工艺评定试验选定。

（2）焊工须经考试合格取得资格证书后，方可焊接。在工厂或工地首次焊接工作之前，或材料、工艺在施工工程中有变化时，必须分别进行焊接工艺试验。

（3）焊接前应对焊缝进行清理，清理范围为拼接端面和沿接缝两侧各宽 25 mm 的表面，必须清除接缝内的水、锈、氧化物、油污、泥灰及熔渣等。主要构件的接缝应用砂轮机或钢丝刷进行清理，直至清理范围内呈现金属光泽。

（4）工地焊接必须采取措施对母材焊接部位进行有效的保护，方可进行焊接。严禁在无任何防护措施下，在雨、雪天及母材表面潮湿或大风天气进行露天焊接。

（5）多层焊接宜连续施焊，并应控制层间温度。每一层焊缝焊完后，应及时清除药皮、熔渣、溢流和其他缺陷后，再焊下一层。

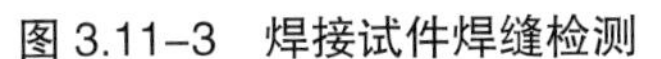

图 3.11-3　焊接试件焊缝检测

图 3.11-4　钢梁主梁焊接

（6）焊接完成后，焊缝不应有裂纹、未熔合、夹渣、未填满弧坑、漏焊等缺陷。焊缝外观质量标准应满足表 3.11-1 的规定。

表 3.11–1　焊缝外观质量标准

项目	焊缝种类		质量标准（mm）
气孔	横向对接焊缝		不允许
	纵向对接焊缝、主要角焊缝	直径小于 1.0 mm	每米不多于 3 个，间距不小于 20，但焊缝端部 10 mm 之内不允许
	其他焊缝	直径小于 1.5 mm	
咬边	受力杆件横向对接焊缝及竖加劲肋角焊缝（腹板侧受拉区）		不允许
	受压杆件横向对接焊缝及竖加劲肋角焊缝（腹板侧受压区）		$\Delta \leq 0.3$
	纵向对接焊缝及主要角焊缝		$\Delta \leq 0.5$
	其他焊缝		$\Delta \leq 1.0$
焊脚尺寸	主要角焊缝		$^{+2.0}_{0}$
	其他焊缝		$^{+2.0}_{-1.0}$
焊波	角焊缝		任意 25 mm 范围内高低差 $\Delta \leq 2.0$
余高	不铲磨余高的对接焊缝		焊缝宽 $b > 12$ mm 时，$\Delta \leq 3.0$
			焊缝宽 $b \leq 12$ mm 时，$\Delta \leq 2.0$
余高铲磨后表面	横向对接焊缝		不高于母材 0.5
			不低于母材 0.3
			粗糙度 50 μm

（7）焊缝外观质量检查合格后，应在 24 h 后按规定采用超声波、射线、磁粉等方法进行无损检验。

无损检测员必须经考试合格取得资格证书，无证人员严禁上岗操作。采用超声波探伤检验时，应进行 100% 检验，其内部质量分级应符合表 3.11–2 的规定。

表 3.11–2　焊缝超声波探伤内部质量等级

项目	质量等级	适用范围
对接焊缝	Ⅰ	主要杆件受拉横向对接焊缝
	Ⅱ	主要杆件受力横向对接焊缝、纵向对接焊缝
角焊缝	Ⅱ	主要角焊缝

当采用射线探伤检验时，其数量不得少于焊缝总数的 10%。探伤范围应为焊缝两端各 250 ~ 300 mm；当焊缝长度大于 1 200 mm 时，中部应加探 250 ~ 300 mm；焊缝的射线探伤应符合现行国家标准《金属熔化焊焊接接头射线照相》（GB/T 3323）的规定，射线照相质量等级应为 B 级；焊缝内部质量应为Ⅱ级。

图 3.11-5　超声波探伤检测焊缝

图 3.11-6　射线探伤检测焊缝

图 3.11-7　磁粉探伤检测焊缝

河南省国安建筑工程质量检测有限公司　　报告编号：GJ2016-03-00360

七、检测结论

依据《铁路钢桥制造规范》Q/CR 9211-2015、《焊缝无损检测 超声检测技术、检测等级和评定》GB/T11345-2013、该工程设计文件和检测结果，所检测主纵梁、小纵梁焊缝内部质量达到 BⅡ级质量等级，符合设计（一级）要求。

主检：　　　审核：　　　批准：

河南省国安建筑工程质量检测有限公司

2017 年 04 月 07 日

图 3.11-8　焊缝探伤检测报告

3.11.4　涂装

（1）进行车间和现场涂装的材料，涂装前应先进行工艺试验，试验合格后方可进行批量涂装。

（2）涂装前钢材表面不得有焊渣、灰尘、油污、水和毛刺等。

（3）涂料涂层的表面应平整均匀，不应有漏涂、剥落、起泡、裂纹和气孔等缺陷，颜色应与比色卡相一致；金属涂层的表面应均匀一致，不应有起皮、鼓包、大熔滴、松散粒子、裂纹和掉块等缺陷。

（4）涂装干膜总厚度不得小于设计要求，按设计规定数量检查厚度，设计无规定时，每 10 m^2 检测 5 处，每处的数值为 3 个相距 50 mm 测点涂层干漆膜厚度的平均值。

3.11.5　安装

（1）钢梁出厂前必须进行试拼装，并应按设计和有关规范的要求验收；钢梁安装企业必须具有相应等级的安装资质。

图 3.11-9　漆膜厚度检测

图 3.11-10　钢梁厂内试拼装

（2）钢梁安装过程中，应保证其内力、变形、线形及高程符合设计要求。

图 3.11-11　钢梁安装

（3）高强度螺栓连接应符合下列规定：

①被栓合的板束表面应垂直于螺栓轴线，否则应在螺栓垫圈下面加斜坡垫板。

②拧紧后的高强度螺栓的节点板与钢梁间不得有间歇。

③施拧高强度螺栓连接副采用的扭矩扳手，应定期进行标定。

④高强度螺栓终拧完毕后必须当班检查，每栓群应抽查总数的 5%，且不得少于 2 套，抽查合格率不得小于 80%。

（4）钢梁安装允许偏差应符合表 3.11–3 的规定。

表 3.11–3　钢梁安装允许偏差

项目		允许偏差（mm）	检查频率		检验方法
			范围	点数	
轴线偏位	钢梁中线	10	每件或每个安装段	2	用经纬仪测量
	两孔相邻横梁中线相对偏差	5			
梁底标高	墩台处梁底	± 10		4	用水准仪测量
	两孔相邻横梁相对高差	5			

3.12　桥面系施工

3.12.1　排水设施

（1）桥面排水设施的设置应符合设计要求，泄水管应畅通无阻。

（2）泄水口顶面高程应低于桥面铺装层 10 ~ 15 mm。

（3）泄水管下端至少应伸出构筑物底面 100 ~ 150 mm，泄水管安装应牢固可靠，与铺装层及防水层之间结合密实，无渗漏现象；金属泄水管应进行防腐处理。

3.12.2　桥面铺装

（1）混凝土铺装施工前，应将桥面的附浆、杂物等清理干净，对局部桥面标高超高的区域进行凿除，并将杂物清理干净。

（2）网片安装时，网片搭接长度应按设计及规范要求，采取相关措施严格控制好保护层厚度。

（3）进行混凝土浇筑前，采取标高带对混凝土顶面标高进行控制，确保混凝土顶面高程满足设计要求。

（4）混凝土浇筑前，应采用水对梁顶面进行冲洗，一方面将杂物等冲洗掉，另一方面对梁顶面混凝土进行润湿。

混凝土浇筑完成后，及时进行混凝土收面，在初凝后进行覆盖养护。

（5）桥面铺装面层表面应坚实、平整，无裂缝，并应有足够的粗糙度。

图 3.12–1　钢筋网片支垫

图 3.12–2　混凝土顶面高程控制带

图 3.12–3　桥面混凝土浇筑

图 3.12–4　桥面混凝土收面

图 3.12–5　桥面混凝土养护

3.12.3　桥面防水层

（1）防水材料的品种、规格、性能、质量应符合设计要求和相关标准规定。

（2）防水基层面应坚实、平整、光滑、干燥，阴、阳角处应按规定半径做成圆弧，在对基层验收合格后方可施工防水层。

河南省建筑工程质量检验测试中心站有限公司　　检测报告　　报告编号：S03-1 类 2017 年 141 号

从上述测试结果可以看出，该桥梁试验桥跨实测自振频率与基准频率值的比值为 1.162，实测振型图与理论振型图一致，表明桥梁整体处于良好状态，结构刚度满足要求。

9　检测结论

通过分析上述试验检测结果，可得到如下结论：

1、该桥梁结构几何参数满足设计要求。

2、该桥外观状况完好。

3、该桥梁试验跨静载试验挠度校验系数及应变校验系数均小于 1，相对残余变形及残余应变均小于 20%，满足《城市桥梁检测与评定技术规范》（CJJ/T233-2015）规定的要求。

4、动载试验结果表明，该桥梁试验跨整体刚度满足规范要求。

5、该桥目前承载能力能够满足城市-A 级荷载等级的正常使用要求。

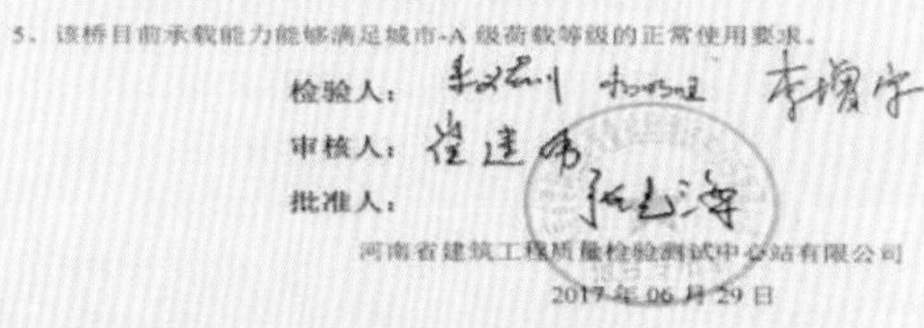

检验人：

审核人：

批准人：

河南省建筑工程质量检验测试中心站有限公司

2017 年 06 月 29 日

图 3.14-1　桥梁检测报告

图 3.14-2a　桥梁静载试验

图 3.14-2b　桥梁静载试验

第 4 章 隧道工程

4.1 基坑工程

4.1.1 施工工艺流程

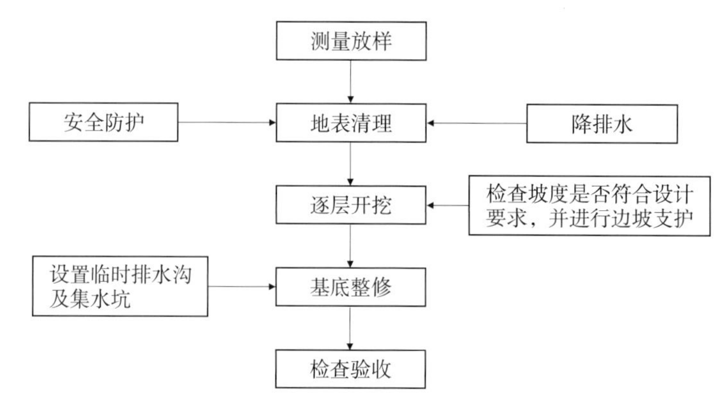

图 4.1-1 基坑工程施工工艺流程图

4.1.2 测量放线

施工单位对建设单位提供的控制点进行复核测量，测量成果报监理工程师审批。依据已审批的测量成果，采用 GPS、全站仪等仪器放出开挖边线，并在开挖边线外布置监控点及高程点，以便在机械开挖时随时监控边坡的稳定及开挖深度。

4.1.3 场地清理

场地清理前，应将原地表的草皮、腐殖土及建筑垃圾全部清除，并弃运于指定弃土场。

图 4.1-2 土方清表

4.1.4　基坑开挖与边坡修整

开挖过程中应检查平面位置、高程、边坡坡度、排水、地下水位，并随时观测周围的环境变化。每层开挖后在坡脚位置设置临时排水沟，开挖断面设置 2% 的双向坡。待上层开挖工作面能满足车辆安全通行要求后，进行开挖下层通道，基底以上预留 20 ~ 30 cm 采用人工清理，严禁超挖。

每下挖一层，宜对新开挖边坡刷坡，同时应清除危石及松动石块。刷坡后，坡度、断面尺寸、平整度应符合设计及规范要求。

图 4.1–3　边坡坡率检查

4.1.5　边坡防护

4.1.5.1　施工工艺流程

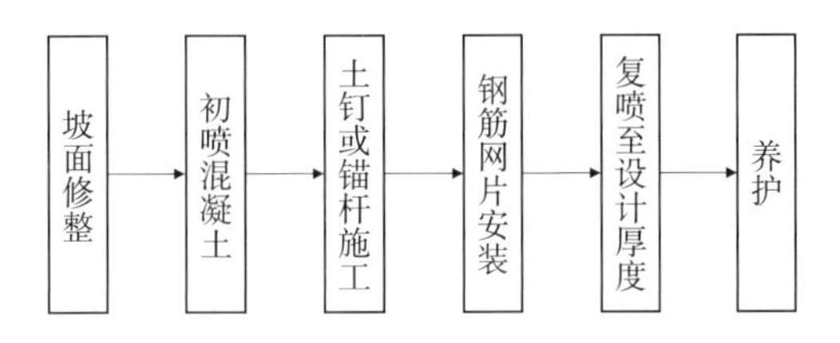

图 4.1–4　坡面施工工艺流程图

4.1.5.2　喷射混凝土施工

在喷射混凝土前，应将坡面浮渣清理干净。喷射混凝土施工应按照分片、分段和自下而上的原则进行，每段长度不宜大于设计要求。

4.1.5.3　钢筋网片制作与安装

钢筋网片制作与安装应符合设计及现行国家规范要求。

图 4.1–5　边坡喷射混凝土施工

图 4.1–6　钢筋网片安装

4.1.5.4　泄水孔安装

泄水孔间距、做法、坡度、反滤层等安装应符合设计及现行国家规范要求。

4.1.5.5　养护

喷射混凝土终凝后应及时覆盖洒水养护，养护时间符合设计及规范要求 。

4.1.6　基坑验收

4.1.6.1　基坑清理

沟槽成型后，及时将基底表面的浮土、松土清理干净；槽底应平整密实，不得有积水，对表面平整度进行检测，平整度应符合设计及规范要求 。

图 4.1–7　喷射混凝土防护

图 4.1–8　人工清底

4.1.6.2　基坑验收

在基坑开挖至设计标高后，由勘察单位、设计单位、建设单位、监理单位和施工单位五方共同对地基承载力、压实度、标高、平面尺寸、轴线偏位、平整度进行验收并对合格的技术参数进行确认。

图 4.1–9　基底平面尺寸验收

图 4.1–10　基底标高验收

图 4.1–11　基底承载力检测

图 4.1–12　基底验收

技1-10

地 基 验 槽 记 录

工程名称	郑州航空港经济综合实验区滨河西路快速化工程	基槽底设计标高	见附图
施工单位	中国建筑股份有限公司	设计要求地质土层	粉土
验槽日期	2017 年 3 月 26 日	实际地质土层	粉土

内容及草图：　雁鸣路（北）-枣庄路S8隧道暗埋段K15+425-K15+455段　见附图

A、沟槽尺寸情况：　符合设计要求

B、土质土层符合情况：　符合设计要求及规范规定

C、脏土及有机物处理情况：　符合设计要求

D、设计标高误差情况：　无误差

E、地基承载力情况：　符合设计及规范要求

验收结论：

基底土层状况与地质勘察报告相符，无特殊地质状况，符合设计要求和施工规范规定；沟槽开挖尺寸符合设计要求。

建设单位（章）	勘察单位（章）
项目负责人： 2017 年 3 月 26 日	项目负责人： 2017 年 3 月 26 日

设计单位（章）	监理单位（章）	施工单位（章）
项目负责人： 2017 年 3 月 26 日	监理工程师： 2017 年 3 月 26 日	项目经理： 2017 年 3 月 26 日

图 4.1–13　地基验槽记录表

河南鑫港工程检测有限公司

地基承载力检验报告

委托单编号：WT-SZ1701030537　　报告编号：SZ-XC1701030348

委托单位	郑州航空港区汇发基础设施建设有限公司		
施工单位	中国建筑股份有限公司		
工程名称	郑州航空港经济综合实验区滨河西路快速化工程郑港九路隧道		
工程部位	K18+128~K18+1730 基槽		
样品名称	轻型动力触探	委托日期	2017.03.05
检验日期	2017.03.05	报告日期	2017.03.06
检验依据	《冶金工业岩石勘察原位测试规范》GB/T 50480-2008 依据图纸设计要求		
序号	设计承载力（kPa）	实测承载力（kPa）	单项结论
1	≥260	316	符合要求
2	≥260	292	符合要求
3	≥260	300	符合要求
4	≥260	308	符合要求
5	≥260	292	符合要求
6	≥260	324	符合要求
		以下空白	
备　注	委托人：冯岩岩 见证人：郑金涛（杭建监 2015053） 监理单位：浙江五洲工程项目管理有限公司		
注意事项	1.报告无测试报告专用章及计量认证章无效。 2.报告无检验、审核、批准签章或签字无效，复印报告未加盖测试报告专用章无效。3.报告涂改无效。4.委托送检的，其检验测数据、结果仅对来样负责。5.对检验报告若有异议，应于收到报告之日起十五日内向检测单位提出，逾期不予办理。 地址：郑州市中原区陇海西路 350 号友纳国际广场 15 层　电话：0371-55185332；　传真：0371-55185332；电子邮箱：xingangjiance@sina.com。		

检验人：　　审核人：　　批准人：

检测专用章

图 4.1–14　地基承载力检验报告

4.1.6.3　质量检验标准

依据现行的《建筑地基基础工程施工质量验收规范》（GB 50202），土方开挖工程质量验收应符合表 4.1–1 的要求。

表 4.1–1　土方开挖工程质量检验标准

项目	序号	检查项目	允许偏差或允许值（mm）			检查方法
			柱基基坑基槽	人工	机械	
主控项目	1	标高	−50	± 30	± 50	水准仪检查
	2	长度、宽度	+200 −50	+ 300 − 100	+ 500 − 150	经纬仪、钢尺
	3	边坡	设计要求			观察、坡度尺
一般项目	1	表面平整度	20	20	50	用 2 m 靠尺和楔形塞尺
	2	基底土性	设计要求			观察或土样分析

4.2　钢筋工程

4.2.1　施工工艺流程

进场验收→检验检测→钢筋加工制作→钢筋安装→质量验收。

4.2.2　钢筋原材料控制

4.2.2.1　进场验收及检测

钢筋进场时，应具有出厂质量证明书、合格证及试验报告单，钢筋表面不得有裂纹、结疤、折叠、凸块、凹坑、夹块、锈蚀等现象。进场后，应按不同的钢种、等级、牌号、规格及生产厂家分批抽取试样进行力学性能检验。每批的质量不宜大于 60 t，超过 60 t 的部分，每增加 40 t 应增加一个抽检批次，经复检合格后方可使用。

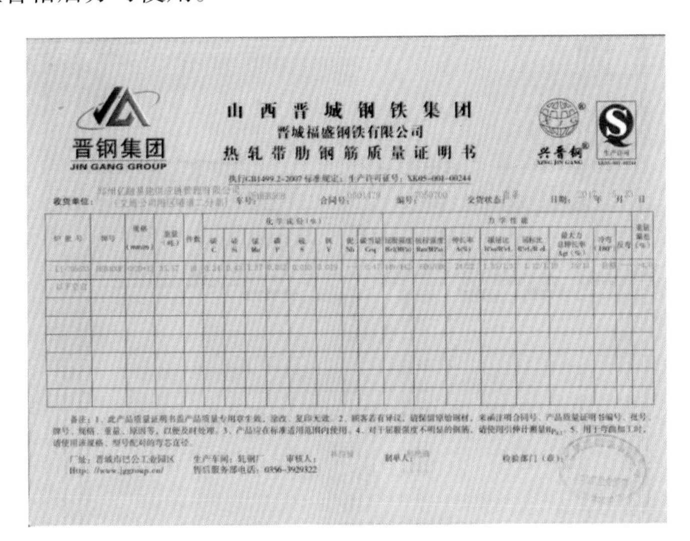

晋钢集团
JIN GANG GROUP

山西晋城钢铁集团
晋城福盛钢铁有限公司
热轧带肋钢筋质量证明书

兴晋钢

图 4.2-1　钢筋质量证明书

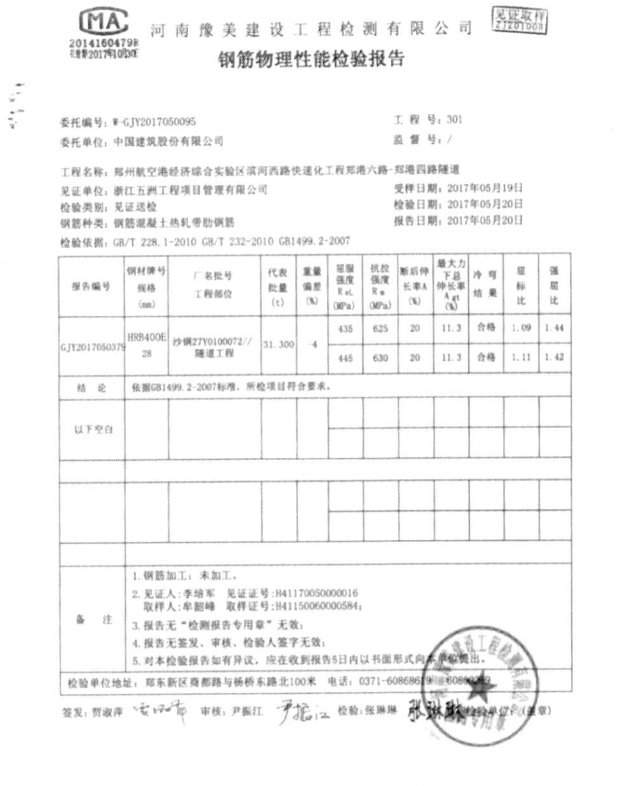

河南豫美建设工程检测有限公司　见证取样 ZJZ01008

2014160479R

钢筋物理性能检验报告

委托编号：W-GJY2017050095　　工 程 号：301

委托单位：中国建筑股份有限公司　　监 督 号：/

工程名称：郑州航空港经济综合实验区滨河西路快速化工程郑港六路-郑港四路隧道

见证单位：浙江五洲工程项目管理有限公司　　受样日期：2017年05月19日

检验类别：见证送检　　检验日期：2017年05月20日

钢筋种类：钢筋混凝土热轧带肋钢筋　　报告日期：2017年05月20日

检验依据：GB/T 228.1-2010 GB/T 232-2010 GB1499.2-2007

报告编号	钢材牌号规格(mm)	厂名批号工程部位	代表批量(t)	重量偏差(%)	屈服强度 ReL (MPa)	抗拉强度 Rm (MPa)	断后伸长率A (%)	最大力下总伸长率 Agt (%)	冷弯结果	屈标比	强屈比
GJY2017050379	HRB400E 28	沙钢27Y0100072//隧道工程	31.300	-4	435	625	20	11.3	合格	1.09	1.44
					445	630	20	11.3	合格	1.11	1.42
结　论	依据GB1499.2-2007标准，所检项目符合要求。										
以下空白											
备　注	1. 钢筋加工：未加工。 2. 见证人：李培军　见证证号：H41170050000016 取样人：牟韶峰　取样证号：H41150060000584； 3. 报告无"检测报告专用章"无效； 4. 报告无签发、审核、检验人签字无效； 5. 对本检验报告如有异议，应在收到报告5日内以书面形式向本单位提出。										
检验单位地址：郑东新区商都路与杨桥东路北100米　电话：0371-60868619											

签发：贾淑萍　审核：尹振江　检验：张琳琳　检验单位：(盖章)

图 4.2-2　钢筋原材检验报告

4.2.2.2 钢筋存放

在工地存放时，应按不同品种、规格，分批分别堆置整齐，不得混杂，并应设立识别标志；钢筋存放时下部应垫高或堆置在台座上，上部进行覆盖，防止水浸和雨淋；存放的时间不宜超过 6 个月。

图 4.2-3 钢筋存放

4.2.3 钢筋加工制作

4.2.3.1 纵向受力钢筋弯折后平直段长度应符合设计要求。光圆钢筋末端做 180° 弯钩时，弯钩的平直段长度不应小于 3 d。

4.2.3.2 箍筋、拉筋的末端应按设计要求做弯钩，并应符合下列规定：

对一般结构构件，箍筋弯钩的弯折角度不应小于 90° ，弯折后平直段长度不应小于 5 d；对有抗震设防要求或设计有专门要求的结构构件，箍筋弯钩的弯折角度不应小于 135° ，弯折后平直段长度不应小于 10 d。

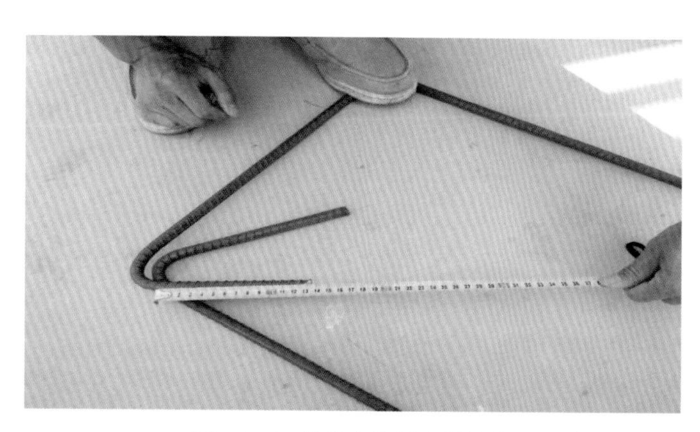

图 4.2-4 箍筋弯钩平直段长度

4.2.3.3　制作成型后，按编号分类、分批存放整齐，并做好防锈蚀和污染措施。

图 4.2–5　钢筋分类存放

4.2.3.4　为了确保钢筋制作的一次性合格率，在批量加工前制作标准钢筋试件，并注明制作要点和偏差说明，悬挂于钢筋加工车间，用以检验钢筋半成品的制作偏差情况。

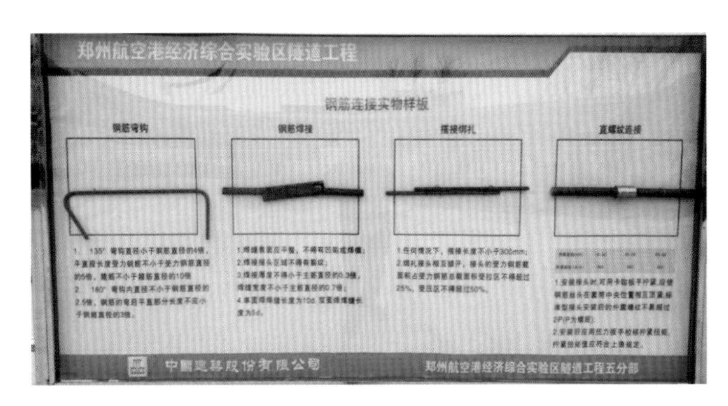

图 4.2–6　钢筋制作实物图

4.2.3.5　钢筋加工的形状、尺寸应符合设计要求，其偏差应符合表 4.2–1 的规定。

表 4.2–1　钢筋加工的允许偏差

项目	允许偏差（mm）
受力钢筋沿长度方向的净尺寸	± 10
弯起钢筋的弯折位置	± 20
箍筋外廓尺寸	± 5

4.2.3.6　钢筋机械连接接头加工

（1）钢筋丝头现场加工与接头安装应按接头提供单位的加工、安装技术要求进行，操作工人应经专业培训合格后方可上岗，人员应稳定。

（2）钢筋端部应采用带锯、砂轮锯或带弧形刀片的专用钢筋切断机切平，切口面应与钢筋轴线垂直，严禁采用剪断机剪断或用气割机切割，严禁马蹄形翘曲。

（3）钢筋丝头加工与接头连接前应先进行工艺试验，在检验合格后方可进行正式加工。

CMA 2014160479R 有效期2017年10月XX 河南豫美建设工程检测有限公司 见证取样 ZJZ0100X

钢筋机械连接接头力学性能检测报告

委托编号：W-GJL2017040072　　报告编号：GJL2017040355
委托单位：中国建筑股份有限公司　　工 程 号：301
工程名称：郑州航空港经济综合实验区滨河西路快速化工程郑港九路隧道
见证单位：浙江五洲工程项目管理有限公司　　监 督 号：/
检验类别：见证送检　　受样日期：2017年04月19日
接头等级：Ⅱ级　　检验日期：2017年04月20日
操作人员：李秉虎　　报告日期：2017年04月20日
检验依据：JGJ 107-2016
工程部位：工艺检验

钢筋牌号	HRB400E	检验型式	工艺检验
直径(mm)	20	接头类型	滚轧直螺纹接头
代表批量(个)	/		
抗拉强度 Rm /(MPa)	580	580	570
断裂特性	钢筋拉断	钢筋拉断	钢筋拉断
单向拉伸残余变形(mm)	0.06		
结　论	该样品依据JGJ 107-2016标准，所检项目符合要求。		
备　注	1. 见证人：李培军　见证证号：H41170050000016 取样人：牟绍峰　取样证号：H41150060000584； 2. 报告无“检测报告专用章”无效； 3. 报告无签发、审核、检验人签字无效； 4. 对本检验报告如有异议，应在收到报告5日内以书面形式向本单位提出。		
检验单位地址：郑东新区商都路与杨桥东路北100米　电话：0371-60868619　60800269			

签发：曹淑萍　审核：尹振江　检验：张琳琳　检验单位：（盖章）
检测专用章

图 4.2-7　钢筋机械连接工艺试验报告

图 4.2-8　机械连接接头试验

图 4.2-9　钢筋端头处理

图 4.2-10　丝头打磨

图 4.2-11　套丝丝头打磨

（4）对每种规格的丝头先进行外观质量检查：螺纹牙型应饱满，连接套筒里面不得有裂纹，表面及内螺纹不得有严重的锈蚀及其他肉眼可见的缺陷；对丝头长度进行检测，丝头单侧外露长度公差为 0 ~ 2.0 p；最后采用通止环规对丝头剥肋直径进行检测，通规可以顺利通过，止规旋入长度不得超过 3 p。已检验合格的丝头螺纹应用塑料保护帽加以保护，防止装卸时损坏，并按规格分类堆放整齐。

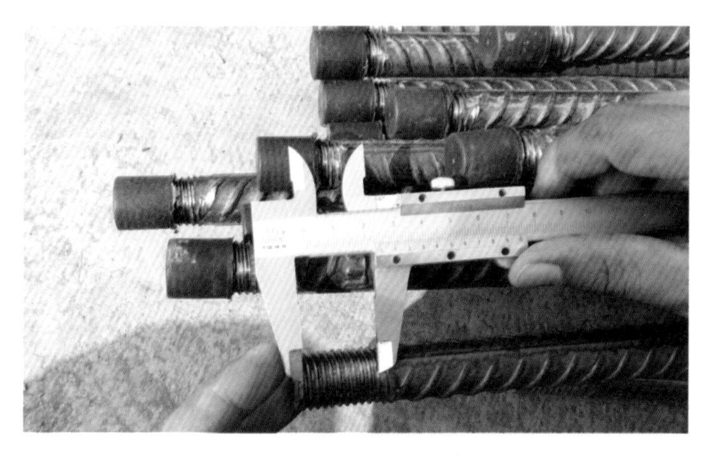

图 4.2-12　丝头长度检测

图 4.2-13　通止环规检查丝头螺距

图 4.2-14　丝头保护

4.2.4 钢筋的连接

4.2.4.1 接头的设置应符合下列规定：

（1）在同一根钢筋上宜少设接头。

（2）钢筋接头应设在受力较小区段，不宜位于构件的最大弯矩处。

（3）在任一焊接或绑扎接头长度区段内，同一根钢筋不得有两个接头，在该区段内的受力钢筋，其接头的截面面积占总截面面积的百分率应符合表 4.2–2 的规定。

表 4.2–2 接头长度区段内受力钢筋接头的截面面积占总截面面积的最大百分率

接头形式	接头面积最大百分率（%）	
	受拉区	受压区
主钢筋绑扎接头	25	50
主钢筋焊接接头	50	不限制

注：1. 焊接接头长度区段内是指 35 *d* 长度范围内，但不得小于 500 mm，绑扎接头长度区段是指 1.3 倍搭接长度。
2. 装配式构件连接式的受力钢筋焊接接头可不受此限制。

（4）接头末端至钢筋弯起点的距离不得小于钢筋直径的 10 倍。

（5）钢筋接头部位横向净距不得小于钢筋直径，且不得小于 25 mm。

4.2.4.2 钢筋搭接或帮条电弧焊连接

钢筋所采用的焊条，应符合设计要求和现行国家标准《非合金钢及细晶粒钢焊条》（GB/T 5117）或《热强钢焊条》（GB/T 5118）的规定。在钢筋工程焊接开工前，参与该工程施焊的焊工必须进行现场条件下的焊接工艺试验，焊工必须持证上岗。在焊接工艺试验合格后，方可正式施工生产。

河南豫美建设工程检测有限公司

钢筋焊接性能检验报告

CMA 2014160479R

见证取样 ZJZGY00R

委托编号：W-GJH2017040187　　工 程 号：301

委托单位：中国建筑股份有限公司　　监 督 号：/

工程名称：郑州航空港经济综合实验区滨河西路快速化工程郑港九路隧道

见证单位：浙江五洲工程项目管理有限公司　　受样日期：2017年04月19日

检验类别：见证送检　　检验日期：2017年04月20日

样品种类：单面搭接焊　　报告日期：2017年04月20日

焊　　工：邹洪清

检验依据：JGJ/T 27-2014 GB/T 232-2010

报告编号	牌号规格	工程部位	代表批量（个）	抗拉强度（MPa）	断裂特征	断口距焊口长度（mm）	冷弯结果
GJH2017040676	HRB400E 20	工艺检验	/	590	延性断裂	断于母材	/
				600	延性断裂	断于母材	/
				580	延性断裂	断于母材	/
	依据JGJ 18-2012标准，所检项目合格。						
以下空白							

备注：
1. 见证人：李培军　见证证号：H41170050000016
取样人：单绍峰　取样证号：H41150060000584；
2. 报告无“检测报告专用章”无效；
3. 报告无签发、审核、检验人签字无效；
4. 对本检验报告如有异议，应在收到报告5日内以书面形式向本单位提出。

检验单位地址：郑东新区商都路与杨桥东路北100米　电话：0371-60868619　60800269

签发：贾淑萍　审核：尹振江　检验：张琳琳　检验单位：（盖章）

图 4.2–15 钢筋焊接工艺试验报告

（1）搭接焊时，应对焊接端钢筋进行预弯，使两钢筋的轴线在同一直线上，焊缝宽度不应小于主筋直径的 80%，焊缝厚度应与主筋表面齐平；采用帮条电弧焊时，帮条应采用与主筋相同的钢筋，其总截面面积不应小于被焊接钢筋的截面面积。电弧焊接头的焊缝长度：双面焊缝不应小于 5 d，单面焊缝不应小于 10 d。

（2）凡钢筋牌号、直径及尺寸相同的焊接骨架和焊接网应视为同一类型制品，且每 300 个接头作为一个验收批，一周内不足 300 个时亦应按一批计算，每周至少检查一次。对接头的每一个验收批，应在工程结构中随机截取 3 个试件进行试验。

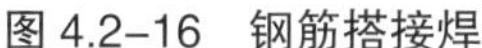

图 4.2–16　钢筋搭接焊

图 4.2–17　钢筋焊接接头试件

4.2.4.3　钢筋绑扎连接

（1）受拉区域内，HPB235 钢筋绑扎接头的末端应做成弯钩，HRB335、HRB400 钢筋可不做弯钩。

（2）直径不大于 12 mm 的受压 HPB235 钢筋的末端，以及轴心受压构件中任意直径的受力钢筋的末端，可不做弯钩，但搭接长度不得小于钢筋直径的 35 倍。

（3）钢筋搭接处，应在中心和两端至少 3 处用绑丝绑牢，钢筋不得滑移。

（4）受拉钢筋绑扎接头的搭接长度，应符合表 4.2–3 的规定；受压钢筋绑扎接头的搭接长度，应取受拉钢筋绑扎接头长度的 70%。

表 4.2–3　受拉钢筋绑扎接头的搭接长度

钢筋牌号	混凝土强度等级		
	C20	C25	＞ C25
HPB235	35d	30d	25d
HRB335	45d	40d	35d
HRB400	—	50d	45d

注：1. 当带肋钢筋直径 $d > 25$ mm 时，其受拉钢筋的搭接长度应按表中数值增加 5d 采用。
2. 当带肋钢筋直径 $d < 25$ mm 时，其受拉钢筋的搭接长度应按表中数值减少 5d 采用。
3. 在任何情况下，纵向受拉钢筋的搭接长度不得小于 300 mm，受压钢筋的搭接长度不得小于 200 mm。
4. 两根直径不同的钢筋的搭接长度，以较细钢筋的直径计算。

4.2.4.4 钢筋直螺纹机械接头连接

（1）安装接头时采用管钳对丝头进行拧紧，钢筋丝头应在套筒中央位置相互顶紧，标准型、正反丝型、异径型接头安装后的单侧外露螺纹不宜超过 2 p。

（2）抽检应按检验批进行，同钢筋生产厂、同强度等级、同规格、同类型和同型式接头应以 500 个为一个验收批进行检验与验收，不足 500 个时亦作为一个验收批。对接头的每一个验收批，应在工程结构中随机截取 3 个试件进行试验。

图 4.2–18　钢筋直螺纹连接

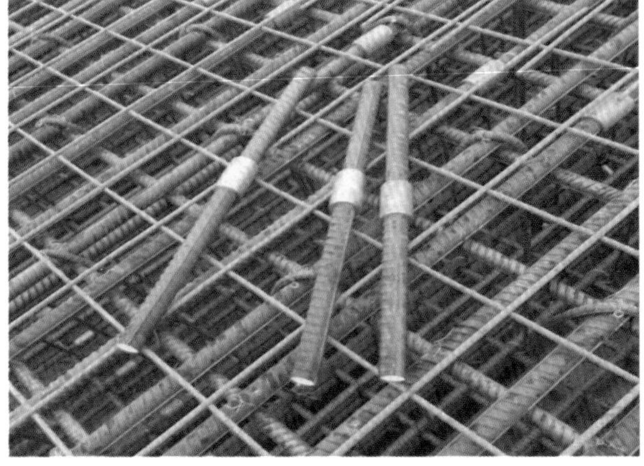

图 4.2–19　钢筋机械连接接头试件

（3）接头安装后应用扭矩扳手校核拧紧扭矩，最小拧紧扭矩值应符合表 4.2–4 的规定。

表 4.2–4　直螺纹接头安装时最小拧紧扭矩值

钢筋直径（mm）	≤ 16	18 ~ 20	22 ~ 25	28 ~ 32	36 ~ 40	50
拧紧扭矩（N·m）	100	200	260	320	360	460

（4）为了防止接头漏拧，在接头拧紧之后，在接头上用红漆标记，不合格的做白色标记以便检查。

图 4.2–20　扭矩扳手校核

图 4.2–21　直螺纹连接后检查做标记

4.2.5　钢筋的安装

4.2.5.1　钢筋安装的一般规定

（1）钢筋的交叉点宜采用绑丝绑牢，必要时可采用点焊焊牢。

（2）钢筋绑扎时，除设计有特殊规定者外，箍筋应与主筋垂直。

（3）绑扎钢筋的铁丝丝头不应进入混凝土保护层内。

（4）钢筋的级别、直径、根数、间距等应符合设计的规定。

图 4.2-22　底板钢筋绑扎

图 4.2-23　钢筋间距检验

图 4.2-24　钢筋间距检验

图 4.2-25　钢筋绑扎成型

4.2.5.2　当顶板和底层由多层钢筋构成时，在绑扎时应保证上、下层钢筋在同一个垂直面上，以保证钢筋间距，便于进行混凝土振捣。

图 4.2–26　上下层钢筋排列整齐

4.2.5.3　钢筋定位

对多层多排钢筋，为保证钢筋的垂直度和整体稳定性，在安装钢筋时，应设置连续的支撑钢筋，以保证竖向钢筋的垂直度。在进行底板和顶板顶层的钢筋安装时，为保证上层钢筋不下沉，应按设计要求设置马凳筋、支撑筋，但架立钢筋的端头不得伸入混凝土保护层内。

图 4.2–27　侧墙架立钢筋

图 4.2–28　底板马凳钢筋

4.2.6　钢筋保护层的控制

（1）混凝土垫块应具有足够的强度和密实性；采取其他材料制作垫块时，除应满足使用强度要求外，其材料中不应含有对混凝土产生不利影响的因素。

（2）垫块应相互错开、成梅花形分散设置在钢筋与模板之间，垫块在结构或构件侧面和底面所布设的数量应不少于 4 个 / m^2，重要部位应适当加密。

（3）垫块应与钢筋绑扎牢固，且丝头不应进入混凝土保护层内。

（4）混凝土浇筑前，应对垫块的位置、数量和紧固程度进行检查，不符合要求时应及时处理。

图 4.2–29　垫块安装

4.2.7　钢筋安装后的质量控制

绑扎或焊接的钢筋网和钢筋骨架不得有变形、松脱和开焊，钢筋安装允许偏差及检验方法应符合表 4.2–5 的规定。

表 4.2–5　钢筋安装允许偏差和检验方法

项目		允许偏差（mm）	检验方法
绑扎钢筋网	长、宽	± 10	尺量
	网眼尺寸	± 20	尺量连续三档，取最大偏差值
绑扎钢筋骨架	长	± 10	尺量
	宽、高	± 5	尺量
纵向受力钢筋	锚固长度	–20	尺量
	间距	± 10	尺量两端、中间各一点，取最大偏差值
	排距	± 5	
纵向受力钢筋、箍筋的混凝土保护层厚度	基础	± 10	尺量
	板、墙、壳	± 3	尺量
绑扎箍筋、横向钢筋间距		± 20	尺量连续三档，取最大偏差值
钢筋弯起点位置		20	尺量，沿纵、横两个方向量测，并取其中偏差的较大值
预埋件	中心线位置	5	尺量
	水平高差	+3，0	塞尺量测

4.3 模板工程

4.3.1 一般规定

（1）模板及支架的强度、刚度及稳定性需满足受力要求。

（2）模板表面平整、洁净、无破损，若采用钢模板应去除铁锈和油污并涂刷脱模剂。

（3）模板接缝紧密、平顺、无错位。

（4）安装在模板上的预埋件须牢固，位置准确，并做标记。

（5）模板安装后，对其结构尺寸，平面位置，顶部标高，节点联系及纵、横向稳定性进行检查。

4.3.2 模板清理

（1）钢模板在安装前，先将表面附着的杂物清理干净，然后采用抛光机对模板进行打磨，保证模板表面洁净，然后涂刷脱模剂，严禁采用废机油代替脱模剂。

（2）木模板在安装前，采用小型铲具和扫帚等工具将表面附着的杂物清理干净，然后采用抹布对表面进行擦拭。在安装前，涂刷脱模剂。

图 4.3-1 钢模板打磨清理

图 4.3-2 模板涂刷隔离剂

4.3.3 模板修复

（1）当模板发生变形时，在下次使用前应进行校正，确保模板平整、无错台。当模板出现轻微凹凸时，应对模板进行维修，情况严重的应进行更换，禁止使用。

（2）为了避免模板变形和凹凸现象的出现，施工中应注意以下几点：

①在模板使用前一定要对模板的刚度进行验算，保证受力要求。

②在进行混凝土振捣时，振捣棒不得触碰到模板。

③在模板安装和拆除过程中，不得用大锤或撬棍猛击模板。

4.3.4 模板安装与拆除

（1）模板安装前，应先采用空压机或者高压水枪将结构物范围内的浮渣、灰尘等杂物清理干净。

（2）侧墙模板为非承重模板，在混凝土抗压强度达到 2.5 MPa，且能保证混凝土表面及棱角不致因拆模而受损时方可拆除。顶板底模应在混凝土强度达到 100% 设计强度时，方可进行模板的拆除。

图 4.3–3　侧墙模板安装

图 4.3–4　顶板模板安装

4.3.5　模板验收

4.3.5.1　轴线检查

模板安装前，应先对模板位置进行测量放样，用墨线将模板边线放出，并对墨线进行复测。安装时，拉出水平和竖向通线。模板安装牢固后，采用测量仪器进行复测，检查模板轴线偏差是否满足规范要求。

4.3.5.2　垂直度检查

模板加固牢固后，检查模板垂直度偏差是否满足规范要求。

图 4.3–5　模板垂直度检测

4.3.5.3　拼缝、错台及平整度检查

模板拼缝应严密，不得漏浆；相邻模板间的高差不得大于 2 mm；模板表面平整度采用 2 m 靠尺进行检测，平整度不得大于 5 mm。

4.3.6　质量检验标准

（1）模板表面应无翘曲、无孔洞，模板安装应牢固稳定、表面平整、拼缝严密。预埋件和预留孔洞不得有遗留，且要安装牢固，位置准确。现浇结构模板安装的允许偏差及检验方法应符合表 4.3–1 的规定。

表 4.3-1　现浇结构模板安装的允许偏差及检验方法

项目		允许偏差（mm）	检验方法
轴线位置		5	尺量
底模上表面标高		±5	水准仪或拉线、尺量
模板内部尺寸	基础	±10	尺量
	柱、墙、梁	±5	尺量
垂直度	柱、墙层高≤6 m	8	经纬仪或吊线、尺量
	柱、墙层高>6 m	10	经纬仪或吊线、尺量
相邻两块模板表面高差		2	尺量
表面平整度		5	2 m 靠尺和塞尺量测

（2）固定在模板上的预埋件和预留孔洞不得遗漏，且应安装牢固。有抗渗要求的混凝土结构中的预埋件，应按设计及施工方案的要求采取防渗措施。预埋件和预留孔洞的位置应满足设计和施工方案的要求。当设计无具体要求时，其位置偏差应符合表 4.3-2 的规定。

表 4.3-2　预埋件和预留孔洞的允许偏差

项目		允许偏差（mm）
预埋板中心线位置		3
预埋管、预埋孔中心线位置		3
插筋	中心线位置	5
	外露长度	+10,0
预埋螺栓	中心线位置	2
	外露长度	+10,0
预留洞	中心线位置	10
	尺寸	+10,0

4.4　支架工程

4.4.1　材料要求

（1）钢管应无裂纹、凹陷、锈蚀，不得采用对接焊接钢管。

（2）钢管应平直，直线度允许偏差应为管长的 1/500，两端面应平整，不得有斜口、毛刺。

（3）铸件表面应光滑，不得有砂眼、缩孔、裂纹、浇冒口残余等缺陷，表面粘砂应清除干净。

（4）各焊缝应饱满，焊药应清除干净，不得有未焊透、夹砂、咬肉、裂纹等缺陷。

（5）构配件防锈漆涂层应均匀，附着应牢固。

（6）钢管直径、壁厚应符合设计及规范要求。

4.4.2　支架搭设及验收

（1）支架搭设须按照经批准的专项施工方案进行，保证钢管的纵距、横距、步距以及剪刀撑的间距。

（2）支架在按照施工方案搭设完成后，由建设单位、监理单位和施工单位共同对支架进行验收，检查搭设情况是否与方案要求相符，验收合格后方可投入使用。

4.4.3　支架拆除

（1）顶板混凝土达到 100% 设计强度后，才能拆除模板，大体积混凝土有条件时宜适当延迟拆模时间，以保证混凝土强度增长。在拆模前，应获得有资质的第三方检测单位出具的强度检测报告，证明强度达到 100% 设计强度。

（2）拆除模板及支架时，应遵循“先搭后拆，后搭先拆；先拆非承重，后拆承重”的原则。

4.4.4　质量检验标准

支架搭设完成后，应对立杆的垂直度、水平杆的水平度等进行检查，具体检查指标符合现行相关规范要求。

图 4.4 –1　支架搭设

图 4.4–2　支架验收

4.5　混凝土工程

4.5.1　施工工艺流程

施工准备→混凝土进场验收→混凝土输送→混凝土浇筑振捣→混凝土收面→养护→成品保护。

4.5.2　施工准备

应对支架、模板、钢筋和预埋件等进行检查，模板内的杂物、积水及钢筋上的污物应清理干净。模板如有缝隙或孔洞，应堵塞严密且不漏浆。当浇筑高度超过 2 m 时，应采用串筒、溜管等设施，串筒距浇筑面不大于 50 cm，防止混凝土离析。在进行侧墙和顶板混凝土浇筑前，需要对施工缝处的混凝土进行凿毛处理，应将表面的浮浆和杂物清理干净，然后在基面涂刷防水涂料。

图 4.5–1　侧墙混凝土施工缝凿毛

4.5.3　材料及试验检验要求

（1）混凝土生产前，检测机构需对配合比进行验证，确保施工配合比满足设计及规范要求。每次混凝土浇筑应按检验批要求商品混凝土厂家提供混凝土质量保证资料，认真核对浇筑部位、混凝土等级和抗渗抗冻等级。

（2）坍落度应满足设计及规范要求，混凝土到场后，应按要求做坍落度试验检测，并做好检测记录。当坍落度不符合要求时，应进行退场处理。

（3）工地建立标准养护室，在浇筑混凝土时留置试块，脱模后及时放入标准养护室中，并对试块进行编号，在标准养护室中养护 28 d 后送至第三方检测机构进行 28 d 抗压强度试验。若现场未建立标准养护室，应将试块及时送至第三方检测机构进行标准养护。

CMA 20141604798

河南豫美建设工程检测有限公司

见证取样 ZJZ01008

混凝土配合比检验报告

委托编号：W-HPB2017040005　　报告编号：HPB2017040005

委托单位：中国建筑股份有限公司　　监 督 号：/

工程名称：郑州航空港经济综合实验区滨河西路快速化工程（郑港三路-龙中公路隧道）

见证单位：河南新恒丰建设监理有限公司　　工 程 号：295

检验类别：见证送检　　受样日期：2017年04月03日

设计等级：C40　　成型日期：2017年04月04日

检验依据：JGJ 55-2011 GB/T 50081-2002　　报告日期：2017年05月02日

工程部位：隧道工程 P8

材料名称	样品名称	生产厂家	规格、等级
水泥	P·O	郑州天瑞水泥有限公司	42.5
砂	河砂	南阳	中砂
碎石1	碎石	贾峪	5-25mm
碎石2	/	/	/
外加剂1	/	恒博	/
外加剂2	/	/	/
掺合料1	粉煤灰	焦作神发	/
掺合料2	/	/	/

混凝土配合比

1m³混凝土材料用量(kg)	水泥	水	砂	碎石1	碎石2	外加剂1	外加剂2	掺合料1	掺合料2
	408	163	669	1076	/	9.8	33.4	46	/
质量配合比	1.00	0.40	1.64	2.64	/	0.024	0.08	0.11	/
每拌用量(kg)	50.0	20.0	82.0	132.0	/	1.2	4.0	5.5	/

水灰比	/	坍落度（mm）	90	砂率(%)	38
水胶比	0.36	维勃稠度(s)	/		

抗压检验结果	规格(mm)	检验日期	龄期(d)	强度值(MPa)
	100×100×100	2017年04月11日	7	32.7
		2017年05月02日	28	48.6

备注：

1. 随现场施工时砂石含水量调整为施工配比；
2. 见证人：张利凯　见证证号：H41150050100261
   取样人：李巍　取样证号：QY（K）140790；
3. 报告无“检测报告专用章”无效；
4. 报告无签发、审核、检验人签字无效；
5. 对本检验报告如有异议，应在收到报告5日内以书面形式向本单位提出。

检验单位地址：郑东新区商都路与杨桥东路北100米　电话：0371-60868619　60860269

签发：贾淑萍　审核：尹振江　检验：赵文雅　检验单位：（盖章）

图 4.5–2　混凝土配合比检验报告

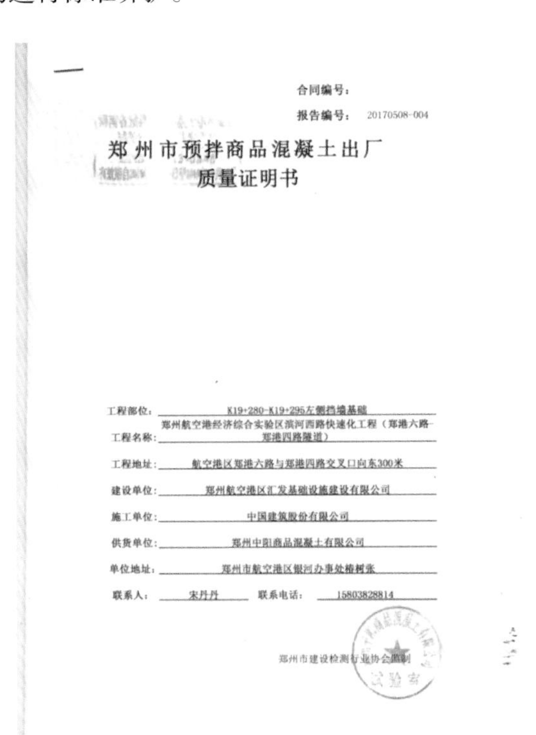

合同编号：

报告编号：20170508-004

郑州市预拌商品混凝土出厂质量证明书

工程部位：K19+280-K19+295左侧挡墙基础

工程名称：郑州航空港经济综合实验区滨河西路快速化工程（郑港六路-郑港四路隧道）

工程地址：航空港区郑港六路与郑港四路交叉口向东300米

建设单位：郑州航空港区汇发基础设施建设有限公司

施工单位：中国建筑股份有限公司

供货单位：郑州中阳商品混凝土有限公司

单位地址：郑州市航空港区银河办事处椿树张

联系人：宋丹丹　联系电话：15803828814

郑州市建设检测行业协会监制

图 4.5–3　商品混凝土出厂质量证明书

图 4.5-4　现场坍落度检测

图 4.5-5　制作标准试块

（4）同条件养护试块应由施工、监理等方在混凝土浇筑部位共同见证取样，试件应留置在靠近相应结构构件的适当位置，并采取相同的养护方法。

图 4.5-6　标准养护室

图 4.5-7　现场同条件试件养护

4.5.4　混凝土浇筑

（1）隧道主体结构混凝土应分层分段连续浇筑，每层浇筑厚度约 30 cm。采用插入式振动棒振捣，快插慢拔，振捣棒插入的深度以进入下层混凝土 50 ~ 100 mm 为宜。振捣时间以混凝土不再显著下沉，不出现气泡，开始泛浆为宜。

（2）大体积混凝土浇筑时宜按照全面分层法、分段分层法、斜面分层法三种方式浇筑，整体连续浇筑时分层厚度宜为 300 ~ 500 mm。层间的最长时间间隔不应超过混凝土的初凝时间，当超过混凝土的初凝时间时，应在层面留设施工缝。

（3）冬季施工期间，混凝土的入模温度应不低于 5 ℃；夏季施工期间，混凝土的浇筑宜在气温较低时进行，且宜采取措施降低混凝土的入模温度，确保入模温度不高于 30 ℃。

图 4.5–8　混凝土振捣

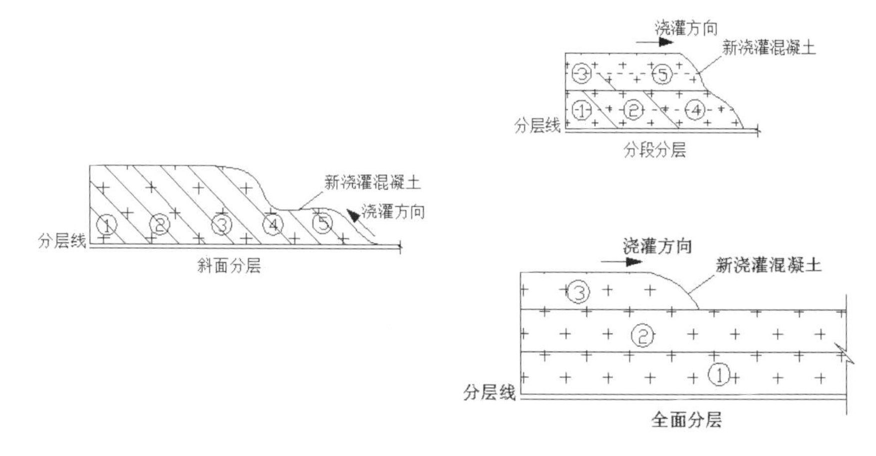

图 4.5–9　大体积混凝土浇筑分层示意图

图 4.5–10　混凝土浇筑

（4）在混凝土浇筑过程中，应安排专人对模板进行检查。当发现局部有松动和漏浆时及时进行处理，发现有胀模和螺栓松动的情况时，应立即停止混凝土的浇筑，待模板加固修复后再浇筑混凝土。

4.5.5　混凝土收面

混凝土应进行二次收面，收面后表面应平整，无脚印、坑窝等现象。与卷材直接接触的垫层、顶板等基层部位，需收面平整，以确保基层的表面平整度。

图 4.5-11　顶板混凝土收面

4.5.6　混凝土的养护

在混凝土收面完成后，及时进行覆盖养护，养护措施及时间应符合设计要求。若设计无要求，养护时间一般不得少于 7 d，大体积和抗渗混凝土养护时间不应少于 14 d。

图 4.5-12　顶板混凝土养护

4.5.7　质量检验标准

混凝土应表面平整，色泽统一，无错台、蜂窝、麻面等缺陷，现浇结构位置、尺寸允许偏差及检验方法应符合表 4.5-1 的规定。

表 4.5-1　现浇结构位置、尺寸允许偏差及检验方法

项目			允许偏差（mm）	检验方法
轴线位置	整体基础		15	经纬仪及尺量
	独立基础		10	经纬仪及尺量
	柱、墙、梁		8	尺量
垂直度	柱、墙层高	≤ 6 m	10	经纬仪或吊线、尺量
		＞ 6 m	12	经纬仪或吊线、尺量
标高	层高		± 10	水准仪或拉线、尺量
	全高		± 30	水准仪或拉线、尺量
截面尺寸	基础		+15,-10	尺量
	柱、梁、板、墙		+10,-5	尺量
表面平整度			8	2 m 靠尺和塞尺量测

4.6　防水工程

4.6.1　施工要求

（1）防水卷材及橡胶止水带表面平整、无裂口和脱胶现象，当为金属止水带时无钉孔、砂眼现象，原材必须在复检合格后方可正式使用。

（2）止水带中心线应与变形缝中心线对正，嵌入混凝土结构端面的位置应符合设计要求，且安装牢固、线形平顺。止水带和模板安装中，不得损伤带面，不得在止水带上穿孔或用铁钉固定。

（3）端面模板安装位置应正确，支撑牢固，无变形、松动、漏缝等现象。变形缝处填塞的密封材料应符合设计及规范要求。

（4）防水卷材铺设前，应对实体进行验收，验收合格后方可进行防水施工。

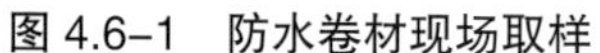

图 4.6-1　防水卷材现场取样

图 4.6-2　实体验收

4.6.2　非变形缝处防水施工

4.6.2.1　非同一作业面施工按照先低后高的顺序进行，先底板、后侧墙、再顶板；同一作业面施工按照先低后高、先细部后大面的顺序。

4.6.2.2　质量控制要点

（1）原材料质量控制。

工程所使用的防水材料，应有产品的合格证书和性能检测报告，材料的品种、规格、性能等应符合现行国家产品标准和设计要求。防水卷材的表面应平整，不允许有空洞、结块、气泡、缺边和裂口。PY 类产品，其胎基应浸透，不应有未被浸渍的条纹。同一类型、同一规格 10 000 m^2 为一批，不足 10 000 m^2 亦为一批。在每批产品中随机抽取 5 卷进行面积、单位面积质量、厚度、外观质量检查，全部检查合格后，从中随机抽取一卷不小于 1.5 m^2 的试样进行检测。

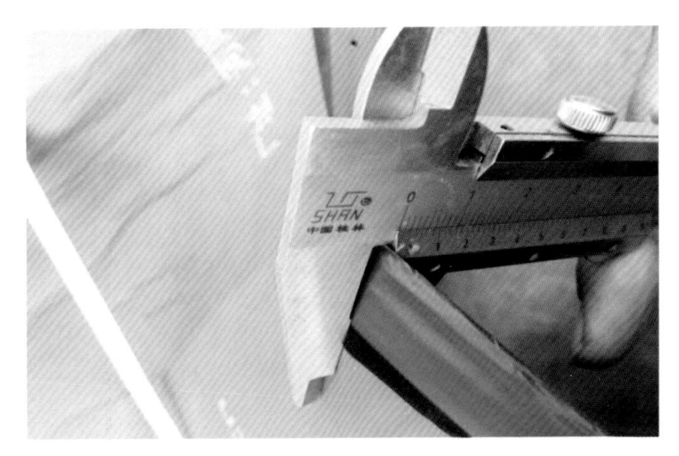

图 4.6–3　防水卷材厚度检测

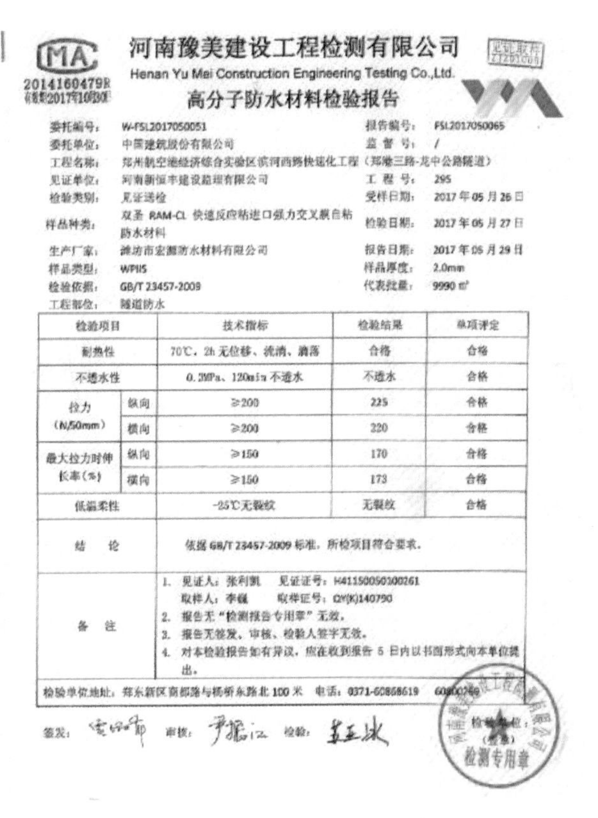

CMA
2014160479R

河南豫美建设工程检测有限公司
Henan Yu Mei Construction Engineering Testing Co.,Ltd.

高分子防水材料检验报告

委托编号：W-FSL2017050051　　报告编号：FSL2017050065
委托单位：中国建筑股份有限公司　　监督号：/
工程名称：郑州航空港经济综合实验区滨河西路快速化工程（郑港三路-龙中公路隧道）
见证单位：河南新恒丰建设监理有限公司　　工程号：295
检验类别：见证送检　　受样日期：2017 年 05 月 26 日
样品种类：双圣 RAM-CL 快速反应粘进口强力交叉膜自粘防水材料　　检验日期：2017 年 05 月 27 日
生产厂家：潍坊市宏源防水材料有限公司　　报告日期：2017 年 05 月 29 日
样品类型：WPIIS　　样品厚度：2.0mm
检验依据：GB/T 23457-2009　　代表批量：9990 m²
工程部位：隧道防水

检验项目		技术指标	检验结果	单项评定
耐热性		70℃，2h 无位移、流淌、滴落	合格	合格
不透水性		0.3MPa、120min 不透水	不透水	合格
拉力（N/50mm）	纵向	≥200	225	合格
	横向	≥200	220	合格
最大拉力时伸长率（%）	纵向	≥150	170	合格
	横向	≥150	173	合格
低温柔性		-25℃无裂纹	无裂纹	合格
结　论		依据 GB/T 23457-2009 标准，所检项目符合要求。		
备　注		1. 见证人：张利凯　见证证号：H41150050100261 取样人：李福　取样证号：QY(K)140790 2. 报告无"检测报告专用章"无效。 3. 报告无签发、审核、检验人签字无效。 4. 对本检验报告如有异议，应在收到报告 5 日内以书面形式向本单位提出。		

检验单位地址：郑东新区商都路与杨桥东路北 100 米　电话：0371-60868619　60800769

签发：　审核：　检验：

检测专用章

图 4.6–4　防水卷材复检报告

（2）基层表面处理。

基层表面应平整，不得有疏松、起皮、起砂等现象，在施工防水卷材前必须清扫基层，不得留有凸出、粗砂或其他尖锐物，基面如有钢筋、铁管、铁丝等凸出物，应从根部割除，并在割除部位用水泥砂浆覆盖处理，以防刺穿防水卷材。若基层表面存在错台、蜂窝、麻面等缺陷，应先对基层表面进行处理；基层表面的止水拉杆孔应采用密封材料封堵密实，并采用聚合物水泥砂浆抹平。基层做到坚实、平整、干燥，经验收合格后方可铺设防水卷材。

（3）喷涂基层处理剂。

侧墙和顶板在卷材铺设前，将配套基层处理剂均匀喷涂在基层表面。喷涂时，厚薄均匀，不漏底、不堆积，晾放至指触不粘。

图 4.6–5　基层处理后的效果

图 4.6–6　喷涂基层处理剂

（4）防水卷材铺设。

防水卷材铺设时，沿坡度方向，坡度上方的卷材，必须压住下方的卷材，即沿着上坡的方向进行铺设。

卷材搭接宽度和接头错开长度满足设计及现行规范要求。揭隔离纸时，注意保护卷材的完整性，防止卷材损伤。对已铺贴好的卷材，用压辊对卷材进行压实；对搭接部位要重点碾压；对异形部位、垂直部位搭接的 T 形部位应用橡皮榔头敲密实，以确保卷材和结构完全黏合，不出现剥离、空鼓等现象。

图 4.6–7　防水卷材铺设

图 4.6–8　防水卷材铺设效果

图 4.6–9　自粘式防水卷材搭接宽度检查

（5）聚苯乙烯泡沫板安装。

聚苯乙烯泡沫板采用点粘方式固定，粘接点数、板缝、板间高差、板间平整度应符合设计及现行相关规范要求。

图 4.6–10　聚苯乙烯泡沫板施工

4.6.3　施工缝镀锌钢板施工

镀锌钢板安装时，中心线平面位置应符合设计要求，顶面应位于同一个平面内，不得出现波浪状。镀锌钢板接头采用焊接的方式进行连接，应保证接头焊接牢固。在加固时应用钢筋将钢板与主筋进行连接，确保钢板安装牢固，以免浇筑和振捣混凝土时止水带位移而影响防水效果。

在进行钢板处的混凝土振捣时，振捣棒不得接触钢板，钢板部位的混凝土应浇筑密实，以切实起到防水的效果。

4.6.4 变形缝处防水施工

（1）中埋式钢边橡胶止水带固定在构件的1/2处，沿着底板、侧墙和顶板兜绕成环。安装应稳定可靠，避免浇筑和振捣混凝土时位移影响止水效果。在转角处弯成设计要求的圆弧，止水带接头不得留置在转角部位。接头宜采用热熔法，止水带不得被铁钉等尖锐物刺穿。

（2）外贴式橡胶止水带在结构变形缝周圈通长布置，沿着底板、侧墙和顶板兜绕成环。外贴止水带的转角部位应采用配套的直角配件，接头宜采用热熔法，搭接宽度满足设计及规范要求。

（3）变形缝（施工缝）灌缝：预先将底板、侧墙的聚乙烯嵌缝泡沫板和顶板聚乙烯嵌缝泡沫板剔除，剔除深度应符合设计要求，将缝隙中杂物清理干净。灌缝作业在防水工程验收合格后方可施工。

图 4.6-11 镀锌钢板安装及加固

图 4.6-12 中埋式、外贴式止水带安装

4.6.5 剪力键处理

节段间变形缝处设置剪力键，剪力键的尺寸规格、安装间距、处理方式及套管范围内的填充材料应满足设计及现行相关规范要求。

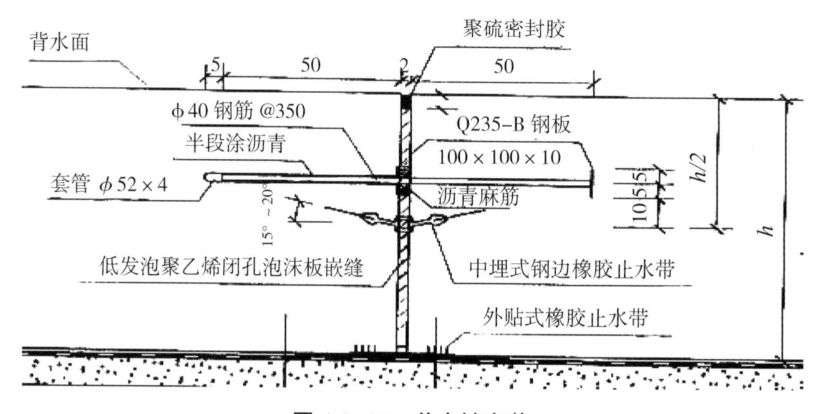

图 4.6-13 剪力键安装

4.7　基坑回填

在侧墙防水施工完验收合格后，即可进行基坑回填，分段回填时，应在接头处留置台阶，回填材料应符合设计要求，回填应分层对称进行，压实度、平整度、分层厚度等应满足设计要求。

图 4.7-1　基坑回填纵向接头留设台阶

图 4.7-2　基坑回填

图 4.7-3　压实度检测

4.8　铺装层施工

隧道暗埋段、U 形槽段路面结构由水泥稳定碎石基层和沥青面层构成，隧道引坡挡墙段路面结构由水泥石灰土下基层、水泥稳定碎石上基层和沥青面层构成，隧道路面施工及质量控制要点参见第 2 章道路工程。

第 5 章　管廊工程

5.1　降水与排水工程

5.1.1　测放井位

根据降水管井平面布置图测放井位，井位测放完毕后应做好井位标记，方便后面施工。

图 5.1–1　降水管井井位标记

5.1.2　清障处理

对于场地可能存在的地下障碍物，在施工前应根据施工的情况，先进行孔位清障处理。

5.1.3　埋设护口管

埋设护口管时，护口管底口应插入原状土层中，管外应用黏性土封严，防止施工时管外返浆，护口管上部应高出地面 0.10 ～ 0.30 m。

5.1.4　安装钻机

安装钻机时，为了保证孔的垂直度，机台应安装稳固、水平，大钩对准孔中心，大钩、转盘与孔的中心三点成一线，严把开孔关。

5.1.5　钻进成孔

开孔孔径应符合设计要求，成孔时均一径到底；钻进开孔时应吊紧大钩钢丝绳，轻压慢转，以保证开孔钻进的垂直度。

5.1.6　清孔换浆

钻孔钻至设计标高后，在提钻前将钻杆提至离孔底 0.50 m，进行冲孔，清除孔内杂物，同时将孔内的泥浆比重逐步调至 1.08，孔底沉淤小于 30 cm，返出的泥浆内不含泥块为止。

5.1.7　下井管

下井管前必须测量孔深，并按照规范要求对井管滤水管做好保护。

5.1.8　埋填滤料

埋填滤料应符合施工方案及设计要求。

5.1.9　成井施工工艺流程

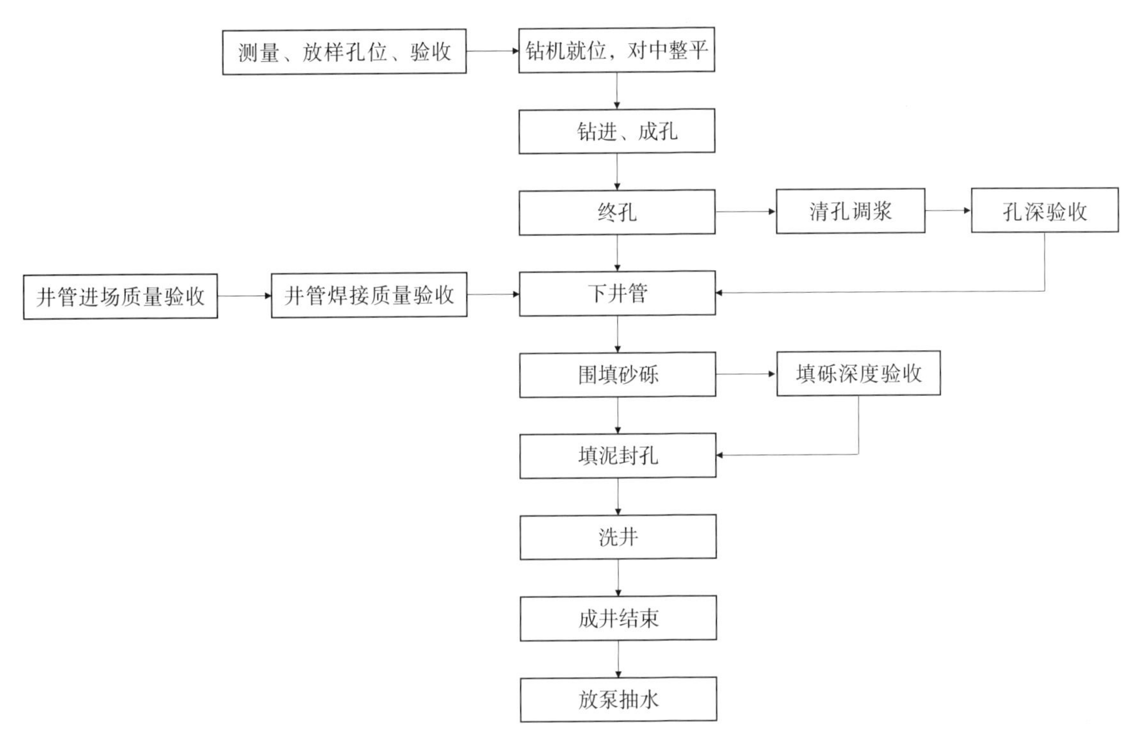

图 5.1-2　成井施工工艺流程

5.1.10　洗井

下井管、回填滤料及黏土封孔后，利用空压机进行洗井。洗井完毕后，下泵试抽并投入使用。坑内水位随开挖逐步控制在开挖深度以下 1 m。

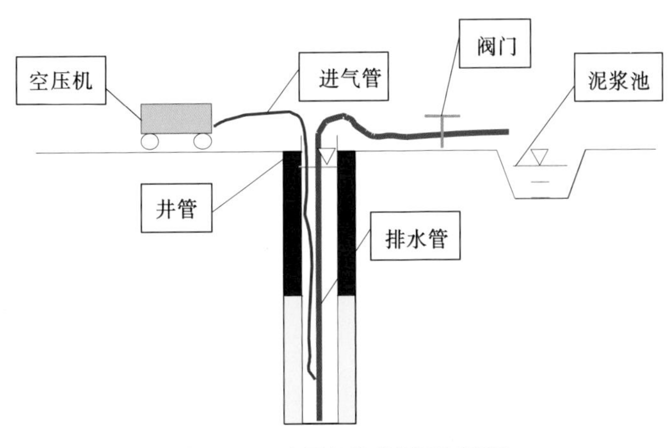

图 5.1-3　空压机洗井原理示意图

图 5.1–4　降水井警示灯

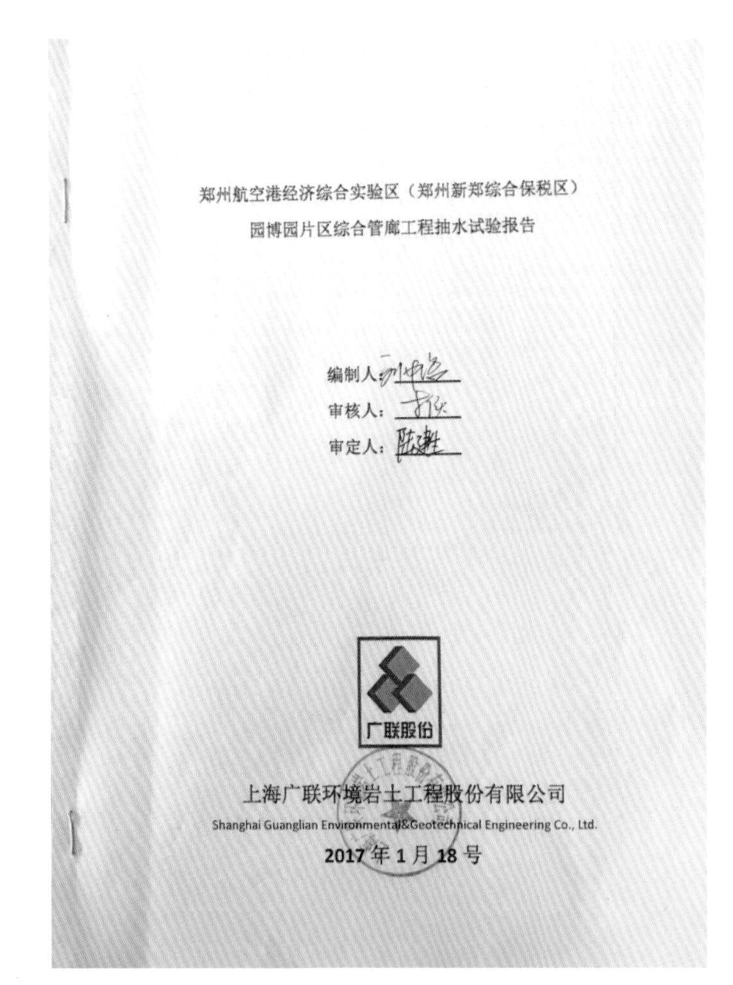

郑州航空港经济综合实验区（郑州新郑综合保税区）
园博园片区综合管廊工程抽水试验报告

编制人：
审核人：
审定人：

广联股份

上海广联环境岩土工程股份有限公司
Shanghai Guanglian Environmental&Geotechnical Engineering Co., Ltd.
2017 年 1 月 18 号

图 5.1–5　抽水试验报告
（含水层初始水位、水文地质参数、单井出水量、降水的效果等参数符合设计及规范要求）

5.2　土方开挖工程

5.2.1　施工工艺流程

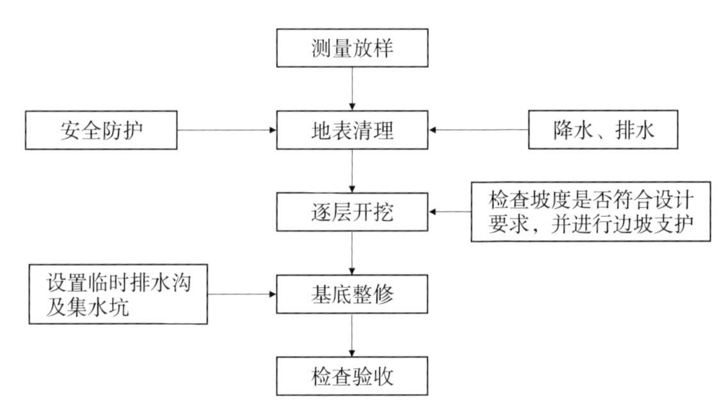

图 5.2–1　土方开挖施工工艺流程

5.2.2　三通一平

场地清理前，应将原地表的草皮、腐殖土及建筑垃圾全部清除，并弃运于指定弃土场。按期完成水通、电通、路通和场地平整。

5.2.3　测量放线

施工单位对建设单位提供的控制点进行复核测量，测量成果报监理工程师审批。依据已审批的测量成果采用 GPS 等仪器放出开挖边线，并在开挖边线外布置监控点及高程点，以便在机械开挖时随时监控边坡的稳定及开挖深度。

图 5.2–2　土方开挖前完成清表、测量放线等工作

5.2.4　基坑开挖与边坡修整

依据基坑施工要求和特点，制订边坡开挖方案，确定合理的开挖方式、施工顺序、范围、边坡防护措施，选择适当的施工机械，以保证基坑保质保量安全施工。

开挖过程中应检查平面位置、水平标高、边坡坡度、排水、地下水位，并随时观测周围的环境变化。每层开挖后在坡脚位置设置临时排水沟。每下挖一层，宜对新开挖边坡刷坡，同时应清除危石及松动石块。刷坡后，坡度、断面尺寸符合设计及规范要求，坡面平整度允许偏差为 ±20 mm。

图 5.2–3　土方开挖分段、分层、对称开挖

图 5.2–4　及时复测开挖段标高防止分层段超挖

5.2.5　基坑清理

沟槽成型后，及时将基底的浮土、松土清理干净；槽底应平整密实，不得有积水，并对表面平整度进行检测，平整度应符合设计及规范要求。

图 5.2–5　为做到坑底平整，防止局部超挖

图 5.2–6　基底标高复测

5.2.6　基坑验收

在基坑开挖至设计标高后，由勘察单位、设计单位、建设单位、监理单位和施工单位五方共同对地基承载力、压实度、标高、平面尺寸、轴线偏位、平整度进行验收，并对合格的技术参数进行确认。

图 5.2–7　地基承载力检测

图 5.2–8　基底验收

1516010601
有效期2021年10月18日

河南鑫港工程检测有限公司

地基承载力检验报告

委托单编号：WT-SZ1702050763　　　　报告编号：SZ-XC1702050631

委托单位	郑州航空港区国有资产经营管理有限公司		
施工单位	上海隧道工程有限公司		
工程名称	郑州航空港经济综合实验区（郑州新郑综合保税区）园博园片区综合管廊工程		
工程部位	BGL3+360~BGL3+420 基底		
样品名称	轻型动力触探	委托日期	2017.05.31
检验日期	2017.05.31	报告日期	2017.06.01
检验依据	《冶金工业岩石勘察原位测试规范》GB/T 50480-2008 ．依据图纸设计要求		
桩号	设计承载力（kPa）	实测承载力（kPa）	单项结论
BGL3+380	≥160	180	符合要求
BGL3+400	≥160	196	符合要求
	以下空白		
备　注	委托人：龙菲 见证人：高艺（H41150060100249） 见证单位：重庆联盛建设项目管理有限公司		
注意事项	1.报告无测试报告专用章及计量认证章无效。 2.报告无检验，审核，批准签章或签字无效，复印报告未加盖测试报告专用章无效。3.报告涂改无效。4.委托送检的，其检验测数据，结果仅对来样负责。5.对检验报告若有异议，应于收到报告之日起十五日内向检测单位提出，逾期不予办理。　地址：郑州市中原区陇海西路360号友纳国际广场15层　　电话：0371-55185332；　传真：0371-55185332；电子邮箱：xingangjiance@sina.com。		

检验人：　　　审核人：　　　批准人：

检测专用章

图 5.2–9　地基承载力检验报告

5.2.7　质量检验标准

依据现行的《建筑地基基础工程施工质量验收规范》（GB 50202），土方开挖工程质量验收应符合表 5.2–1 的要求。

表 5.2–1　土方开挖工程质量检验标准　（单位：mm）

项目	序号	检查项目	允许偏差或允许值			检查方法
			柱基基坑基槽	人工	机械	
主控项目	1	标高	−50	± 30	± 50	水准仪检查
	2	长度、宽度	+200 −50	+ 300 − 100	+ 500 − 150	经纬仪、钢尺
	3	边坡		设计要求		观察、坡度尺
一般项目	4	表面平整度	20	20	50	用 2 m 靠尺和楔形塞尺
	5	基底土性		设计要求		观察或土样分析

5.3　锚喷支护工程

5.3.1　施工工艺流程

按设计要求开挖工作面→修整边坡→土钉墙施工→喷射混凝土→混凝土养护→铺设钢筋网片→喷射混凝土至设计厚度→设置坡顶和坡脚的排水措施→养护。

5.3.2　钢筋网片制作与安装

钢筋网片制作与安装、泄水孔安装符合设计及现行国家规范要求。

MA 151601060133 有效期2021年10月18日

河南鑫港工程检测有限公司

钢筋原材检验报告

见证取样 ZSZ01079

委托单编号：WT-SZ1702011002　　报告编号：SZ-GJ1702011001

委托单位	郑州航空港区国有资产经营管理有限公司		
施工单位	上海隧道工程有限公司		
工程名称	郑州航空港经济综合实验区（郑州新郑综合保税区）园博园片区综合管廊工程		
工程部位	喷护		
样品名称	钢筋	检验性质	见证取样
批　号	G4700618	规格型号	HPB300　6.5mm
产　地	济源钢铁	送样日期	2017.01.10
检验日期	2017.01.11	报告日期	2017.01.11
样品状态	完好、数量齐全	代表批量	47t
检验依据	《金属材料 拉伸试验 第1部分：室温试验方法》GB/T228.1-2010 《金属材料 弯曲试验方法》GB/T232-2010 《钢筋混凝土用钢第1部分：热轧光圆钢筋》GB1499.1-2008		

编号	检验项目	指标要求	测试结果	单项结论
1	屈服强度（MPa）	≥300	356	合格
			349	合格
2	抗拉强度（MPa）	≥420	459	合格
			455	合格
3	伸长率（%）	≥25	32.0	合格
			30.0	合格
4	弯曲性能	无裂纹	无裂纹	合格
			无裂纹	合格
5	重量偏差（%）	±7	-3.5	合格
检验结果	所检项目符合《钢筋混凝土用钢第1部分：热轧光圆钢筋》GB1499.1-2008 标准要求。			
备　注	委托人：郑步生 见证人：高艺（H41150050100249） 监理单位：重庆联盛建设项目管理有限公司			
注意事项	1.报告无测试报告专用章及计量认证章无效。 2.报告无检验、审核、批准签章或签字无效，复印报告未加盖测试报告专用章无效。3.报告涂改无效。4.委托送检的，其检验、检测数据结果仅对来样负责。5.对检验报告若有异议，应于收到报告之日起十五日内向检测单位提出，逾期不予办理。　地址：郑州市中原区陇海西路 350 号友纳国际广场 15 层 电话：0371-55185332；　传真：0371-55185332；电子邮箱：xingangjiance@sina.com			

检验人：　　审核人：　　批准人：

检测专用章

第 1 页 共 1 页

图 5.3–1　钢筋原材检验报告

图 5.3–2　加工成型钢筋网片应间距均匀、加工牢固

5.3.3　喷射混凝土施工

在喷射混凝土前，应采用空压机将坡面的浮渣清理干净。喷射混凝土施工应按照分片、分段和自上而下的原则进行，每段长度不大于设计要求。

图 5.3–3　喷射作业分段、分片进行，喷射顺序由上而下

图 5.3–4　后一层喷射在前一层混凝土终凝并湿润后进行

5.3.4　喷射混凝土养护

喷射混凝土终凝后应及时覆盖洒水养护，养护时间不少于 5 d。

图 5.3–5　喷射混凝土养护

CMA 151601060133 有效期2021年10月18日

河南鑫港工程检测有限公司

混凝土试块抗压强度检验报告

见证取样 ZSZ01079

委托单编号：WT-SZ1702030312　　报告编号：SZ-SK1702030108

委托单位	郑州航空港区国有资产经营管理有限公司		
施工单位	上海隧道工程有限公司		
工程名称	郑州航空港经济综合实验区（郑州新郑综合保税区）园博园片区综合管廊工程		
工程部位	BGL0+931~BGL1+278 护坡喷砼		
样品名称	混凝土试块	检验性质	见证取样
设计强度等级	C20	成型日期	2017.03.06
规格型号	100 mm×100mm×100mm	送样日期	2017.03.09
组　数	1 组（28d）	检验日期	2017.04.03
养护方法	标准养护	报告日期	2017.04.03
样品状态	完好		
检验依据	《普通混凝土力学性能试验方法标准》GB/T 50081-2002		

序号	破坏荷载（kN）	抗压强度（MPa）		达到设计强度等级(%)
		单个值	强度值	
1	233.20	22.2	23.8	119
	265.10	25.2		
	254.10	24.1		
			以下空白	

检验结果	依据《普通混凝土力学性能试验方法标准》GB/T 50081-2002 标准，所检项目符合设计要求。
备　注	委托人：郑步生 见证人：高艺（H411500501002401） 监理单位：重庆联盛建设项目管理有限公司
注意事项	1 报告无测试报告专用章及计量认证章无效。2.报告无检验、审核、批准签章或签字无效，复印报告未加盖测试报告专用章无效。3.报告涂改无效。4.委托送检的，其检验测数据、结果仅对来样负责。5.对检验报告若有异议，应于收到报告之日起十五日内向检测单位提出，逾期不予办理。　地址：郑州市中原区陇海西路 350 号友纳国际广场 15 层　　电话：0371-55185332；　传真：0371-55185332；电子邮箱：xingangjiance@sina.com。

检验人：　　审核人：　　批准人：

检测专用章

图 5.3–6　锚喷支护混凝土强度检验报告

5.4　防水工程

工程所使用的防水材料的外观、品种、规格、包装、尺寸和数量等应符合现行国家产品标准和设计要求。防水卷材的外观质量和物理性能应符合现行相关防水规范的规定并经监理单位、建设单位检查确认。

防水卷材以同一类型、同一规格 10 000 m^2 为一批，不足 10 000 m^2 亦作为一批；B 类、S 类止水带以同标记、连续生产的 5 000 m 为一批（不足 5 000 m 按一批计），从外观质量和尺寸公差检验合格的样品中随机抽取足够的试样，进行橡胶材料的物理性能检验。

防水卷材及钢边橡胶止水带表面平整，无裂口和脱胶现象，当为金属止水带时无钉孔、砂眼现象，原材必须在复检合格后方可正式使用。

止水带中心线应与变形缝中心线对正，嵌入混凝土结构端面的位置应符合设计要求，且安装固定牢固、线形平顺。

止水带和模板安装中，不得损伤表面，不得在止水带上穿孔或用铁钉固定；端面模板安装位置应正确，支撑牢固，无变形、松动、漏缝等现象。

图 5.4–1　防水卷材进场取样

图 5.4–2　钢边止水带进场取样

151601060133 有效期2021年10月18日

河 南 鑫 港 工 程 检 测 有 限 公 司

防水卷材检验报告

见证取样 ZSZ01079

委托单编号：WT-SZ1702050602　　　　报告编号：SZ-FS1702050023

委托单位	郑州航空港区国有资产经营管理有限公司				
施工单位	上海隧道工程有限公司				
工程名称	郑州航空港经济综合实验区（郑州新郑保税区）园博园片区综合管廊工程				
工程部位	管廊防水				
样品名称	自粘聚合物改性沥青防水卷材		检验性质	见证取样	
规格型号	W PY HD 3.0mm 10m²		送样日期	2017.05.08	
代表批量	10000m²		检验日期	2017.05.09	
生产厂家	江苏凯伦建材股份有限公司		报告日期	2017.05.17	
样品状态	完好、数量齐全				
检验依据	《预铺/湿铺防水卷材》GB/T 23457-2009				
序号	检验项目		标准要求	检验结果	单项结论
1	拉力，N/50mm	横向	≥600	640	合格
		纵向		660	
2	最大拉力时伸长率，%	横向	≥40	48	合格
		纵向		45	
3	撕裂强度，N	横向	≥300	332	合格
		纵向		324	
4	低温柔性/℃		-25℃，无裂纹	无裂纹	合格
5	热老化（70℃，168h）低温柔性/℃		-23℃，无裂纹	无裂纹	合格
6	不透水性		0.3MPa，120min 不透水	不透水	合格
7	耐热性		70℃，2h 无位移、流淌、滴落	无位移、流淌、滴落	合格
检验结果	依据《预铺/湿铺防水卷材》GB/T 23457-2009，所检项目符合标准要求。				
备　注	委托人：龙蒂　见证人：高艺（H41150050100249） 监理单位：重庆联盛建设项目管理有限公司				
注意事项	1.报告无测试报告专用章及计量认证章无效。2.报告无检验、审核、批准签章或签字无效，复印报告未加盖测试报告专用章无效。3.报告涂改无效。4.委托送检的，其检验测数据、结果仅对来样负责。5.对检验报告若有异议，应于收到报告之日起十五日内向检测单位提出，逾期不予办理。　地址：郑州市中原区陇海西路 350 号友纳国际广场 15 层。 电话：0371-55185332；　传真：0371-55185332； 电子邮箱：xingangjiance@sina.com。				

检验人：　　　　审核人：　　　　批准人：

图 5.4–3　防水卷材检验报告

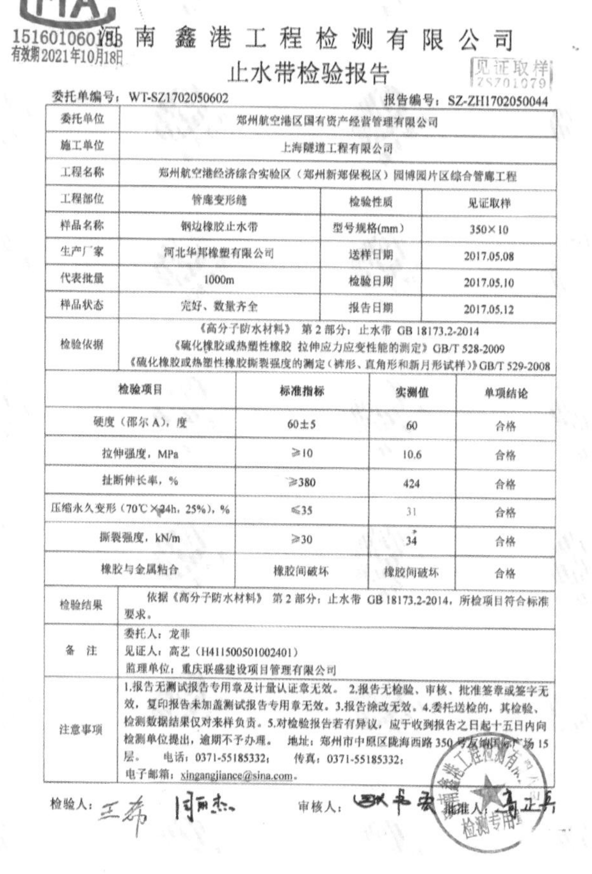

151601060183
有效期2021年10月18日

河 南 鑫 港 工 程 检 测 有 限 公 司

止水带检验报告

见证取样
ZS701079

委托单编号：WT-SZ1702050602　　报告编号：SZ-ZH1702050044

委托单位	郑州航空港区国有资产经营管理有限公司		
施工单位	上海隧道工程有限公司		
工程名称	郑州航空港经济综合实验区（郑州新郑保税区）园博园片区综合管廊工程		
工程部位	管廊变形缝	检验性质	见证取样
样品名称	钢边橡胶止水带	型号规格(mm)	350×10
生产厂家	河北华邦橡塑有限公司	送样日期	2017.05.08
代表批量	1000m	检验日期	2017.05.10
样品状态	完好、数量齐全	报告日期	2017.05.12
检验依据	《高分子防水材料》 第2部分：止水带 GB 18173.2-2014 《硫化橡胶或热塑性橡胶 拉伸应力应变性能的测定》GB/T 528-2009 《硫化橡胶或热塑性橡胶撕裂强度的测定（裤形、直角形和新月形试样）》GB/T 529-2008		

检验项目	标准指标	实测值	单项结论
硬度（邵尔A），度	60±5	60	合格
拉伸强度，MPa	≥10	10.6	合格
扯断伸长率，%	≥380	424	合格
压缩永久变形（70℃×24h，25%），%	≤35	31	合格
撕裂强度，kN/m	≥30	34	合格
橡胶与金属粘合	橡胶间破坏	橡胶间破坏	合格

检验结果	依据《高分子防水材料》 第2部分：止水带 GB 18173.2-2014，所检项目符合标准要求。
备　注	委托人：龙菲 见证人：高艺（H411500501002401） 监理单位：重庆联盛建设项目管理有限公司
注意事项	1.报告无测试报告专用章及计量认证章无效。2.报告无检验、审核、批准签章或签字无效，复印报告未加盖测试报告专用章无效。3.报告涂改无效。4.委托送检的，其检验、检测数据结果仅对来样负责。5.对检验报告若有异议，应于收到报告之日起十五日内向检测单位提出，逾期不予办理。 地址：郑州市中原区陇海西路350号友[illegible]国际广场15层。 电话：0371-55185332； 传真：0371-55185332； 电子邮箱：xingangjiance@sina.com。

检验人：　　审核人：　　批准人：

检测专用章

图 5.4–4　钢边止水带检验报告

图 5.4–5　外贴式橡胶止水带进场取样

151601060133
有效期2021年10月18日

河南鑫港工程检测有限公司

止水带检验报告

见证取样
ZSZ01079

委托单编号：WT-SZ1702050602　　报告编号：SZ-ZH1702050045

委托单位	郑州航空港区国有资产经营管理有限公司		
施工单位	上海隧道工程有限公司		
工程名称	郑州航空港经济综合实验区（郑州新郑保税区）园博园片区综合管廊工程		
工程部位	管廊变形缝	检验性质	见证取样
样品名称	外贴式橡胶止水带	型号规格(mm)	350×6
生产厂家	河北华邦橡塑有限公司	送样日期	2017.05.08
代表批量	1000m	检验日期	2017.05.10
样品状态	完好、数量齐全	报告日期	2017.05.12
检验依据	《高分子防水材料》 第 2 部分：止水带 GB 18173.2-2014 《硫化橡胶或热塑性橡胶 拉伸应力应变性能的测定》GB/T 528-2009 《硫化橡胶或热塑性橡胶撕裂强度的测定（裤形、直角形和新月形试样）》GB/T 529-2008		

检验项目	标准指标	实测值	单项结论
硬度（邵尔 A），度	60±5	61	合格
拉伸强度，MPa	≥10	11.0	合格
扯断伸长率，%	≥380	417	合格
压缩永久变形（70℃×24h，25%），%	≤35	30	合格
撕裂强度，kN/m	≥30	35	合格

检验结果	依据《高分子防水材料》 第 2 部分：止水带 GB 18173.2-2014，所检项目符合标准要求。
备　注	委托人：龙蕃 见证人：高艺（H41150050100249） 监理单位：重庆联盛建设项目管理有限公司
注意事项	1.报告无测试报告专用章及计量认证章无效。 2.报告无检验、审核、批准签章或签字无效，复印报告未加盖测试报告专用章无效。3.报告涂改无效。4.委托送检的，其检验、检测数据结果仅对来样负责。5.对检验报告若有异议，应于收到报告之日起十五日内向检测单位提出，逾期不予办理。　地址：郑州市中原区陇海西路 350 号友谊国际广场 15 层。　电话：0371-55185332；　传真：0371-55185332； 电子邮箱：xingangjiance@sina.com。

检验人：　　审核人：　　批准人：

图 5.4–6　外贴式橡胶止水带检验报告

防水施工非同一作业面按先低后高的顺序进行，先底板、后侧墙、再顶板；同一作业面按先远后近、先低后高、先细部后大面的顺序进行。

基层表面应平整，不得有疏松、起皮、起砂现象，在施工防水卷材前必须清扫基层，不得留有凸出、粗砂或其他尖锐物，基面如有钢筋、铁管、铁丝等凸出物，应从根部割除，并在割除部位用水泥砂浆覆盖处理，以防刺穿防水卷材。若基层表面存在错台、蜂窝、麻面等缺陷，应先对基层表面进行处理；基层表面的止水拉杆孔应采用密封材料封堵密实，并采用聚合物水泥砂浆抹平。基层做到坚实、平整、干燥，经验收合格后方可铺设防水卷材。

防水卷材铺设前，将配套基层处理剂均匀涂刷在基层表面。涂刷时，厚薄均匀，不漏底、不堆积，晾放至指触不粘。

图 5.4–7　防水卷材基层处理剂喷涂施工

防水卷材铺设时，沿坡度方向，坡度上方的卷材，必须压住下方的卷材。卷材搭接宽度为 100 mm，接头部位应错开 300 mm 左右。揭隔离纸时，注意保护卷材的完整性，防止卷材损伤。对已铺贴好的卷材，用压辊一次全面对卷材表面压实一遍；对搭接部位要重点碾压；对异形部位、垂直部位搭接的 T 形部位应用橡皮榔头敲密实。以确保卷材和结构完全黏合，不出现剥离、空鼓等现象。侧墙防水层应采取临时保护措施确保防水层不受破坏，铺贴立面卷材防水层时，应采取防止卷材下滑的措施。

在达到设计要求的阴阳角部位铺设加强层卷材，加强层卷材宽度为 50 cm；铺贴防水卷材严禁在雨天、雪天、五级及以上大风中施工；顶板防水层铺设完毕后施工油毡隔离层，并及时施做细石防水混凝土保护层。

图 5.4–8　阴阳角卷材加强层施工

图 5.4–9　防水卷材搭接长度检查

图 5.4–10　集水坑防水卷材施工

图 5.4–11　防水卷材上幅压下幅搭接施工

图 5.4–12　顶板防水保护层钢筋绑扎

5.5　钢筋工程

5.5.1　施工工艺流程

进场验收→检验检测→钢筋加工制作→钢筋安装→质量验收。

5.5.2　进场验收及检测

钢筋进场后，应具有出厂质量证明书、合格证及试验报告单，再按不同的钢种、等级、牌号、规格及生产厂家分批抽取试样进行力学性能检验，经复检合格后方可使用。

5.5.3　钢筋存放

在工地存放时，应按不同品种、规格，分批分别堆置整齐，防止钢筋混淆、锈蚀或损伤，并应设立识别标志，存放的时间不宜超过 6 个月。

图 5.5–1　钢筋原材进场验收

图 5.5–2　钢筋原材取样送检

图 5.5–3　钢筋原材堆场

CMA 151601060133 有效期2021年10月18日

河南鑫港工程检测有限公司

钢筋原材检验报告

见证取样 ZSZ01079

委托单编号：WT-SZ1702030306　　报告编号：SZ-GJ1702030365

委托单位	郑州航空港区国有资产经营管理有限公司			
施工单位	上海隧道工程有限公司			
工程名称	郑州航空港经济综合实验区（郑州新郑综合保税区）园博园片区综合管廊工程			
工程部位	管廊			
样品名称	钢筋	检验性质	见证取样	
批　号	B3700490	规格型号	HRB400E　18mm	
产　地	济源钢铁	送样日期	2017.03.09	
检验日期	2017.03.10	报告日期	2017.03.10	
样品状态	完好、数量齐全	代表批量	39t	
检验依据	GB/T228.1-2010、GB/T232-2010、GB1499.2-2007			
编号	检验项目	指标要求	测试结果	单项结论
1	屈服强度（MPa）	≥400	460	合格
			471	合格
2	抗拉强度（MPa）	≥540	589	合格
			603	合格
3	强屈比	≥1.25	1.28	合格
			1.28	合格
4	屈标比	≤1.30	1.15	合格
			1.18	合格
5	断后伸长率（%）	≥16	22.0	合格
			20.0	合格
6	最大力总伸长率（%）	≥9	11.5	合格
			11.0	合格
7	弯曲性能	无裂纹	无裂纹	合格
			无裂纹	合格
8	重量偏差（%）	±5	-2.3	合格
检验结果	所检项目符合《钢筋混凝土用钢第2部分：热轧带肋钢筋》GB1499.2-2007标准要求。			
备　注	委托人：郑步生 见证人：高艺（H41150050100249） 监理单位：重庆联盛建设项目管理有限公司			
注意事项	1.报告无测试报告专用章及计量认证章无效。2.报告无检验、审核、批准签章或签字无效，复印报告未加盖测试报告专用章无效。3.报告涂改无效。4.委托送检的，其检验、检测数据结果仅对来样负责。5.对检验报告若有异议，应于收到报告之日起十五日内向检测单位提出，逾期不予办理。　地址：郑州市中原区陇海西路350号友纳国际广场15层　电话：0371-55185332；　传真：0371-55185332；电子邮箱：xingangjiance@sjda.com			

检验人：　　审核人：　　批准人：

第1页 共1页

图 5.5–4　钢筋原材检验报告

5.5.4　钢筋加工与制作

（1）钢筋加工之前，应进行调直，钢筋加工尺寸规格应符合设计要求。对有抗震要求的结构构件箍筋弯钩的弯折角度不应小于 135°，弯折后平直段长度应满足设计要求；若设计无要求，不应小于箍筋直径的 10 倍和 75 mm 两者中的较大值。制作成型后，按编号分类、分批存放整齐，并做好防锈蚀和污染措施。

（2）为了确保钢筋制作的一次性合格率，在批量加工前制作标准钢筋试件，并注明制作要点和偏差说明，放置于样板展示区。

图 5.5–5　加工成型的钢筋码放整齐

图 5.5–6　全自动钢筋弯曲成型机箍筋加工

图 5.5–7　样品展示区

5.5.5　钢筋机械连接加工

（1）钢筋端部应采用砂轮锯、带弧形刀片的专用钢筋切断机等切平，切口面应与钢筋轴线垂直，严禁采用剪断机或气割机，严禁马蹄形翘曲。钢筋丝头加工与接头连接前应先进行工艺试验，在检验合格后方可进行正式加工。

图 5.5–8　钢筋机械连接丝头打磨

（2）对每种规格的丝头先进行外观质量检查，检查丝扣的完整性；然后采用钢尺对丝头长度进行检测，丝头单侧外露长度公差为 0 ~ $2.0p$；最后采用通止环规对丝头剥肋直径进行检测，做好检验记录。已检验合格的丝头螺纹应用塑料保护帽加以保护，防止装卸时损坏，并按规格分类堆放整齐。

表 5.5–1　钢筋加工的质量标准

项目	允许偏差（mm）
受力钢筋顺长度方向加工后的全长	± 10
弯起钢筋各部分尺寸	± 20
箍筋、螺旋筋各部分尺寸	± 5

图 5.5–9　钢筋的端部切平后加工螺纹

图 5.5–10a　直螺纹丝头保护

图 5.5–10b　直螺纹丝头保护

图 5.5–11　钢筋机械连接取样送检

5.5.6　钢筋的连接

受力钢筋的连接接头应设置在内力较小处，并应错开布置。对焊接头和机械连接接头，在接头长度区段内，同一根钢筋不得有两个接头；对绑扎接头，两接头间的距离应不小于 1.3 倍搭接长度。配置在接头长度区段内的受力钢筋，其接头的截面面积占总截面面积的最大百分率，应符合表 5.5–2 的规定。

表 5.5–2　接头长度区段内受力钢筋接头的截面面积占总截面面积的最大百分率

接头形式	接头面积最大百分率（%）	
	受拉区	受压区
主钢筋绑扎接头	25	50
主钢筋焊接接头	50	不限制

151601060133
有效期2021年10月18日

河南鑫港工程检测有限公司

钢筋机械连接检验报告

见证取样 ZSZ01079

委托单编号：WT-SZ1702040425　　　　报告编号：SZ-GJ1702040596

委托单位	郑州航空港区国有资产经营管理有限公司			
施工单位	上海隧道工程有限公司			
工程名称	郑州航空港经济综合实验区（郑州新郑综合保税区）园博园片区综合管廊工程			
工程部位	BGL0+931-BGL1+360 顶板、墙			
样品名称	机械连接	检验性质	见证取样	
批　　号	/	规格型号	HRB400E　18mm	
产　　地	/	送样日期	2017.04.03	
检验日期	2017.04.04	报告日期	2017.04.04	
样品状态	连接紧密、无偏丝、套筒无裂纹			
检验依据	《钢筋混凝土用钢第 2 部分：热轧带肋钢筋》GB 1499.2-2007 《钢筋机械连接技术规程》JGJ 107-2016			
编号	检验项目	指标要求	测试结果	单项结论
1	接头试件抗拉强度实测值 f^0_{mst}（MPa）	≥540	596	合格
			601	
			577	
2	断裂特征描述	-	母材延性断裂	合格
			母材延性断裂	合格
			母材延性断裂	合格
3	断裂位置距接头（mm）	-	52	-
			58	-
			50	-
检验结果	所检项目符合 JGJ 107-2016《钢筋机械连接技术规程》I 级接头技术要求。			
备　注	委托人：郑步生 见证人：高艺（H411500501002401） 监理单位：重庆联盛建设项目管理有限公司 代表数量：500 个			
注意事项	1.报告无测试报告专用章及计量认证章无效。2.报告无检验、审核、批准签章或签字无效，复印报告未加盖测试报告专用章无效。3.报告涂改无效。4.委托送检的，其检验、检测数据结果仅对来样负责。5.对检验报告若有异议，应于收到报告之日起十五日内向检测单位提出，逾期不予办理。　地址：郑州市中原区陇海西路 350 号友纳国际广场16层 电话：0371-55185332；　传真：0371-55185332；电子邮箱：xingangjiance@...com			

检验人：　　　　审核人：　　　　批准人：

检测专用章

图 5.5-12　钢筋机械连接检验报告

5.5.7　钢筋绑扎

（1）钢筋的交叉点宜采用直径 0.7 ~ 2.0 mm 的铁丝扎牢，必要时可采用点焊焊牢。绑扎宜采取逐点改变绕丝方向的 8 字形方式交错扎结，对直径 25 mm 及以上的钢筋，宜采取双对角线的十字形方式扎结。钢筋的绑扎搭接接头在接头中心和两端用铁丝扎牢，墙、柱、梁、板上部钢筋骨架中竖向面钢筋网交叉点全数绑扎，板底部钢筋网除边缘部分外间隔交错绑扎。

（2）绑扎钢筋的铁丝丝头不应进入混凝土保护层内；钢筋的级别、直径、根数、间距等应符合设计的规定；顶板和底层由多层钢筋构成时，在绑扎时应保证上、下层钢筋在同一垂直面上，以保证钢筋间距，便于进行混凝土振捣。

（3）为了保证钢筋的垂直度和整体稳定性，在安装钢筋时，应在侧墙内、外两侧设置连续的支撑钢筋，以保证竖向钢筋的垂直度。在进行底板和顶板顶层的钢筋安装时，为保证上层钢筋不下沉，应按设计要求设置马凳筋、支撑筋，但架立钢筋的端头不得伸入混凝土保护层内。

图 5.5-13　钢筋绑扎

图 5.5-14　设置马凳筋

图 5.5-15　加工成型的止水螺杆

（4）钢筋的端部切平后加工螺纹且不得有影响螺纹加工的局部弯曲，机械连接安装接头时采用管钳将丝头拧紧，钢筋丝头应在套筒中央位置相互顶紧，接头安装后的单侧外露螺纹不宜超过 2 p。

（5）接头安装后应用扭矩扳手校核拧紧扭矩，最小拧紧扭矩值应符合表 5.5-3 的规定。螺纹接头安装后使用专用扭力扳手校核拧紧扭矩，接头之间的横向净间距不小于 25 mm。

图 5.5-16　现场抽查直螺纹加工质量

表 5.5–3　直螺纹接头安装时最小拧紧扭矩值

钢筋直径（mm）	≤ 16	18 ~ 20	22 ~ 25	28 ~ 32	36 ~ 40	50
拧紧扭矩（N · m）	100	200	260	320	360	460

绑扎或焊接的钢筋网和钢筋骨架不得有变形、松脱和开焊，钢筋安装质量应符合现行相关规范的规定。

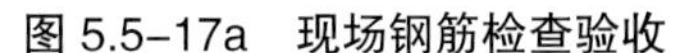

图 5.5–17a　现场钢筋检查验收

图 5.5–17b　现场钢筋检查验收

5.5.8　施工缝镀锌钢板施工

镀锌钢板安装时，中心线应与施工缝中心线重合，顶面应位于同一个平面内，不得出现波浪状。镀锌钢板接头采用焊接的方式进行连接，应保证接头焊接牢固。

在加固时，应用钢筋将钢板与主筋进行连接，确保钢板安装牢固，以免浇筑和振捣混凝土时止水带位移而影响防水效果。

在振捣止水钢板处的混凝土时，振捣棒不得接触止水钢板，止水钢板部位的混凝土应浇筑密实，以切实起到防水的效果。

图 5.5–18　止水镀锌钢板安装

5.5.9 变形缝处防水施工

中埋式钢边橡胶止水带固定在构件的1/2处，沿着底板、侧墙和顶板兜绕成环止水。要求稳定可靠，避免浇筑和振捣混凝土时位移影响止水效果。在转角处弯成设计要求的圆弧，止水带接头不得留置在转角部位。接头宜采用热熔法，止水带不得被铁钉等尖锐物刺穿。

外贴式橡胶止水带在结构变形缝周圈通长布置，沿着底板、侧墙和顶板兜绕成圈止水。外贴止水带的转角部位应采用配套的直角配件，接头宜采用热熔法，搭接宽度应满足设计及规范要求。

变形缝（施工缝）灌缝：预先将底板、侧墙的聚乙烯嵌缝泡沫板和顶板聚乙烯嵌缝泡沫板剔除，剔除的深度应符合设计要求，将缝隙中杂物清理干净。灌缝作业在防水工程验收合格后方可施工。

图 5.5-19 止水带安装

5.5.10 钢筋保护层的控制

（1）混凝土垫块应具有足够的强度和密实性；采取其他材料制作垫块时，除应满足使用强度要求外，其材料中不应含有对混凝土产生不利影响的因素。

（2）垫块应相互错开、梅花分散设置在钢筋与模板之间，垫块在结构或构件侧面和底面所布设的数量每平方米应不少于4个，重要部位应适当加密。

（3）垫块应与钢筋绑扎牢固，且丝头不应进入混凝土保护层内。

（4）混凝土浇筑前，应对垫块的位置、数量和紧固程度进行检查，不符合要求时应及时处理。

图 5.5-20 钢筋混凝土垫块放置

5.5.11　钢筋安装后的质量控制

绑扎或焊接的钢筋网和钢筋骨架不得有变形、松脱和开焊，钢筋安装质量应符合现行相关规范的规定。

表 5.5–4　钢筋安装允许偏差和检验方法

项目		允许偏差（mm）	检验方法
绑扎钢筋网	长、宽	± 10	尺量
	网眼尺寸	± 20	尺量连续三档，取最大偏差值
绑扎钢筋骨架	长	± 10	尺量
	宽、高	± 5	尺量
纵向受力钢筋	锚固长度	−20	尺量
	间距	± 10	尺量两端、中间各一点，取最大偏差值
	排距	± 5	
纵向受力钢筋、箍筋的混凝土保护层厚度	基础	± 10	尺量
	板、墙、壳	± 3	尺量
绑扎箍筋、横向钢筋间距		± 20	尺量连续三档，取最大偏差值
钢筋弯起点位置		20	尺量，沿纵、横两个方向量测，并取其中偏差的较大值
预埋件	中心线位置	5	尺量
	水平高差	+3，0	塞尺量测

5.6　模板工程

5.6.1　一般规定

（1）模板及支架的强度、刚度及稳定性需满足受力要求。模板表面平整、洁净、无破损，若为钢模板，安装前去除铁锈和油污并涂刷脱模剂。模板接缝紧密、平顺、无错位。

（2）安装在模板上的预埋件须牢固，位置准确，并做标记。模板安装后，对其结构尺寸，平面位置，顶部标高，节点联系及纵、横向稳定性进行检查。

（3）要选择产品质量稳定，生产规模适中的厂家，把所定做的钢模板设计加工图纸进行详细的审核，例如数量、规格、设计吨位等。

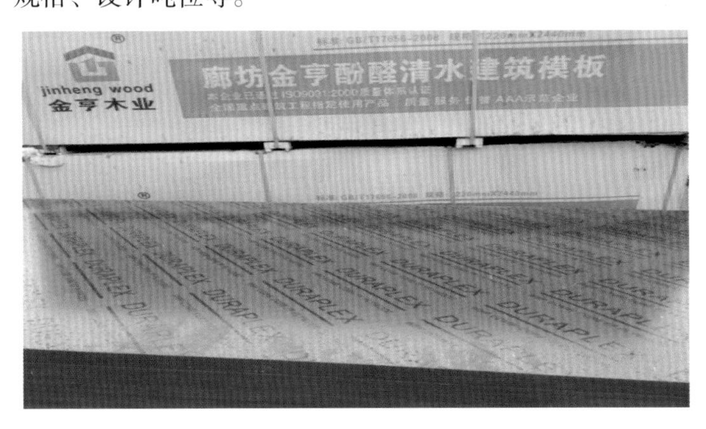

图 5.6–1　现场木模板进场验收

图 5.6–2　现场钢模板进场验收

图 5.6–3　现场定制钢模板进场验收

5.6.2　模板清理

钢模板在安装前，先将表面附着的杂物清理干净，然后采用磨光机对模板进行打磨，保证模板表面洁净，然后涂刷隔离剂。竹胶板模板在安装前，采用小型铲具和扫帚等工具将表面附着的杂物清理干净，然后采用抹布将表面擦拭干净。在安装前，涂刷隔离剂。

图 5.6–4　模板清理

5.6.3　模板加工安装与拆除

模板安装前，应先采用空压机或者高压水枪将结构物范围内的浮渣、灰尘等杂物清理干净。

底板和侧墙模板为非承重模板，在混凝土抗压强度达到 2.5 MPa，且能保证混凝土表面及棱角不致因拆模而受损时方可拆除。

顶板底模应在混凝土强度达到 100% 后，方可进行模板的拆除。

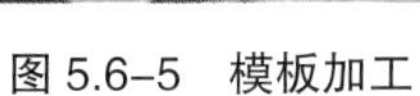

图 5.6–5　模板加工

图 5.6–6　模板拼接安装

5.6.4　模板验收

模板安装前，应先对模板位置进行测量放样，然后用墨线将模板边线放样，并对墨线进行复测。安装时，应拉水平和竖向通线。模板安装牢固后，应采用测量仪器进行复测，确保模板轴线满足允许偏差要求。

模板加固牢固后，采用线锤进行吊线检查，保证模板垂直度满足允许偏差的要求。模板缝隙宽度不得大于 2 mm，相邻模板间的高差不得大于 2 mm；模板表面平整度采用 2 m 靠尺进行检测，平整度不得大于 5 mm。

图 5.6–7　模板安装及加固

5.6.5　质量验收标准

模板表面应无翘曲、无孔洞，模板安装应牢固稳定、表面平整、拼缝严密。预埋件和预留孔洞不得有遗留，且要安装牢固，位置准确。具体检验指标应符合现行相关规范要求。

表 5.6–1　现浇结构模板安装的允许偏差及检验方法

项目		允许偏差（mm）	检验方法
轴线位置		5	尺量
底模上表面标高		±5	水准仪或拉线、尺量
模板内部尺寸	基础	±10	尺量
	柱、墙、梁	±5	尺量
垂直度	柱、墙层高≤ 6 m	8	经纬仪或吊线、尺量
	柱、墙层高> 6 m	10	经纬仪或吊线、尺量
相邻两块模板表面高差		2	尺量
表面平整度		5	2 m 靠尺和塞尺量测

表 5.6–2　预埋件和预留孔洞的允许偏差

项目		允许偏差（mm）
预埋板中心线位置		3
预埋管、预埋孔中心线位置		3
插筋	中心线位置	5
	外露长度	+10,0
预埋螺栓	中心线位置	2
	外露长度	+10,0
预留洞	中心线位置	10
	尺寸	+10,0

5.6.6　支架验收

5.6.6.1　材料要求

（1）钢管应无裂纹、凹陷、锈蚀，不得采用对接焊接。

（2）钢管应平直，直线度允许偏差应为管长的 1/500，两端面应平整，不得有斜口、毛刺。

（3）铸件表面应光滑，不得有砂眼、缩孔、裂纹、浇冒口残余等缺陷，表面粘砂应清除干净。

（4）各焊缝应饱满，焊药应清除干净，不得有未焊透、夹砂、咬肉、裂纹等缺陷；构配件防锈漆涂层应均匀，附着应牢固；钢管直径、壁厚应符合设计及规范要求。

5.6.6.2　支架搭设及验收

（1）支架搭设须按照批准的施工方案进行，保证钢管的纵距、横距、步距以及剪刀撑的间距符合规范及模板支架安全专项施工方案的要求。

（2）支架在按照施工方案搭设完成后，由建设单位、监理单位和施工单位共同对支架进行验收，检查搭设情况是否与方案要求相符，验收合格后方可投入使用。

图 5.6–8　模板支架检查

图 5.6–9a　模板支架验收

图 5.6–9b　模板支架验收

5.6.6.3　支架拆除

（1）顶板混凝土达到 100% 设计强度后，才能拆除模板，大体积混凝土有条件时宜适当延迟拆模时间，以保证混凝土强度增长。在拆模前，应获得有资质的第三方检测单位出具的强度检测报告，证明强度达到 100% 设计要求。

（2）拆除模板及支架时，应遵循“先搭后拆，后搭先拆；先拆非承重，后拆承重”的原则。

5.6.6.4　质量检验标准

支架搭设完成后，应对立杆的垂直度、水平杆的水平度等进行检查，具体检查指标符合现行相关规范要求。

图 5.6–10　模板支架拆除

5.7　混凝土工程

5.7.1　施工工艺流程

施工准备→混凝土进场验收→混凝土输送→混凝土浇筑振捣→混凝土收面→养护→成品保护。

5.7.2　材料及试验检验要求

混凝土生产前，需由检测机构对配合比进行验证，确保施工配合比满足设计及规范要求。每次混凝土浇筑应按检验批要求商品混凝土厂家提供混凝土质量保证资料，认真核对浇筑部位、混凝土等级、抗渗抗冻等级等。

坍落度应满足设计及规范要求，混凝土到场后，应按要求做坍落度试验检测，并做好检测记录。当坍落度不符合要求时，应进行退场处理。

工地建立标准养护室，在浇筑混凝土时留置试块，脱模后及时放入标准养护室中，并对试块进行编号，在标准养护室中养护 28 d 后送至第三方检测机构进行 28 d 抗压强度试验。若现场未建立标准养护室，应将试块及时送至第三方检测机构进行标准养护。

同条件养护试块应由施工、监理等方在混凝土浇筑入模处共同见证取样，试件应留置在靠近相应结构构件的适当位置，并采取相同的养护方法。

5.7.3　施工准备

应对支架、模板、钢筋和预埋件等进行检查，模板内的杂物、积水及钢筋上的污物应清理干净。模板如有缝隙或孔洞，应堵塞严密且不漏浆。

当浇筑高度超过 2 m 时，应采用串筒、溜管等设施，串筒距浇筑面不大于 50 cm，防止混凝土离析。

在进行侧墙和顶板混凝土浇筑前，需要对施工缝处的混凝土进行凿毛处理，并冲洗干净。施工缝混凝土浇筑前，应将其表面的附浆和杂物清理干净，然后在界面上涂刷防水涂料。

5.7.4　混凝土浇筑

管廊主体结构混凝土采用泵车输送，分层分段连续浇筑，每层约 30 cm。采用插入式振动棒振捣，振捣棒插入的深度以进入下层混凝土 50 mm 为宜。振捣时间以混凝土不再显著下沉、不出现气泡、开始泛浆为宜。

15160106013 3
有效期2021年10月18日

河南鑫港工程检测有限公司

混凝土配合比检验报告

见证取样
ZS701079

委托单编号：WT-SZ1702040544　　　报告编号：SZ-PB1702040083

委托单位	郑州航空港区国有资产经营管理有限公司							
施工单位	上海隧道工程有限公司							
工程名称	郑州航空港经济综合实验区（郑州新郑综合保税区）园博园片区综合管廊工程							
工程部位	冠梁、柱							
设计强度等级	C35	坍落度	180±20mm		样品状态		完好	
搅拌方法	机械搅拌		浇捣方式		机械振捣			
养护方法	标准养护		检验性质		见证取样			
送样日期	2017.04.24	试验日期	2017.04.27		报告日期		2017.05.25	
混凝土原材料	混凝土原材料							
水泥	P.O42.5	厂家	新乡同力	试验编号	SZ-SN1702041012			
砂	中砂	产地	新密	试验编号	SZ-JL1702041009			
碎石(mm)	5-25mm	石产地	新密	试验编号	SZ-JL1702041011			
水	饮用水	——						
掺合料 1	品种	粉煤灰Ⅱ级		厂家	河南新福源粉煤灰			
	掺量	18%		试验编号	SZ-CH1702041014			
掺合料 2	品种	矿粉 S95		厂家	河南省太阳石集团			
	掺量	14%		试验编号	SZ-CH1702041013			
外加剂	品种	BZ-S2 高效减水剂		厂家	新郑市勃展建材外加剂厂			
	掺量	2.0%		试验编号	SZ-WJ1702041018			
防水剂	品种	/		厂家	/			
	掺量	/		试验编号	/			
试验依据	《普通混凝土配合比设计规程》JGJ 55-2011							
水胶比	0.41	砂率(%)		45	配合比编号		SZ-PB1702040083	
项目＼材料	水泥	水	砂	石	粉煤灰	矿粉	减水剂	防水剂
每方用量(kg/m³)	275	165	817	1000	70	55	8.0	/
重量比例	1	0.60	2.97	3.64	0.25	0.20	0.03	/
标养强度（MPa）	3 天	7 天		28 天		其他性能		
	/	31.1		44.7		/		
备　注	委托人：龙菲 见证人：高艺（H41150050100249） 监理单位：重庆联盛建设项目管理有限公司　　C35 混凝土配合比验证							
注意事项	1. 报告无测试报告专用章及计量认证章无效。　2. 报告无检验、审核、批准签章或签字无效，复印报告未加盖测试报告专用章无效。3. 报告涂改无效。4. 委托送检的，其检验、检测数据结果仅对来样负责。5. 对检验报告若有异议，应于收到报告之日起十五日内向检测单位提出，逾期不予办理。地址：郑州市中原区陇海西路 350 号友纳国际广场 [illegible] 电话：0371-55188372；传真：0371-55188372；电子邮箱 xingangjiance@sina.com。							

检验人：　　审核人：　　批准人：

图 5.7-1　混凝土配合比检验报告

图 5.7-2　混凝土坍落度检测

图 5.7-3　混凝土浇筑前清除杂物、洒水湿润

大体积混凝土浇筑时宜按照全面分层法、分段分层法、斜面分层法三种方式进行，整体连续浇筑时厚度宜为 300 ~ 500 mm。浇筑时应缩短间隔时间，并在本层混凝土浇筑之前将上层混凝土浇筑完毕并振捣密实。

层间浇筑的最长时间间隔不应大于混凝土的初凝时间，当层间间隔时间超过混凝土的初凝时间时，层面应留设施工缝。施工缝的留设应在一条直线上，不能呈现波浪状。

大体积混凝土的浇筑宜在气温较低时进行，混凝土的入模温度应不低于 5 ℃；高温施工期间，宜采取措施降低混凝土的入模温度，确保入模温度不宜高于 30 ℃。

在混凝土浇筑过程中，应安排专人对模板进行检查。当发现局部有松动和漏浆的地方时，应及时进行处理；当发现有胀模和大面积螺栓松动的情况时，应停止混凝土的浇筑，待模板加固修复后再浇筑混凝土。

图 5.7–4　混凝土浇筑

图 5.7–5　混凝土振捣

图 5.7–6　混凝土试件制作

混凝土应进行二次收面，收面后表面应平整，无脚印、坑窝等现象。

在混凝土收面完成后，及时进行覆盖养护，养护措施及时间应符合设计要求。若设计无要求，养护时间一般不得少于 7 d，大体积和抗渗混凝土养护时间不应少于 14 d。

图 5.7–7　混凝土第一次收面

图 5.7–8　混凝土第二次收面及养护

图 5.7–9　混凝土洒水覆盖养护

图 5.7–10　混凝土同条件试件养护笼

图 5.7–11　混凝土标准试件养护室

5.7.5　混凝土浇筑

混凝土表面应平整，色泽统一，无错台、蜂窝、麻面等缺陷，具体指标应符合设计及现行相关规范要求。

表 5.7–1　现浇结构位置、尺寸允许偏差及检验方法

项目			允许偏差（mm）	检验方法
轴线位置	整体基础		15	经纬仪及尺量
	独立基础		10	经纬仪及尺量
	柱、墙、梁		8	尺量
垂直度	柱、墙层高	≤ 6 m	10	经纬仪或吊线、尺量
		＞ 6 m	12	经纬仪或吊线、尺量
标高	层高		± 10	水准仪或拉线、尺量
	全高		± 30	水准仪或拉线、尺量
截面尺寸	基础		+15,–10	尺量
	柱、梁、板、墙		+10,–5	尺量
表面平整度			8	2 m 靠尺和塞尺量测

5.8　土方回填

在侧墙和顶板的防水验收合格后，方可进行基坑回填，回填土的质量应符合设计要求，回填应分层对称进行，土方回填的压实度应满足设计及规范要求。

图 5.8–1　土方回填分层标线

图 5.8–2　土方回填压实度检测

图 5.8–3　土方回填弯沉检测

河 南 鑫 港 工 程 检 测 有 限 公 司

压实度试验检验报告

委托单编号：WT-SZ1702050725　　　　报告编号：SZ-XC1702050605

委托单位	郑州航空港区国有资产经营管理有限公司		
施工单位	上海隧道工程有限公司		
工程名称	郑州航空港经济综合实验区（郑州新郑综合保税区）园博园片区综合管廊工程		
工程部位	BGL1+814-BGL1+895 顶板第 1 层回填		
样品名称	土（环刀法）	检验性质	委托检验
最大干密度（g/cm^3）	1.83	最佳含水率(%)	12.1
检验日期	2017.05.25	报告日期	2017.05.25
检验依据	《公路路基路面现场测试规程》JTG E60-2008 《城镇道路工程施工与质量验收规范》CJJ1-2008 依据图纸设计要求		
所检项目	桩号	设计要求	实测值
压实度（%）	BGL1+820	≥94	95.9
压实度（%）	BGL1+835	≥94	97.0
压实度（%）	BGL1+850	≥94	96.2
压实度（%）	BGL1+870	≥94	97.3
压实度（%）	BGL1+890	≥94	95.6
		以下空白	
检验结果	依据 JTG E60-2008 规程，所检项目符合设计要求。		
备　注	委托人：龙菲 见证人：高艺（H41150050100249） 监理单位：重庆联盛建设项目管理有限公司		
注意事项	1.报告无测试报告专用章及计量认证章无效。2.报告无检验、审核、批准签章或签字无效，复印报告未加盖测试报告专用章无效。3.报告涂改无效。4.委托送检的，其检验、检测数据结果仅对来样负责。5.对检验报告若有异议，应于收到报告之日起十五日内向检测单位提出，逾期不予办理。　地址：郑州市中原区陇海西路 350 号友纳国际广场 15 层　电话：0371-55185332；　传真：0371-55185332；　电子邮箱：xingangjiance@sina.com。		

检验人：　　　　审核人：　　　　批准人：

图 5.8–4　压实度试验检验报告

第 6 章　绿化工程

6.1　技术质量控制要点

6.1.1　绿化场地清理

应将现场内的渣土、工程废料、宿根性杂草、树根及有害污染物清除干净,对清理的废弃构筑物、工程渣土、不符合栽植土理化标准的原状土应集中堆放，做好记录，统一外运。填垫范围内不能有坑洼、积水。场地标高及清理程度应符合现行国家标准规范及设计要求。

图 6.1–1a　绿化场地清理

图 6.1–1b　绿化场地清理

6.1.2　地形主体构造

原表层土为耕地、草地时，必须先清除地表杂草、树根等后方可填筑。原状土为松土时，填筑厚度及压实度均应满足现行国家标准规范及设计要求。

6.1.3　地形造型

地形造型胎土、栽植土应符合设计要求并附检测报告；地形造型的范围、厚度、标高、造型及坡度均应符合设计要求；地形造型应自然顺畅。施工过程中，应适当抬高 30 ~ 50 cm 预留沉降量。为保证施工安全和场地整洁，雨天禁止土方施工，雨后及时排水再施工，以免出现“弹簧土”情况。

图 6.1–2a　地形主体构造

图 6.1–2b　地形主体构造

图 6.1–2c　地形主体构造

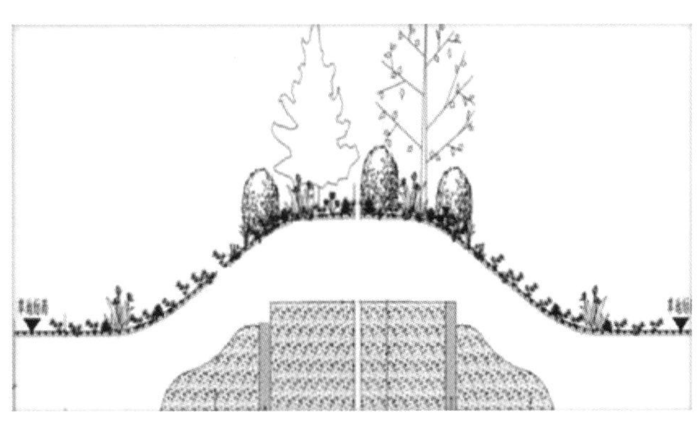

图 6.1–2d　地形主体构造

地形造型应在栽植土回填完成后进行地形造型，即微地形整平。微地形整平分两步进行，即粗平和精平。粗平应采用机械进行施工，经过粗平大概勾勒出地形起伏后，肉眼观察地形，查看是否和周边环境一致，修整的地形无突兀及突缓突降；精平应在粗平完成后进行，即场地粗平后精平场地，勾勒地被线条，同时去除表面的大小石块、垃圾、树枝等杂物，进行场地细化，保证地形自然流畅、排水通畅，也起到土壤翻松便于栽植的作用。

6.1.4 种植穴、槽工程

种植穴、槽定点放线应符合图纸设计要求，位置准确，标记明显，栽植穴定点时应标明中心点位置，种植槽应标记出边线。穴槽应垂直下挖，上、下底应相等。穴槽的直径及高度由苗木的土球及根茎大小决定，尺寸满足和符合国家现行标准规范和设计要求。

图 6.1–3 树穴直径定位

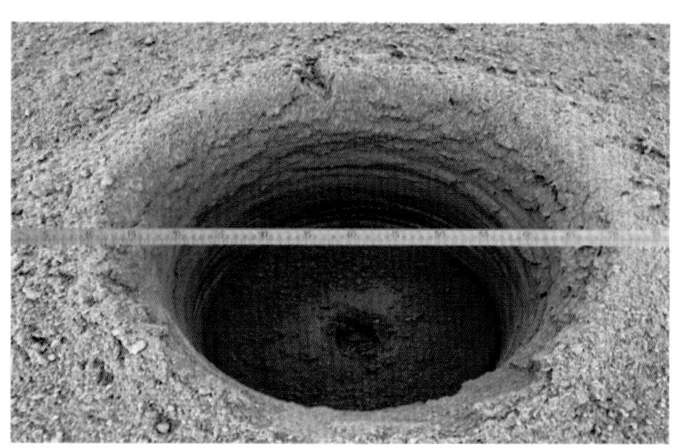

图 6.1–4 树穴直径检查

种植穴、槽挖出的表层土和底土应分别堆放，底部应施基肥并回填表土或改良土。挖种植穴、槽时要注意地下管线走向，遇地下异物时做到“一探、二试、三挖”，保证不挖坏地下管线和构筑物。

图 6.1–5 探坑开挖

6.1.5 号苗

苗木号苗、起苗时施工单位应派人入驻苗圃，根据树种、苗木规格及设计图纸要求，向苗圃提出起挖苗木的土球规格、胸径、质量等方面的要求，号苗不合格的苗木严禁装车运输。胸径采用专业测树钢围尺（胸径尺）进行量测。苗木的胸径 、冠径、高度允许偏差均应在国家现行标准规范允许范围之内且符合设计要求。

图 6.1–6　胸径测量及胸径尺

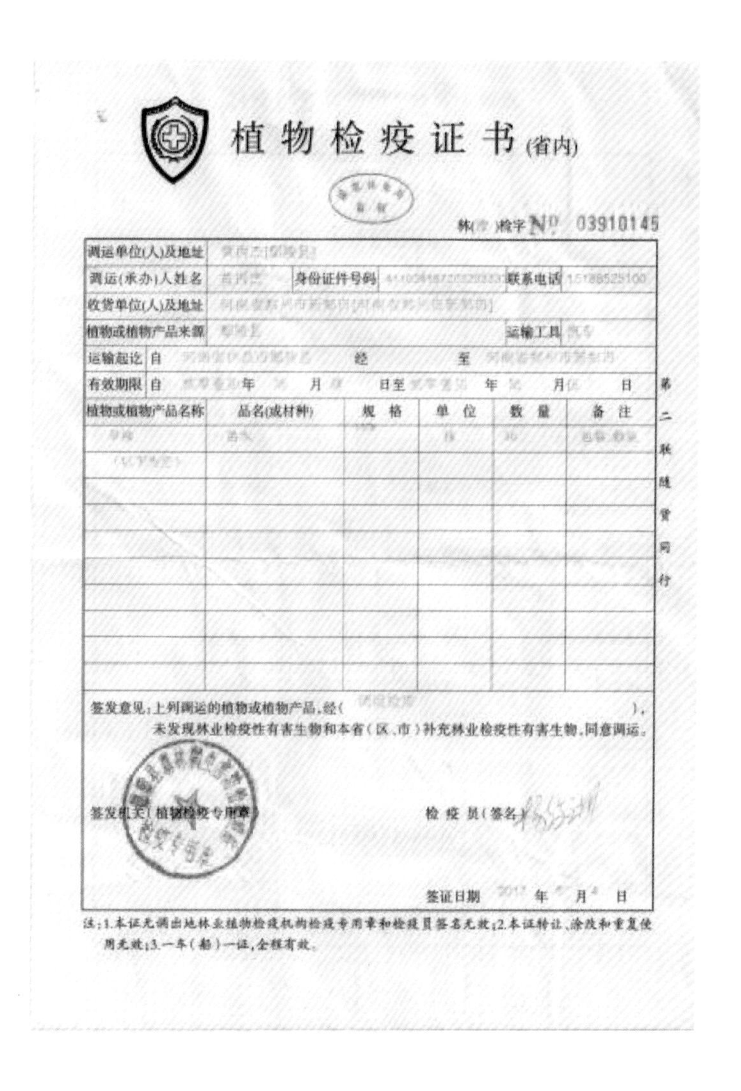

植物检疫证书(省内)

林(　)检字 No 03910145

调运单位(人)及地址					
调运(承办)人姓名		身份证件号码		联系电话	
收货单位(人)及地址					
植物或植物产品来源				运输工具	
运输起讫	自　　经　　至				
有效期限	自　　年　　月　　日至　　年　　月　　日				
植物或植物产品名称	品名(或材种)	规格	单位	数量	备注

签发意见：上列调运的植物或植物产品，经(　　　　)，未发现林业检疫性有害生物和本省(区、市)补充林业检疫性有害生物，同意调运。

签发机关(植物检疫专用章)　　　　检疫员(签名)

签证日期　　年　　月　　日

第二联随货同行

注：1.本证无调出地林业植物检疫机构检疫专用章和检疫员签名无效；2.本证转让、涂改和重复使用无效；3.一车(船)一证，全程有效。

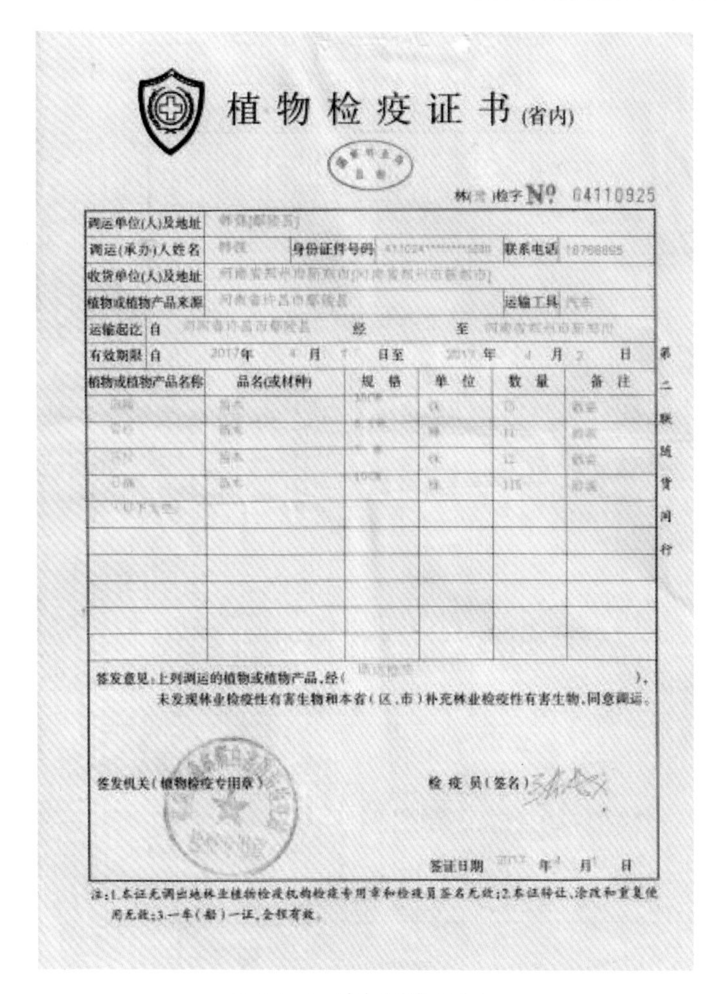

植物检疫证书（省内）

林（ ）检字 No 04110925

调运单位(人)及地址			
调运(承办)人姓名	身份证件号码	联系电话	
收货单位(人)及地址			
植物或植物产品来源	河南省许昌市鄢陵县	运输工具	汽车
运输起讫	自	经	至
有效期限	自 2017 年 4 月 日至 2017 年 4 月 日		

植物或植物产品名称	品名(或材种)	规 格	单 位	数 量	备 注
[illegible]	[illegible]	[illegible]	[illegible]	[illegible]	[illegible]
[illegible]	[illegible]	[illegible]	[illegible]	[illegible]	[illegible]
[illegible]	[illegible]	[illegible]	[illegible]	[illegible]	[illegible]
[illegible]	[illegible]	[illegible]	[illegible]	[illegible]	[illegible]
[illegible]					

签发意见：上列调运的植物或植物产品，经（ ），未发现林业检疫性有害生物和本省（区、市）补充林业检疫性有害生物，同意调运。

签发机关（植物检疫专用章）

检 疫 员（签名）

签证日期 2017 年 月 日

第二联随货同行

注：1.本证无调出地林业植物检疫机构检疫专用章和检疫员签名无效；2.本证转让、涂改和重复使用无效；3.一车（船）一证，全程有效。

图 6.1–7 胸径测量及胸径

6.1.6 材料检验、选备

植物材料种类、品种、名称规格应符合设计要求，严禁使用带有严重病虫害的植物材料，非检疫对象的病虫害危害程度或危害痕迹不得超过树体的 5% ~ 10%。自外省（市）及国外引进的植物材料应有植物检疫证。植物外观质量要求和检验方法、内容及频率如下：乔木、灌木应检查姿态和长势、病虫害、土球苗、裸根苗根系、容器苗。检查数量为每 100 株检查 10 株，每株为 1 点，少于 20 株全数检查，检查方法采用观察、量测，检查结果均应符合国家现行标准规范和设计要求。

6.1.7 苗木起挖及运输

起挖：苗木在起挖后必须用草绳紧密缠绕至分支点，土球同样需要缠绕草绳，严禁使用无纺布包裹。树木挖好后， 应在最短的时间内运输到现场，坚持做到随挖、随运、随种的原则。装苗前要核对树种、规格、质量、数量，凡不合要求的要予以更换，不得栽植。

运输：外地苗木要事先办理苗木检疫手续，装车、运输苗木应重点保护好土球，使苗木处在潮湿条件下。长途运输苗木时，在苗木全部装车后要用绳索固定，避免摇晃，且用帆布进行遮盖挡风。

图 6.1–8　采用草绳缠绕土球

图 6.1–9　苗木装车

6.1.8　苗木进场验收及卸车

卸车前，由专人上车检查苗木品种、规格等信息是否准确无误，苗木有无严重损伤（劈裂、掉皮、脱水），土球是否散坨，是否有检疫对象病虫害等。确认无误后，方可开展卸苗工作。主干直（特殊要求除外），无明显破皮、划伤、折断；主枝无枯死、无树干空心；主侧枝分布均匀，枝叶及毛细根无严重脱水；土球基本完整、大小符合要求、包装不松散；无假土球、假树皮、假根、假枝等；无病虫害；行道树或列植苗木高度、冠幅、分枝点基本一致。土球直径在 0.6 m 以上或人工无法抬卸的乔木、灌木，需用机械卸苗；土球直径在 0.4 ~ 0.6 m 的灌木，可用厚木板斜搭于车箱外沿辅助卸苗，下滑时避免土球滚落，造成散坨。

图 6.1–10a　苗木机械卸车

图 6.1–10b　苗木机械卸车

图 6.1–11 测量土球尺寸

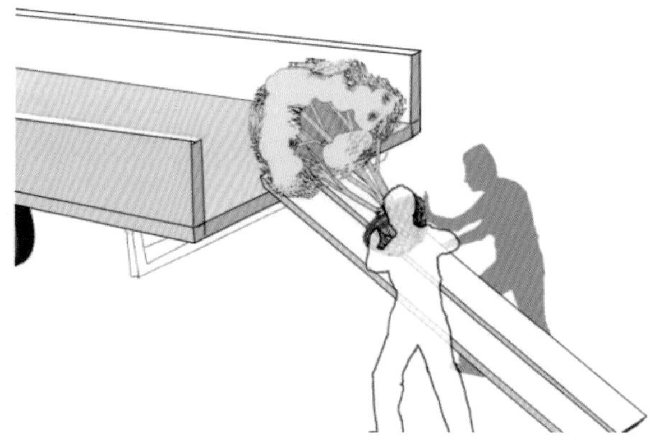

图 6.1–12 苗木装车

6.1.9 苗木修剪及处理

乔木修剪保持原有高度不变、冠幅不变的自然树形，观赏面适当保持原景观效果；内疏外密（通俗地讲：大枝亮堂堂，小枝闹嚷嚷）、内高外低；苗木成活与效果相冲突时，以保成活为主；先上后下、先内后外、先大枝后小枝；具有中央主干、主轴明显的落叶乔木应保持原有主尖和树形，适当疏枝，对保留的主侧枝应在健壮芽上部截短，可剪去枝条的 1/5 ~ 1/3；常绿阔叶乔木具有圆头形树冠的可适当疏枝，枝叶集生树干顶部的苗木可不修剪；灌木修剪一般苗木均需剪除不良枝至分生枝处。常见不良枝有内膛枝、过低的下垂枝、砧（zhēn）木萌蘖（niè）枝、影响观赏效果的徒长枝、过密枝、枯病枝、平行枝等，全冠移植苗木应保持自然、完整树形；无病枝、枯死枝、影响冠形整齐的徒长枝、嫁接砧木萌蘖枝等不良枝；剪口平滑，无劈裂根、劈裂枝；有高度、形态要求的灌木，修剪后须达到设计要求；特殊情况可以先栽植，后根据要求再修剪；修剪较大的枝条要涂抹伤口愈合剂，防止伤口感染和水分蒸发。

常用缠干材料有草绳、薄膜、无纺布和成品保温保湿带等，对苗木缠干可起到防晒、保湿、防寒的作用，提升苗木整体成活率。

图 6.1–13 苗木修剪

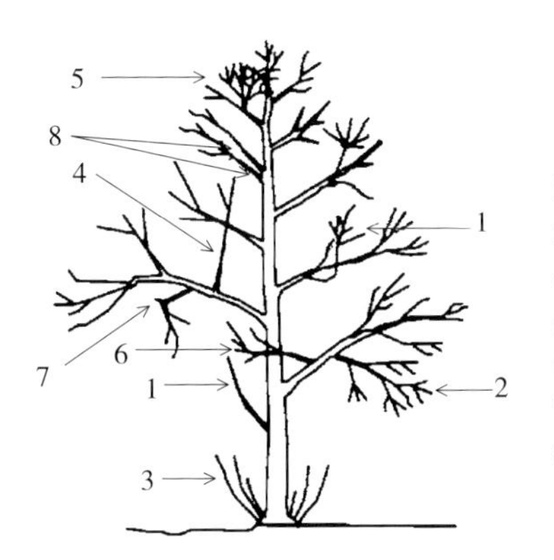

1. 内膛枝
2. 下垂枝
3. 萌蘖枝
4. 徒长枝
5. 过密枝
6. 逆生枝
7. 枯、病、断枝
8. 平行枝

图 6.1–14　苗木不良枝

图 6.1–15　短截和疏枝示意

图 6.1–16　涂抹伤口愈合剂

6.1.10　苗木种植及支撑

苗木须运至树穴附近才可解除包装；土球未散坨的苗木，过密、过厚的草绳、草帘、无纺布、遮阳网等包装物应在稳固土球后，全部取出；土球稍有松裂的苗木，待放入树穴后解除全部包装，不宜解除的须尽量减稀包装物，遮阳网必须剪掉解除，草绳不宜多留。如果土球出现松动、开裂或土球为沙土易散坨，包裹物又是草绳、遮阳网或塑料绳等且包裹物有足够大的空隙不影响植物生根，则可以考虑不解除包裹物或土球，放入树穴后部分拆除；栽植时应注意观赏面的合理朝向，树木栽植深度与原种植线持平；灌木栽植色块种植时应先种植外沿边线，再种植边线内区域，并由中心或内侧沿边线向外依序呈品字形退植；微地形及坡地色块应由上向下种植，不同色彩植物的色块应由内向外分块种植；种植标准为放线线条流畅、美观，株距、行距均匀一致，种植密度以设计数量为基准。

支撑：乔木支撑形式有三角撑、四角撑、拉线支撑等；支撑物、牵拉物与地面连接点的连接应牢固；针叶常绿树的支撑高度应不低于树木主干的 2/3；落叶树支撑高度为树木主干高度的 1/2；灌木常规支撑形式有门字撑、三角撑等。

图 6.1–17　苗木栽植

图 6.1–18　四角支撑

图 6.1–19　井字支撑

图 6.1-20　与地面连接点固定

图 6.1-21　门字支撑

6.1.11　修筑水圈及浇水

苗木定植后，应在树球外沿 15 ~ 20 cm 位置用细土筑成高 15 ~ 20 cm 的浇水圈，人工踏实或用铁锹拍实，做到不跑水、不漏水；应在定植后 24 h 内浇灌一遍透水（俗称定根水），采用四点浇灌法，使树木均匀下沉。使用硬质导管插入树穴底部，边浇水边用铁锹或木棍捣实回填土，直到浇透土球。定根水浇完后，勤检查土球墒（shāng）情，根据墒情确定是否浇第二遍水。用小型洛阳铲检查土球 2/3 处含水量，手握成团，落地能散，水分刚好。否则，需浇第二遍水，以浇透土球为原则。浇水的原则：不干不浇，浇则浇透，浇完之后，松土保墒。

图 6.1-22　修筑水圈

图 6.1-23　浇定根水

图 6.1–24　苗木浇水

6.1.12　输液、养护

树木（乔木）种植浇透定根水之后，吊注营养液。吊注时根据苗木大小确定吊注的部位和层级。15 cm 以下苗木，分两级吊注（根基部、分枝处），超过 20 cm，分三级吊注（根基部、分枝处、分枝以上 2 ~ 3 m 处）。输液时间以每袋水不超过 5 d 为宜；根据植物生长情况应及时追肥、施肥；树木应及时剥芽、去蘖、疏枝整形。对树木应加强支撑、绑扎及裹干措施，做好防强风、干热、洪涝、越冬防寒等工作；根据植物习性和墒情及时浇水；结合中耕除草平整树台；加强病虫害观测，控制突发性病虫害发生，主要病虫害防治应及时。

图 6.1–25　苗木输液养护管理

图 6.1–26 苗木浇水养护管理

图 6.1–27 苗木缠干养护管理

6.1.13 地被、花卉植物种植

选苗：按设计规格要求选择合适苗木，选择用盆或种植袋养植的假植苗；选择无病虫害、无病死枯枝、冠幅饱满、叶色有光泽、苗梗茁壮的苗木，不能选有徒长现象的苗木（徒长现象：失去原本矮壮的造型，茎叶疯狂伸长的现象）；袋苗脱袋后土球完整。

平整：顺地形和周围环境情况，清除砾石、杂草，平整好种植床，整成龟背形、斜坡形等；如设计有要求，按照设计要求进行坡度施工；如设计无要求，坡度可定在 2.5% ~ 3.0%，以达到利于排水的目的；所有靠路边或侧石沿线内的绿地面应保证种植完成后面层标高低于路边或者侧石沿线 5 cm。

改土：种植床填入一层 10 cm 厚的有机肥（常用塘泥、鸡屎干等），并进行一次 20 ~ 30 cm 深的耕翻，将肥与土充分混匀，做到肥、土相融，起到既提高土壤养分，又使土壤疏松、通气良好，改良后的土壤符合国家现行标准规范花卉及地被种植土的要求且满足设计要求。

放线：按设计图纸将种植范围定位，并用熟石灰粉定出轮廓线，用植物摆出种植的轮廓线。

种植：本类植物栽植时间在春、秋、冬季基本没有限制，但在夏季最好在上午 11 点之前和下午 4 点后，避开太阳暴晒时段进行栽植；花苗运到场后，应及时种植，种植前应对地被进行切边处理；栽植时先将轮廓处的植物按品字形种植的方法种植，剩余的苗木由种植位的内部向外部种植；种植时应根据植株的高矮差异，按外低内高的控制要求调整种植效果。花苗的种植密度应符合设计图纸要求。

定根浇水：栽植完成后，要马上淋上第一遍水。水要浇透，使泥土充分吸收水分，泥表达到润湿为止，淋水前要先检查地面的排水效果，防止积水泡坏植物根系。要先检查地面的排水效果，防止积水泡坏植物根系。要先检查地面的排水效果，防止积水泡坏植物根系。

修剪：种植完成后，应立即进行修剪。适当控制色块或地被植物高度，并剪去病虫枝、干枯枝，使枝条自然生长；只需对部分阴枝和嫩枝进行轻修剪即可。

养护：高温季节每日早晚喷水各一遍，浇水时间必须保证在早晨 9 点之前和下午 15 点之后，普通季节每周 1 ~ 2 次。养护期间及时清除灌木丛、地被间的杂草和残枝败叶。加强病虫害观测，控制突发性病虫害发生，主要病虫害防治应及时。

图 6.1-28　栽植前切边

图 6.1-29　地被栽植

图 6.1-30　定植浇水

图 6.1-31　地被修剪

图 6.1-32　除草养护

图 6.1-33　喷淋养护

6.1.14　草坪种植

场地整理：种植范围场地内不得有任何杂质（如大、小石砾），根据原土中杂质比例的大小用过筛的方法，或换土的方法，确保土壤纯度。地表坡度如有设计要求，按设计要求进行坡度施工；如图纸无要求，以能顺利进行灌水、排水为基本要求并注意草坪的美观。一般情况下，草坪中部略高、四周略低或一侧高另一侧低；草坪周边高度应略低于侧石、路面或落水的高度，以灌溉水不致流出草坪为原则。为确保草坪建成后地表平整，种草前需充分灌水 1 ~ 2 次，然后起高填低进行翻耕与平整。基肥的使用根据种植草的品种及土质来确定，种植冷季型草或土壤贫瘠地带应使用基肥，施肥量应视土质与肥料种类确定。肥料必须腐熟，分布要均匀，以与 15 cm 土壤混合为宜。

图 6.1-34　场地整理

图 6.1-35　人工场地整理翻松

草皮质量及铺草质量检查：草皮卷和草块要求覆盖度95%以上，无杂草，草色纯正，根系密接，草皮或草块周边平直、整齐，草坪土质应与草皮和草块的土质相似，质地、肥力不可相差较大，草皮卷和草块的运输、堆放时间不能过长，铺设时以各草皮挺拔鲜绿为标准。铺设时可先进行种植边线及铺设线定位，各草皮间可稍留缝隙，不能重叠。草块与其下的土壤必须密接，可采用碾压、敲打等方法，由中间向四周逐块铺开，铺完后及时浇水，并保持土壤湿润直至新叶开始生长。

图 6.1–36　放置铺设线

图 6.1–37　草皮进场

图 6.1–38　草皮铺种

图 6.1–39　草坪滚压

施肥：高质量草坪建造时除应施基肥外，每年必须追施一定数量的花肥或有机肥，高质量草坪在返青前施腐熟粉碎的麻渣等有机肥，冷季型草主要施肥时期是 9、10 月，以氮肥为主，3、4 月视草坪生长情况决定施肥与否，5 ~ 8 月非特殊草坪一般不必施肥；采用撒肥方式施工时，必须撒匀，可把总施肥量分成两份，以互相垂直的方向分两次分撒，注意切不可有大小肥块直接落在地面或草坪，避免潮湿时撒肥，撒肥后及时灌水；采用喷肥方式施工时，根据肥料不同，配制不同的溶液浓度，喷洒应均匀；当草坪中某些局部长势明显弱于其他部位时，应及时补肥；补肥以氮肥和复合肥为主，补肥视“草情而定”，通过补肥，使衰弱的局部与整体的生长势达到一致；因土质等条件、前期管理水平不同，在施肥前应做小面积施肥量试验，根据试验结果确定合适的施肥量，避免造成不足和浪费以及长势不同，影响草坪整体外观质量。

图 6.1–40　撒肥

灌水：人工草坪原则上都需要进行灌水，除土壤封冻期外，草坪土壤应始终保持湿润，暖季型草主要灌水时期为4～5月、8～10月；冷季型草为3～6月、8～11月；苔草类为3～5月、9～10月；每次浇水以30 cm土层内水分饱和为原则，不能漏浇。因土质差异容易造成干旱的范围内应增加灌水次数，采用漫灌方式浇水，要注意勤移出水口，避免局部水量不足或局部地段水分过多或“跑水”；用喷灌方式灌水时要注意是否有“死角”，若因喷头位置、设置角度等问题使局部地段无法喷到，应以人工加以浇灌；冷季型草坪应注意排水，对可能造成积水的草坪应有排水措施。

图6.1-41　灌水

剪草：人工草坪必须剪草，特别是高质量草坪更需多次剪草，剪草高度以草种、季节、环境等因素而定，剪草次数应根据不同的草种、不同的管理水平及不同的环境条件而确定，剪草前需彻底清除地表石块，尤其是坚硬的物质，检查剪草机各部位是否正常，刀片是否锋利；剪草需在无露水的时间内进行；剪下的草屑及时从草坪上清除；剪草需一行压一行进行，不能遗漏，某些剪草机无法剪到的角落需人工补充修剪。

图6.1-42　剪草

病虫害防治及除杂草：病虫害防治在草坪管理过程中相当重要，不同的草种在不同的生长期根据病虫害种类的生长发育期选用不同的农药，使用不同的浓度和不同的施肥方法；草坪的杂草应按照除早、除小、除了的原则清除；加强水肥管理，促进目的草旺盛生长抑制杂草滋生与蔓延；生长迅速、蔓延能力强的杂草如牛筋草、马塘、灰菜等必须人工及时拔除，以减少危害。

图 6.1–43　人工除草

6.1.15　园林绿化质量检查

乔木、灌木：乔木、灌木高度、胸径、冠径符合设计要求；每 100 株检查 10 株，每株为 1 点，少于 20 株全数检查。

地被植物：地被植物种植密度应符合设计要求。

草坪成坪后的要求：成坪后覆盖度应不低于 95%；单块裸露面积应不大于 25 cm^2；杂草及病虫害的面积应不大于 5%。

图 6.1–44　冠径（幅）投影测量

图 6.1–45　地被植物密度测量

图 6.1–46　苗木胸径测量

6.2　路基—园路

因本章节与道路施工工艺及质量控制要点基本相同，此部分内容详见第 2 章。

6.3　级配碎石垫层

级配碎石垫层应按照设计要求经过试验确定配合比，配合比一经确认不得随意改动。级配碎石垫层施工配料必须准确，塑性指数应符合规定，混合料必须搅拌均匀。在最佳含水量时进行碾压，直到压实度达到设计要求。

图 6.3–1　级配碎石垫层摊铺

6.4　透水混凝土铺装

透水混凝土应按照设计要求经过试验确定配合比，配合比一经确认不得随意改动。透水混凝土应按照设计配合比采用普通混凝土搅拌机进行搅拌，严格控制水灰比。透水混凝土属于干性混凝土料，其初凝快，摊铺必须及时。摊铺过程中，应采用振捣器进行振捣，振捣时间不宜多于 10 s，且振捣器行进速度均匀一致，振捣完成后用滚筒压实、抹平，表面不能有明水。

透水混凝土摊铺结束后，经检验标高、平整度达到要求后，立即覆盖塑料薄膜，保持水分。浇筑后 1 d 开始洒水养护，每天不得少于 2 次，湿养护时间不得少于 7 d。

图 6.4–1　透水混凝土铺装收面

图 6.4–2　透水混凝土铺装施工效果图

6.5　侧石安装

侧石必须挂通线进行施工，按侧平面顶面标高标线绷紧，按线安装侧石。侧面顶线应顺直、圆滑、平顺，无错台现象，平面无上下错台现象。侧石规格、光洁度应满足设计要求，外表美观。弯道部分安装时，应保证线形流畅、圆顺、拼缝紧密。

图 6.5–1　侧石安装

6.6 沟槽开挖

测放沟槽的开挖中心线，确定槽口开挖宽度，并用石灰线标明开挖边线，开挖过程中如遇有土质较差的地段，应加大开槽坡度，控制中线和槽底高程。开挖的土方，可堆置在沟槽两侧，但不得影响各种管线和其他设施的安全，同时不得掩埋消火栓、管道闸阀、雨水口、测量标志，并不得妨碍其正常使用。

图 6.6–1　沟槽开挖

图 6.6–2　沟槽开挖深度、宽度检测

6.7 管道安装

砂垫层按规定的沟槽宽度满堂铺设、摊平、拍实。砂铺设结束后，在铺好的砂垫层上安装管道。管道安装前应逐根进行检查，确保无空鼓、裂纹和缺口，保护层无脱落、变形、扭曲、油类侵蚀现象。

图 6.7–1　管道安装

6.8　管道回填

管顶 50 cm 以下人工回填并按设计要求进行夯实，管顶 50 cm 以上采用人工配合机械回填夯实，分层回填，回填厚度每层不得超过 30 cm。胸腔部位两侧同时等高回填，每层虚铺厚度为 15 cm，用手夯进行夯实。

图 6.8–1　管道人工回填

管顶 50 cm 以上部位，每层虚铺厚度 30 cm，用履带式挖土机碾压，履带式挖土机不能压到的部位用打夯机进行夯实。

图 6.8–2　管道机械回填

第 7 章　河道工程

7.1　河道开挖

7.1.1　施工工艺流程

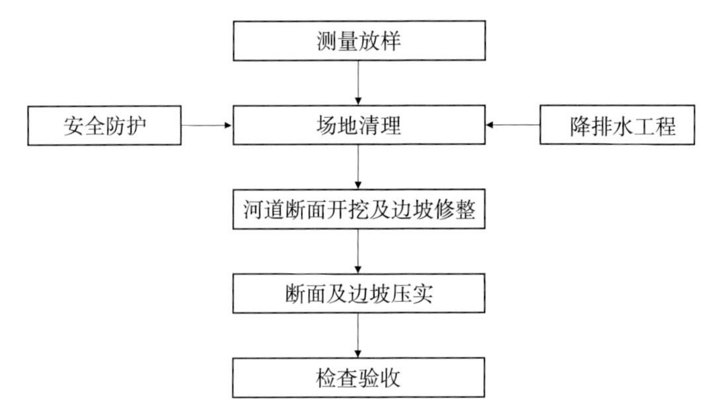

图 7.1-1　河道开挖施工工艺流程图

7.1.2　测量放样

施工单位对建设单位提供的控制点进行复核测量，测量成果报监理工程师审批。

依据已审批的测量成果，采用 GPS、全站仪等仪器放出开挖边线，并撒出灰线，以便在机械开挖时控制开挖边线。

7.1.3　场地清理

场地清理前，应将原地表的草皮、腐殖土及建筑垃圾全部清除，并弃运于指定弃土场。

图 7.1-2　测量放线

图 7.1-3　场地清理

7.1.4　降排水工程

施工单位根据设计单位提供的降水图纸施工，井位放样位置准确，井径、井深满足设计要求，钻孔、成孔一径到底不留沉渣，钻孔时要求正、圆、直，倾斜度不大于 1%；井管吊放居中，不偏斜；管外滤料规格应满足规范要求，选择均匀干净、磨圆度较好的硬质岩石，密实填充；成井后进行单井试抽，检查降水效果。

降水井通过潜水泵抽水后采用输水管，将水导入波纹排水管，输水管采用直接插入波纹管的连接方式，波纹管布置在河道设计开挖线外偏 2 m 位置，以免太靠近开挖边线，存在滑塌危险；地面清理整平后，波纹管直接坐落于地面上，不另设管座。

图 7.1–4　降水井施工

7.1.5　河道断面开挖及坡面修整

河道断面从上到下、分层分段依次进行开挖，在开挖过程中应检查平面位置、水平标高、边坡坡度、排水、地下水位，并随时观测周围的环境变化。开挖到河道底部及边坡 30 ~ 50 cm 范围内采用人工配合机械进行开挖，人工进行清底和修坡，严禁超挖。

图 7.1–5　河道断面开挖

图 7.1–6　河道机械开挖

7.1.6　断面及边坡压实

断面和边坡的压实采用人工配合机械完成，在设计有压实度要求的情况下，河道底部及其他平缓处采用压路机碾压，局部陡坡采用人工与小型设备配合碾压。碾压时先从河底开始，逐步向上，一进一退碾压两边。碾压后仔细检验平整度，现场取样检查压实情况。

图 7.1–7　河道平缓处压路机碾压

图 7.1–8　局部陡坡人工与小型设备配合碾压

7.1.7　检查验收

7.1.7.1　河道验收

河道成型后，将基底表面的浮土及石块清理干净；河道底应平整密实，不得有积水，由设计单位、建设单位、监理单位及施工单位共同对压实度、标高、平面尺寸、轴线偏位、平整度进行验收。验收合格后才能进入下一个施工工序。

MA
151601060133
有效期2021年10月18日

河南鑫港工程检测有限公司

压实度试验检验报告

委托单编号：WT-SZ1703030441　　报告编号：SZ-XC1703032979

委托单位	郑州航空港区航兴基础设施建设有限公司		
施工单位	中国电力建设股份有限公司		
工程名称	郑州航空港经济综合实验区（郑州新郑综合保税区）梅河支流景观工程		
工程部位	MZ3+000-MZ3+120 河底处理		
样品名称	压实度（环刀法）	检验性质	委托检验
最大干密度（g/cm^3）	1.89	最佳含水率(%)	11.9
检验日期	2017.03.16	报告日期	2017.03.16
检验依据	《公路路基路面现场测试规程》JTG E60-2008 《城镇道路工程施工与质量验收规范》CJJ1-2008 依据图纸设计要求		
所检项目	桩号	设计要求	实测值
压实度（%）	MZ3+012	≥85	85.7
压实度（%）	MZ3+025	≥85	87.3
压实度（%）	MZ3+036	≥85	86.8
压实度（%）	MZ3+045	≥85	88.4
压实度（%）	MZ3+057	≥85	87.8
压实度（%）	MZ3+069	≥85	86.2
压实度（%）	MZ3+078	≥85	86.8
压实度（%）	MZ3+096	≥85	85.2
压实度（%）	MZ3+115	≥85	87.3
检验结果	依据 JTG E60-2008 规程，所检项目符合设计要求。		
备　注	委托人：刘治桥 取样人：刘治桥（H41140060000064） 见证人：胡浩（H411400503000087） 监理单位：中汽智达（洛阳）建设监理有限公司		
注意事项	1.报告无测试报告专用章及计量认证章无效。2.报告无检验、审核、批准签章或签字无效，复印报告未加盖测试报告专用章无效。3.报告涂改无效。4.委托送检的，其检验、检测数据结果仅对来样负责。5.对检验报告若有异议，应于收到报告之日起十五日内向检测单位提出，逾期不予办理。　地址：郑州市中原区陇海西路350号友谊国际广场15层　电话：0371-55185332；　传真：0371-55185332；电子邮箱：xingangjiance@sina.com。		

检验人：　　审核人：　　批准人：

图 7.1–9　压实度试验检验报告

7.1.7.2　质量检验标准

根据《水利水电工程单元工程施工质量验收评定标准》，土方开挖工程质量验收应符合表 7.1–1 和表 7.1–2 的要求。

表 7.1–1　表土及土质岸坡清理施工质量标准

项目	检查项目		质量要求	检查方法	检验数量
一般项目	清理范围	人工施工	满足设计要求。长、宽边线允许偏差 0 ～ 50 cm	量测	每边线测点不少于5个点，且点距不大 20 m
		机械施工	满足设计要求。长、宽边线允许偏差 0 ～ 100 cm		
	土质岸坡坡度		不陡与设计边坡		每 10 延米量测 1 处；高边坡需测定断面，每 20 延米测 1 个断面

表 7.1-2　表土及土质岸坡清理施工质量标准

项目			检查项目	质量要求	检查方法	检验数量
一般项目	基坑断面尺寸及开挖面平整度	无结构要求或无配筋	长或宽不大于 10 m	符合设计要求，允许偏差 -10 ~ 20 cm	观察、量测	检测点采用横断面控制，横断面间距不大于 20 m，各横断面点数间距不大于 2 m，局部突出或凹陷部位（面积在 0.5 m^2 以上者）应增加检测点
			长或宽大于 10 m	符合设计要求，允许偏差 -20 ~ 20 cm		
			坑（槽）底部标高	符合设计要求，允许偏差 -10 ~ 20 cm		
			垂直或斜面平整度	符合设计要求，允许偏差 20 cm		

7.2　铺设防水毯

7.2.1　施工工艺流程

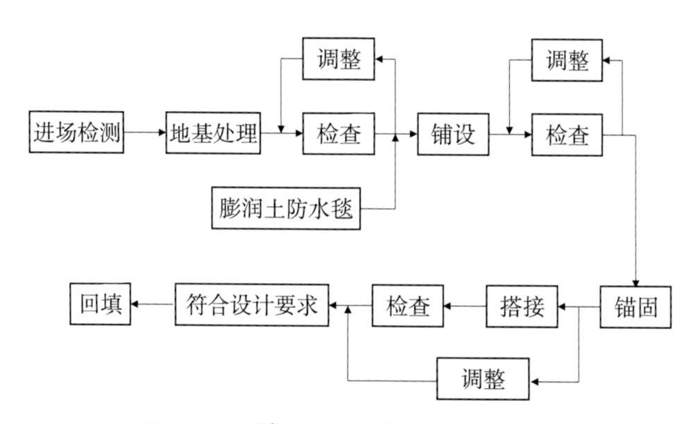

图 7.2-1　铺设防水毯施工工艺流程图

7.2.2　进场材料检测及存放

进场防水毯要进行取样送检，检验合格后才能使用。防水毯在现场存放应用方木垫高存放，并进行遮盖，避免受潮。

7.2.3　地基处理

处理完基面应平整，彻底清除凸出的石块、土块，去除树根及垃圾等有可能损害防水毯的异物。基面表面应基本干燥、无明显的积水。

7.2.4　膨润土防水毯的铺设

膨润土复合防水毯的施工应在无雨、无雪天气下进行，施工时如遇雨雪天气，应用塑料薄膜进行遮盖，防止防水毯提前水化。两次施工搭接裸露部分，或来不及覆盖的防水毯用塑料膜覆盖以防雨淋。

防水毯铺设时沿水流方向顺水搭接，毯与毯之间的接缝应错开，纵向、横向搭接长度满足设计要求，如设计无要求，须满足 20 cm 以上。防水毯搭接处铺撒膨润土干粉。如遇到防水毯破损或较复杂的接缝，应用一块完整的防水毯依其破损或接缝处尺寸再加周径 30 cm 以上进行覆盖，重叠部分两层防水毯之间撒膨润土干粉。

7.2.5　膨润土防水毯特殊部位搭接处理

当防水毯与桥墩搭接时，首先环绕桥墩下挖至铺设防水毯设计深度，沿桥墩周边开挖处宽 20

cm、深 20 cm 的基槽，加以平整，并清洁桥墩外表面，在基槽底部均匀撒一层膨润土防水粉。将预先按桥墩的大小、形状在防水毯上裁剪出洞形的下垫防水毯放置在基槽内，然后铺设大毯，须注意大毯与下垫防水毯的搭接宽度大于 20 cm，通过防水浆结合。在清洁好的桥墩上锚固好膨润土橡胶止水条，然后在基槽内浇筑 C15 级现浇素混凝土，振捣密实。

当防水毯与钢坝、溢流堰等建筑物搭接时，采用钢钉固定至建筑物混凝土表面，混凝土面与防水毯之间采用膨润土防水浆密封。

河南省建筑工程质量检验测试中心站有限公司

检　验　检　测　报　告

委托单编号：WTS03-2017-588　　报告编号：S03 类 2017 年 23-1594 号

委托单位	中国电力建设股份有限公司			
施工单位	中国电力建设股份有限公司			
工程名称	郑州航空港经济综合实验区（郑州新郑综合保税区）梅河支流景观工程			
工程部位	MZ0+000~MZ2+560			
样品名称	膨润土防水毯		检验性质	见证取样
型号规格	5500g/m²（6×30m）		送样日期	2017.03.28
代表批量	10000m²		检验日期	2017.03.31
生产厂家	山东鑫宇土工材料有限公司		报告日期	2017.04.10
检验依据	《钠基膨润土防水毯》 JG/T193-2006			
序号	检验项目	标准要求	检验结果	单项结论
1	单位面积质量（g/m²）	≥5500	5510	合格
2	膨润土膨胀指数（mL/2g）	≥24	25.0	合格
3	拉伸强度（N/100mm）	≥700	704	合格
4	最大负荷下伸长率（%）	≥10	12	合格
5	耐静水压	0.6MPa，1h 无渗水	符合	合格
检验结论	依据《钠基膨润土防水毯》 JG/T193-2006，所检项目符合标准要求。			
备　注	委 托 人：刘治桥 取 样 人：刘治桥（H41140060000064） 见 证 人：胡　浩（H41140050300087） 监理单位：中汽智达（洛阳）建设监理有限公司 批　　号：20170320			
注意事项	1.报告无测试报告专用章及计量认证章无效。2.报告无测试报告专用章骑缝章无效。 3.报告无检验、审核、批准签章或签字无效。4.复印报告未加盖测试报告专用章无效。 5.报告涂改无效。 6.对检验报告若有异议，应于收到报告之日起十五日内向检测单位提出，逾期不予办理。 地址：河南省郑州市金水区丰乐路 4 号 电话：0371-63934069；传真：0371-63850517；网址：http://www.hnjky.com.cn			

检验人：李实　贾丰领　　审核人：吴磊　　批准人：张红海

图 7.2-2　防水毯检验检测报告

7.2.6　防水毯锚固

防水毯铺设采用顶部固定，其末端应当放置在斜坡顶部的锚固沟内，锚固沟须超出坡顶距离 1 m 以上。其前端应该为圆形，不能有尖角。把防水毯埋入沟底，必须完全延伸到锚固沟的底部，再用回填锚固材料覆盖压实。

图 7.2-3　防水毯铺设

图 7.2-4　防水毯检查

7.2.7 回填

防水毯铺设应根据回填土（砂）施工计划相应安排进度，防水毯铺设结束后，立即进行回填土（砂）保护层的施工，避免铺设好的防水毯外露时间过长（一般不超过 2 d）。同时注意：回填土（砂）中不允许含有尖锐的石子、杂物等，以防损坏防水毯。

7.2.8 防水毯铺设和回填验收

7.2.8.1 防水毯铺设

防水毯铺设前先检查下层铺设面有无杂物及是否平整。防水毯铺设平顺、松紧适度、无皱褶、留有足够的余幅，与下层密贴。

搭接方法：搭接宽度应符合设计及规范要求（20 cm 以上），防水毯与防水毯间形成的节点，应为 T 形，严禁十字交叉。

7.2.8.2 防水毯验收

在防水毯铺设完成后，由监理单位和施工单位共同对防水毯的平顺、搭接宽度、外观质量进行验收。验收合格后才能进入下一个施工工序。

7.2.8.3 质量检验标准

根据《膨润土材料防水工程施工质量验收标准》（QGD—001），防水毯工程质量验收应符合表 7.2–1 的要求。

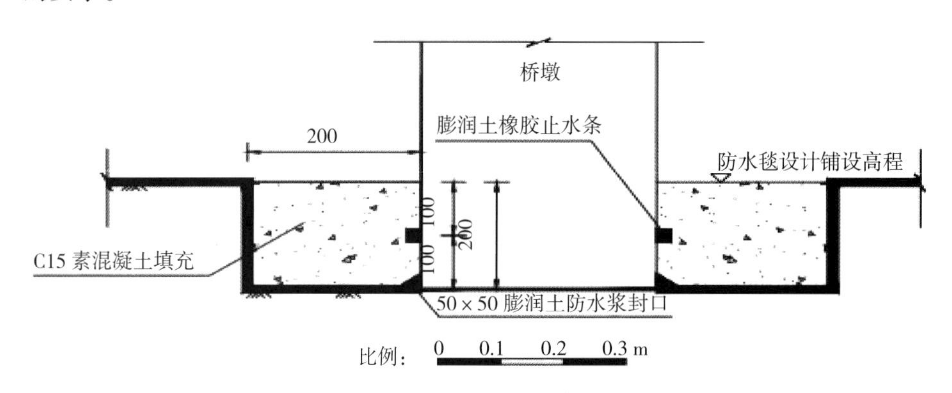

图 7.2–5 桥墩处膨润土防水毯处理大样图

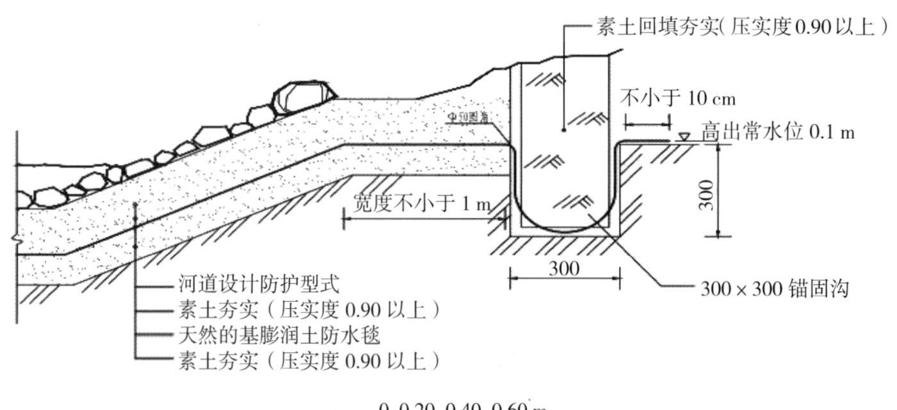

图 7.2–6 膨润土防水毯锚固沟大样图

表 7.2–1　防水毯备料施工质量标准

项目		检查项目	质量要求	检查方法	检验数量
主控项目	1	防水毯的性能指标	防水毯的物理性能指标、力学性能指标、水力学指标，以及耐久性能指标符合设计要求	查阅出厂合格证和原材料试验报告，并抽样复查	每批次或每单位工程取样 1 ~ 3 组进行试验检测
一般项目	2	防水毯外观质量	无疵点、破洞等，符合相关标准	观察	全数

7.3　格宾挡墙

7.3.1　施工工艺流程

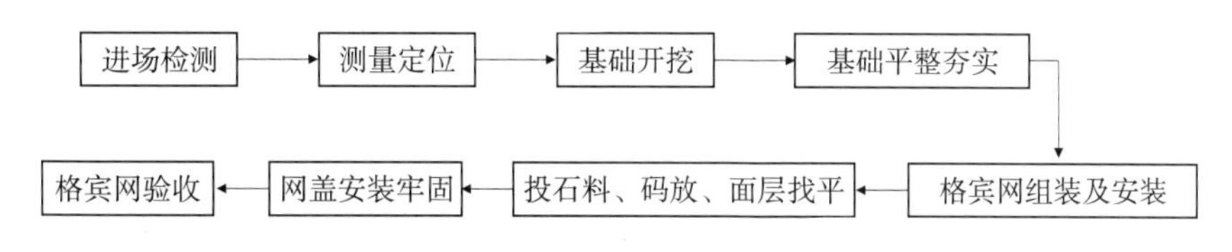

图 7.3–1　格宾挡墙施工工艺流程图

表 7.3–1　防水毯铺设施工质量标准

检查项目		质量要求	检查方法	检验数量
主控项目	铺设	防水毯铺设平顺、松紧适度、无皱褶、留有足够的余幅、与下层密贴	观察	全数
	拼接	拼接方法：搭接宽度应符合设计要求，搭接不小于 15 cm，防水毯间形成的节点应为 T 形	目测法、现场检漏法和抽样测试法	每 100 延米接缝抽检 1 处，每个单元工程不少于 3 处
一般项目	铺设场地	铺设面平整，无杂物、尖锐凸出物	观察	全数

7.3.2　进场材料检测

进场格宾网要进行取样送检，其网丝直径、抗拉强度、网孔尺寸等须满足设计要求，检验合格后才能使用。

7.3.3　测量定位

在施工场地内，先用测量仪器定出格宾沟槽边线并用水准仪测出地面标高，确定格宾沟槽基础开挖深度，撒出灰线，以便开挖格宾沟槽。

7.3.4　基础开挖

开挖时槽底标高严格控制，严禁欠挖。机械作业完成后槽底抄水平标高，人工清理，清除大块的卵石及杂物。

7.3.5　基础平整夯实

基槽人工平整压实后，由施工单位、监理单位及实验室三方验收，验收合格后方可进行下一步施工。

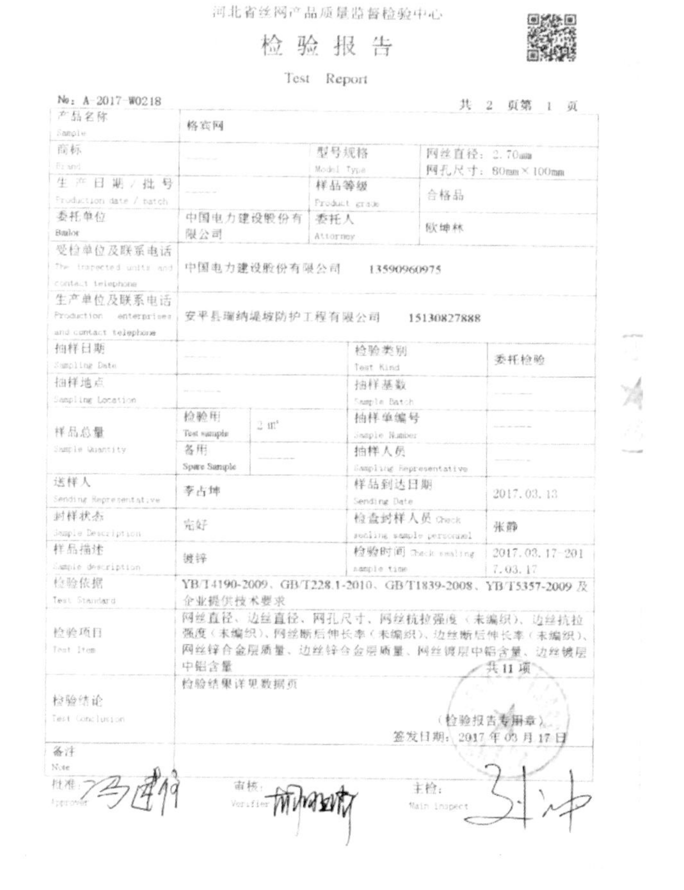

河北省丝网产品质量监督检验中心

检 验 报 告

Test Report

No：A-2017-W0218　　　　共 2 页第 1 页

产品名称 Sample	格宾网		
商标 Brand	——	型号规格 Model Type	网丝直径：2.70mm 网孔尺寸：80mm×100mm
生产日期/批号 Production date / batch	——	样品等级 Product grade	合格品
委托单位 Bailor	中国电力建设股份有限公司	委托人 Attorney	欧坤林
受检单位及联系电话 The inspected units and contact telephone	中国电力建设股份有限公司　13590960975		
生产单位及联系电话 Production enterprises and contact telephone	安平县瑞纳堤坡防护工程有限公司　15130827888		
抽样日期 Sampling Date	——	检验类别 Test Kind	委托检验
抽样地点 Sampling Location	——	抽样基数 Sample Batch	——
样品总量 Sample Quantity	检验用 Test sample　2 m²	抽样单编号 Sample Number	——
	备用 Spare Sample　——	抽样人员 Sampling Representative	——
送样人 Sending Representative	李占坤	样品到达日期 Sending Date	2017.03.13
封样状态 Sample Description	完好	检查封样人员 Check sealing sample personnel	张静
样品描述 Sample description	镀锌	检验时间 Check sealing sample time	2017.03.17-2017.03.17
检验依据 Test Standard	YB/T4190-2009、GB/T228.1-2010、GB/T1839-2008、YB/T5357-2009及企业提供技术要求		
检验项目 Test Item	网丝直径、边丝直径、网孔尺寸、网丝抗拉强度（未编织）、边丝抗拉强度（未编织）、网丝断后伸长率（未编织）、边丝断后伸长率（未编织）、网丝锌合金层质量、边丝锌合金层质量、网丝镀层中铝含量、边丝镀层中铝含量　共11项		
检验结论 Test Conclusion	检验结果详见数据页 （检验报告专用章） 签发日期：2017年03月17日		
备注 Note			

批准 Approver：　　审核 Verifier：　　主检 Main inspect：

图 7.3–2　格宾网检验报告

7.3.6　格宾网组装及安装

进场材料为折合型式的，需在现场打开组装。格宾网打开后四个边角及中间隔板必须连接加固，连接使用钢丝绑扎（与格宾网同材质），连接加固绑扎间距控制满足设计要求。格宾网安放时由工人缓慢轻放至施工部位，弧线部位必须与所撒白灰线吻合，调整好弧度及高度。

图 7.3–3　格宾挡墙

图 7.3–4　格宾网组装

7.3.7　投石料、码放及面层找平

（1）填充料必须是坚固密实、不易水解的块石，强度粒径满足设计要求。

（2）填充料施工中，人工整理码放石料，石料码放垂直方向平整，严禁在施工线内出现外凸内陷现象，宽度允许偏差应符合设计要求。

（3）上表面的填充料，必须人工砌垒整平，填充料间应相互搭接，表面平整度误差在 ±3 cm，且相邻箱体高差不大于 3 cm。

7.3.8　网盖安装固定

（1）石料填充完成后，由施工单位及监理单位进行验收，验收合格后方可进行封盖。

（2）封盖与格宾网上部边框线，使用钢丝绑扎牢固。

7.3.9　格宾挡墙验收

格宾石笼平顺，石块稳固、无松动，绑扎点牢固，网笼之间紧贴。施工质量标准见表 7.3–2。

表 7.3–2　格宾挡墙施工质量标准

项目		检查项目	质量要求（cm）	检查方法	检验数量
主控项目	1	护坡厚度	允许偏差 −5 ~ +5	量测	每 50 ~ 100 m^2 检测 1 处
	2	绑扎点间距	允许偏差 −5 ~ +5		每 30 ~ 60 m^2 检测 1 处
一般项目	1	坡面平整度	允许偏差 −8 ~ +8		每 50 ~ 100 m^2 检测 1 处
	2	有间隔网的网片间距	允许偏差 −10 ~ +10		每幅网材检查 2 处

7.4　卵石护坡及雷诺护垫

卵石护坡（雷诺护垫）与格宾挡墙施工质量控制要点及验收要求基本一致，其网丝直径、抗拉强度、网孔尺寸等须满足设计要求。

图 7.4–1　铺设雷诺护垫

图 7.4–2　卵石护坡

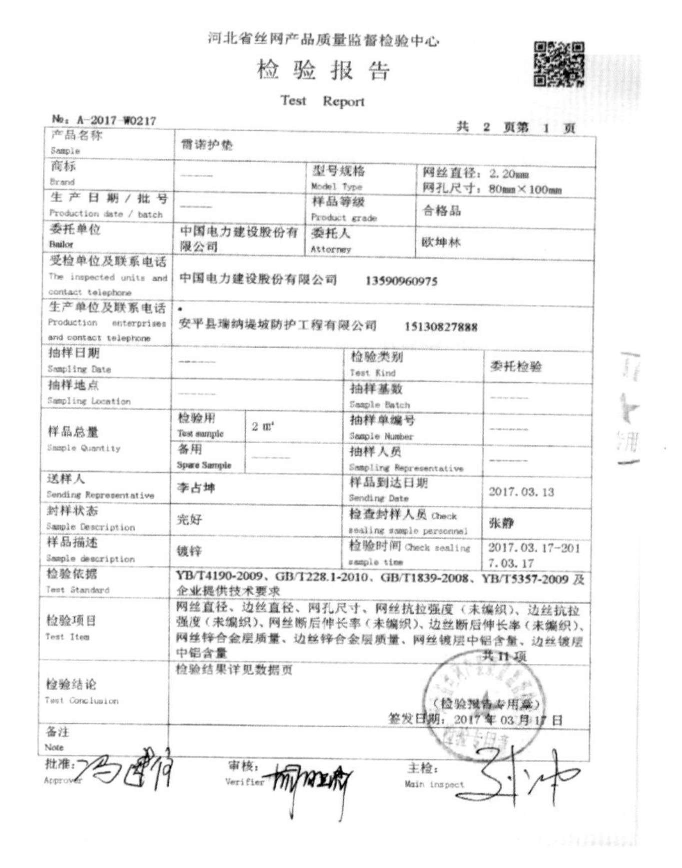

河北省丝网产品质量监督检验中心

检 验 报 告

Test Report

No：A-2017-W0217　　　　共 2 页第 1 页

产品名称 Sample	雷诺护垫		
商标 Brand	——	型号规格 Model Type	网丝直径：2.20mm 网孔尺寸：80mm×100mm
生产日期/批号 Production date / batch	——	样品等级 Product grade	合格品
委托单位 Bailor	中国电力建设股份有限公司	委托人 Attorney	欧坤林
受检单位及联系电话 The inspected units and contact telephone	中国电力建设股份有限公司　13590960975		
生产单位及联系电话 Production enterprises and contact telephone	安平县瑞纳堤坡防护工程有限公司　15130827888		
抽样日期 Sampling Date	——	检验类别 Test Kind	委托检验
抽样地点 Sampling Location	——	抽样基数 Sample Batch	——
样品总量 Sample Quantity	检验用 Test sample：2 m²	抽样单编号 Sample Number	——
	备用 Spare Sample：——	抽样人员 Sampling Representative	——
送样人 Sending Representative	李占坤	样品到达日期 Sending Date	2017.03.13
封样状态 Sample Description	完好	检查封样人员 Check sealing sample personnel	张静
样品描述 Sample description	镀锌	检验时间 Check sealing sample time	2017.03.17-2017.03.17
检验依据 Test Standard	YB/T4190-2009、GB/T228.1-2010、GB/T1839-2008、YB/T5357-2009 及企业提供技术要求		
检验项目 Test Item	网丝直径、边丝直径、网孔尺寸、网丝抗拉强度（未编织）、边丝抗拉强度（未编织）、网丝断后伸长率（未编织）、边丝断后伸长率（未编织）、网丝锌合金层质量、边丝锌合金层质量、网丝镀层中铝含量、边丝镀层中铝含量　共 11 项		
检验结论 Test Conclusion	检验结果详见数据页 （检验报告专用章） 签发日期：2017 年 03 月 17 日		
备注 Note			

批准：Approver　　审核：Verifier　　主检：Main inspect

图 7.4–3　雷诺护垫检验报告

7.5　仿木桩

7.5.1　施工工艺流程

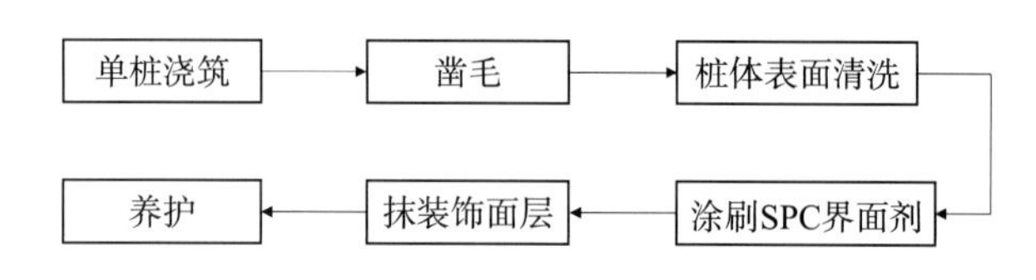

图 7.5–1　仿木桩施工工艺流程图

7.5.2　混凝土桩体浇筑成型

按照设计要求成型混凝土桩体，浇筑混凝土应连续进行，如必须间歇，其间歇时间应尽量缩短，并应在前层混凝土初凝之前，将次层混凝土浇筑完毕。间歇的最长时间应按所用水泥品种、气温及混凝土凝结条件确定，一般超过 2 h 应按施工缝处理。

7.5.3　凿毛

为了提高仿木装饰层与桩体的黏结性能，桩体拆模后进行凿毛处理。

7.5.4　桩体挂网

人工将 2 ~ 3 目的铁丝网钉到桩体上，防止饰层脱落。

7.5.5　涂刷 SPC 界面剂

将混凝土桩体表面清洗，但不得有明水。按比例配制 SPC 界面剂，搅拌至无水泥颗粒、无沉淀。然后均匀涂刷，不漏涂，以保证仿木装饰层与桩体结构黏结良好。

图 7.5–2　混凝土桩体浇筑成型

7.5.6　抹装饰层

采用彩色 SPC 聚合物水泥砂浆进行装饰层的抹灰施工。所用的水泥、砂子、SPC 乳液、水、色粉应符合有关技术要求，按照比例拌制而成。对成型表面进行调整、补充、加固、艺术手法展现处理，达到仿真的效果。

7.5.7　仿木面层的养护

主要为保水养护及冬季施工的保温措施。仿木面层完成后，采用塑料膜覆盖潮湿养护 7 d，再自然养护 7 d 后进行表面处理。如果在冬季施工，应采取相应的保温防护措施，保证仿木面层在 5 ℃以上养护环境中。

7.5.8　表面处理

对成型表面进行调整、补充、加固、艺术手法展现处理，搭配调和、调色、造光等处理。

7.5.9　防护涂层处理

涂层材料采用环氧树脂对装饰面层表面进行喷涂处理，应严格控制施工工艺要求进行涂装施工，当雨天湿度大于 80% 或温度低于 5 ℃时，禁止进行涂装施工。雨后须检查基层含水率合格后，方可进行施工。

图 7.5–3a 防护涂层处理

图 7.5–3b 防护涂层处理

7.6 钢 坝

7.6.1 施工工艺流程

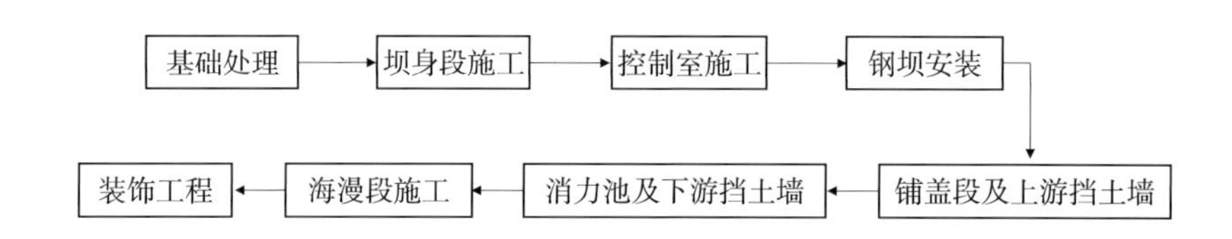

图 7.6–1 钢坝施工工艺流程图

7.6.2 基础处理

根据设计断面和土方施工技术规范规定的加宽及增放坡度计算后，进行基槽开挖，严禁掏挖施工，对机械开挖的边坡和基坑标高预留适当余量，人工修整，开挖完成后进行搅拌桩施工。

先施工四周套桩，形成连续墙围封，再施工中心梅花桩，桩位偏差小于 50 mm，搅拌桩垂直度偏差小于 1.5%。搅拌桩采用湿法施工（两搅两喷），水泥配合比满足设计要求。

坝身段开挖时需破除水泥土搅拌桩桩头。用切割机在水泥土搅拌桩桩顶设计标高以上 5 cm 处水平环形切割一圈，切割后人工磨平至设计标高。去除桩头时应避免对水泥桩产生损伤，在桩头清理施工前，应对每根桩进行精确的标高控制，做好标记。桩顶高程允许偏差不超过 ±3 cm。搅拌桩顶内应相对平整，不出现尖锐棱角。

破桩及桩检测合格后，桩顶采用水泥土回填压实。水泥土分层压实，分层厚度为 10 ~ 15 cm，压实度不小于设计要求。

水泥土试块进行 7 d 无侧限抗压强度试验，单桩及复合地基承载力做 28 d 静载试验，上述指标须满足设计要求。

7.6.3 坝身段施工

钢坝基础完工后，由勘察单位、设计单位、建设单位、监理单位和施工单位五方共同对地基承载力、压实度、标高、平面尺寸、平整度、单桩混凝土强度等进行验收并对合格的技术参数进行确认。

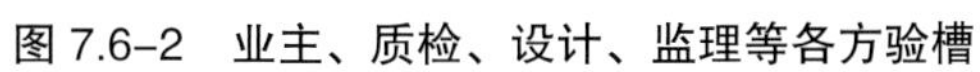

图 7.6–2　业主、质检、设计、监理等各方验槽

图 7.6–3　静荷载试验

郑州航空港经济综合实验区高路河综合治理工程 4#钢坝

检测初步结果

建设单位	河南富港投资控股有限公司	桩　　型	水泥搅拌桩
设计单位	郑州市水利建筑勘测设计院	测试类别	委托检测
监理单位	郑州中兴工程监理有限公司	测试仪器	RS-JYB
施工单位	中国中铁股份有限公司郑州航空港基础设施四标项目部	简报日期	2016.10

初 步 结 果

一、单桩复合地基承载力检测

所抽检 5 点单桩复合地基承载力的检测结果见下表。

序号	桩号	荷载分级 (kN)	最大加载 (kN)	最大沉降量 (mm)	承载力特征值 (kPa)	备注
1	4-14	76	608	5.76	155.6	/
2	4-24	76	608	7.67	155.6	/
3	5-7	76	608	12.83	155.6	/
4	5-19	76	608	7.48	155.6	/
5	5-25	76	608	8.00	155.6	/

根据所抽检 5 点单桩复合地基静载试验结果，所抽检复合地基承载力特征值为 155.6kPa，满足设计要求。

一、单桩竖向抗压静载荷检测

所抽检 5 根单桩竖向抗压承载力检测结果见下表。

序号	桩号	荷载分级 (kN)	最大加载 (kN)	最大沉降量 (mm)	承载力特征值 (kN)	备注
1	5-12	15	150	1.41	73.6	/
2	6-3	15	150	2.73	73.6	/
3	6-8	15	150	2.15	73.6	/
4	6-17	15	150	1.66	73.6	/
5	6-24	15	150	2.02	73.6	/

根据所抽检 5 根单桩的静载荷试验结果，所抽检单桩竖向抗压承载力特征值为 73.6kN，满足设计要求。

测试单位	河南省建筑工程质量检验测试中心站有限公司	测试
		审核
		批准

此为初步结果，详见正式报告

图 7.6–4　复合地基承载力报告

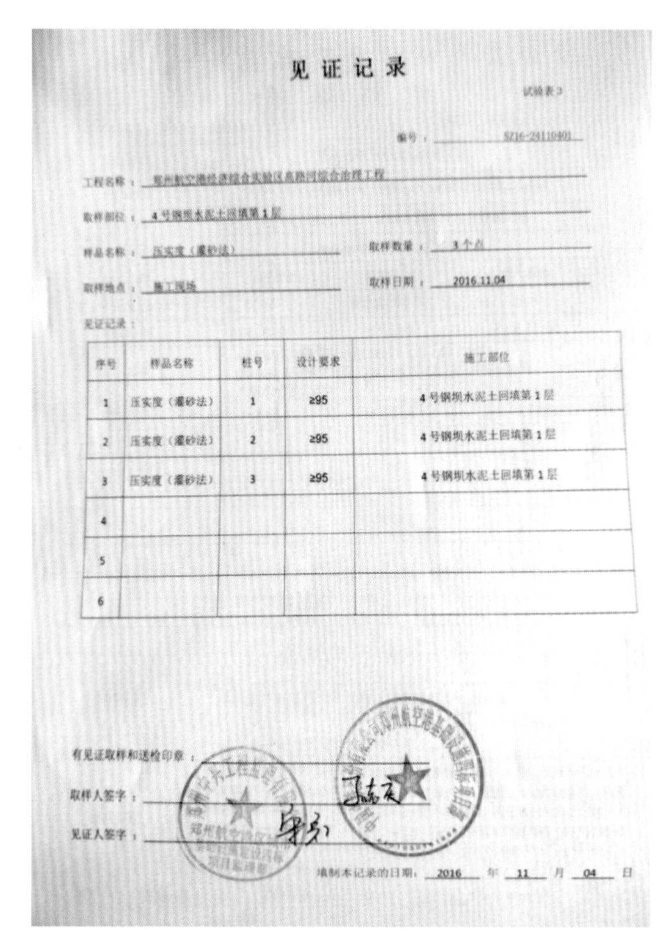

见证记录

试验表3

编号：SZ16-24110401

工程名称：郑州航空港经济综合实验区高路河综合治理工程

取样部位：4号钢坝水泥土回填第1层

样品名称：压实度（灌砂法）　　取样数量：3个点

取样地点：施工现场　　取样日期：2016.11.04

见证记录：

序号	样品名称	桩号	设计要求	施工部位
1	压实度（灌砂法）	1	≥95	4号钢坝水泥土回填第1层
2	压实度（灌砂法）	2	≥95	4号钢坝水泥土回填第1层
3	压实度（灌砂法）	3	≥95	4号钢坝水泥土回填第1层
4				
5				
6				

有见证取样和送检印章：

取样人签字：

见证人签字：

填制本记录的日期：2016 年 11 月 04 日

图 7.6–5　地基检测见证记录

图 7.6–6　基础开挖

图 7.6–7　水泥搅拌桩施工

图 7.6–8　桩间土开挖

图 7.6–9　人工破除水泥搅拌桩桩头

7.6.3.1　钢坝主体工程钢筋绑扎及模板支护

1. 施工工艺流程

进场验收→检验检测→钢筋加工制作→钢筋安装→质量验收。

2. 钢筋原材料控制

钢筋进场后，应具有出厂质量证明书、合格证及试验报告单，再按不同的钢种、等级、牌号、规格及生产厂家分批抽取试样进行力学性能检验，经复检合格后方可使用。

3. 钢筋加工制作

钢筋加工之前，应进行调直，钢筋加工尺寸规格应符合设计要求。

4. 钢筋绑扎连接

1）钢筋连接

受力钢筋的连接接头应设置在内力较小处，并应错开布置。对焊接头和机械连接接头，在接头长度区段内，同一根钢筋不得有两个接头；对绑扎接头，两接头间的距离应不小于 1.3 倍搭接长度。

2）钢筋绑扎

（1）钢筋的交叉点宜采用直径 0.7 ~ 2.0 mm 的铁丝扎牢，必要时可采用点焊焊牢。绑扎宜采取逐点改变绕丝方向的 8 字形方式交错扎结，对直径 25 mm 及以上的钢筋，宜采取双对角线的十字形方式扎结。

（2）钢筋绑扎时，除设计有特殊规定外，箍筋应与主筋垂直。

（3）绑扎钢筋的铁丝丝头不应进入混凝土保护层内。

（4）钢筋的级别、直径、根数、间距等应符合设计的规定。

（5）当顶板和底层由多层钢筋构成时，在绑扎时应保证上、下层钢筋在同一个垂直面上，以保证钢筋间距，便于进行混凝土振捣。

表 7.6–1　接头长度区段内受力钢筋接头的截面面积占总截面面积的最大百分率

接头形式	接头面积最大百分率（%）	
	受拉区	受压区
主钢筋绑扎接头	25	50
主钢筋焊接接头	50	不限制

图 7.6-10　模板支护

图 7.6-11　钢筋绑扎

3）钢筋焊接

钢筋所采用的焊条，应符合设计要求和现行国家标准《非合金钢及细晶粒钢焊条》（GB/T 5117）或《热强钢焊条》（GB/T 5118）的规定。在钢筋工程焊接开工前，参与该工程施焊的焊工必须进行现场条件下的焊接工艺试验，焊工必须持证上岗。在焊接工艺试验合格后，方可正式施工生产。

搭接焊时，应对焊接端钢筋进行预弯，使两钢筋的轴线在同一直线上，焊缝宽度不应小于主筋直径的 80%，焊缝厚度应与主筋表面齐平；采用电弧焊时，电弧焊接头的焊缝长度：对双面焊缝不应小于 5 *d*（ *d* 为钢筋直径），单面焊缝不应小于 10 *d*。

4）钢筋安装后的质量控制

绑扎或焊接的钢筋网和钢筋骨架不得有变形、松脱和开焊，钢筋安装质量应符合现行相关规范的规定（表 7.6-2 所示为钢筋安装质量标准）。

表 7.6-2　钢筋安装允许偏差和检验方法（一）

<table>
<tr><th colspan="2">项目</th><th>允许偏差（mm）</th><th>检验方法</th></tr>
<tr><td rowspan="3">绑扎连接</td><td>缺扣、松扣</td><td></td><td>观测、量测</td></tr>
<tr><td>弯钩朝向正确</td><td></td><td>观测</td></tr>
<tr><td>搭接长度</td><td>-0.05 设计值</td><td>量测</td></tr>
<tr><td colspan="2">钢筋间距</td><td>无明显过大过小的现象</td><td>观测、量测</td></tr>
<tr><td colspan="2">保护层</td><td>± 1/4 净保护层厚</td><td>每项不少于 5 个点</td></tr>
<tr><td rowspan="2">同一排受力钢筋间距</td><td>排架、柱、梁</td><td>± 0.5 d</td><td rowspan="3">每项不少于 5 个点</td></tr>
<tr><td>板、墙</td><td>± 0.1 倍间距</td></tr>
<tr><td colspan="2">双排钢筋、其排与排间距</td><td>± 0.1 倍排距</td></tr>
<tr><td colspan="2">梁与柱中箍筋间距</td><td>± 0.1 倍箍筋间距</td><td>每项不少于 10 个点</td></tr>
</table>

表 7.6–3　钢筋安装允许偏差和检验方法（二）

项目		允许偏差（mm）	检验方法
排架、梁、板柱、墙、墩	结构断面尺寸	± 10	钢尺测量
	轴线位置	± 10	仪器测量
	垂直度	5	2 m 靠尺量测、或仪器测量
结构物边线与设计边线	外漏表面	内模：0 ～ +10 外模：−10 ～ 0	钢尺测量
	隐蔽内面	15	
预留孔洞尺寸及位置	孔、洞尺寸	0 ～ +10	量测、查看图纸
	孔洞位置	± 10	
相邻两板面错台	外漏表面	钢模：2 木模：3	2 m 靠尺量测或拉线检查
	隐蔽内面	5	
局部平整度	外漏表面	钢模：3 木模：5	按水平线（或垂直线）布置检测点，2 m 靠尺量测
	隐蔽内面	10	
板面缝隙	外漏表面	钢模：1 木模：2	量测
	隐蔽内面	2	
结构物水平断面内部尺寸		± 20	量测

CMA 151601060133 有效期 2021年10月18日

河南鑫港工程检测有限公司

钢筋原材检验报告

见证取样 ZSZ01079

委托单编号：WT-SZ1703041078　　报告编号：SZ-GJ1703040478

委托单位	郑州航空港区航兴基础设施建设有限公司		
施工单位	中国电力建设股份有限公司		
工程名称	郑州航空港经济综合实验区（郑州新郑综合保税区）梅河支流景观工程		
工程部位	MZ0+000-MZ4+200		
样品名称	钢筋	检验性质	见证取样
批　号	6112928	规格型号	HRB400E　25mm
产　地	邯郸钢铁	送样日期	2017.04.17
检验日期	2017.04.17	报告日期	2017.04.17
样品状态	完好、数量齐全	代表批量	15.248t
检验依据	GB/T228.1-2010、GB/T232-2010、GB1499.2-2007		

编号	检验项目	指标要求	测试结果	单项结论
1	屈服强度（MPa）	≥400	445	合格
			458	合格
2	抗拉强度（MPa）	≥540	575	合格
			582	合格
3	强屈比	≥1.25	1.29	合格
			1.27	合格
4	屈标比	≤1.30	1.11	合格
			1.15	合格
5	断后伸长率（%）	≥16	21.5	合格
			21.5	合格
6	最大力总伸长率（%）	≥9	10.0	合格
			9.5	合格
7	弯曲性能	无裂纹	无裂纹	合格
			无裂纹	合格
8	重量偏差（%）	±4	-1.8	合格
检验结果	所检项目符合《钢筋混凝土用钢第 2 部分：热轧带肋钢筋》GB1499.2-2007 标准要求。			
备　注	取样人：刘涂桥（H41140060000064） 见证人：胡　浩（H41140050300087） 监理单位：中汽智达（洛阳）建设监理有限公司			
注意事项	1. 报告无测试报告专用章及计量认证章无效。2. 报告无检验、审核、批准签章或签字无效，复印报告未加盖测试报告专用章无效。3. 报告涂改无效。4. 委托送检的，其检验、检测数据结果仅对来样负责。5. 对检验报告若有异议，应于收到报告之日起十五日内向检测单位提出，逾期不予办理。　地址：郑州市中原区陇海西路 350 号友始国际[illegible] 15 层 电话：0371-55185332；　传真：0371-55185332；电子邮箱：xingang[illegible]@sina.com			

检验人：　　审核人：　　批准人：

检测专用章

第 1 页 共 1 页

图 7.6–12　钢筋进场检验报告

7.6.3.2　钢坝主体混凝土浇筑

（1）浇筑混凝土前，仔细检查钢筋保护层垫块的位置、数量及其紧固程度，并指定专人做重复性检查，以提高钢筋保护层厚度尺寸的质量保证率。构件侧面和底面的垫块至少为 4 个 / m^2，绑扎垫块和钢筋的铁丝头不得伸入保护层内。

（2）保护层垫块的尺寸要保证钢筋混凝土保护层厚度的准确性，其形状（宜为工字形或锥形）应有利于钢筋的定位，不得使用砂浆垫块。

（3）混凝土的浇筑采用分层连续推移的方式进行，间隙时间不得超过 90 min，不得随意留置施工缝。

（4）混凝土的一次摊铺厚度不得大于 600 mm（当采用泵送混凝土时）或 400 mm（当采用非泵送混凝土时）。浇筑竖向结构的混凝土前，底部先浇入 50 ~ 100 mm 厚的水泥砂浆（水灰比略小于混凝土）。

7.6.3.3　混凝土浇筑时的质量要求

（1）采用插入式高频振动棒振捣混凝土。振捣时避免碰撞模板、钢筋及预埋件。

（2）在混凝土浇筑过程中及时将浇筑的混凝土均匀振捣密实，不得随意加密振点或漏振，每点的振捣时间以表面泛浆或不冒大气泡为准，并不超过 30 s，避免过振。

（3）在振捣混凝土过程中，加强检查模板支撑的稳定性和接缝的密合情况，以防漏浆。混凝土浇筑完成后，仔细将混凝土暴露面压实抹平，抹面时严禁洒水，覆盖养护。

编号：BG-015

河南砥柱工程检测有限公司

混凝土强度检验报告

委托编号：2017KG-0473　　　　报告编号：2017DGC0402

委托单位	中国电力建设股份有限公司			
施工单位	中国电力建设股份有限公司			
工程名称	郑州航空港经济综合实验区（郑州新郑综合保税区）梅河支流景观工程			
工程部位	13#跌水堰基础			
样品名称	混凝土试块		检验性质	见证取样
设计强度等级	C20		成型日期	2017.05.23
规格型号	100 mm×100mm×100mm		送样日期	2017.05.24
组　数	1 组（28d）		检验日期	2017.06.20
养护方法	标准养护		报告日期	2017.06.20
样品状态	完好			
检验依据	《普通混凝土力学性能试验方法标准》GB/T 50081-2002			
样品编号	破坏荷载（kN）	抗压强度（MPa）		达到设计强度等级(%)
		单个值	强度值	
2017-4427	241.07	22.9	24.0	120
	257.77	24.5		
	259.61	24.7		
			以下空白	
检验结果	依据《普通混凝土力学性能试验方法标准》GB/T 50081-2002 标准，所检项目符合设计要求。			
主要仪器设备名称及其编号	电液式压力试验机（160123）			
备　注	委 托 人：刘治桥 取 样 人：刘治桥（H41140060000064） 见 证 人：胡浩（H41140050300087） 监理单位：中汽智达（洛阳）建设监理有限公司			

批准：　　校核：　　主检：　　试验单位（盖章）：

地址：河南省郑州市高新区翠竹街1号总部企业基地85号楼；邮编：450001；电话：（0371）55176009；联系人：[illegible]

第 1 页 共 1 页

图 7.6–13　混凝土强度检验报告

图 7.6–14　混凝土浇筑

7.6.3.4　质量检验标准

凝土表面应平整，色泽统一，无错台、蜂窝、麻面等缺陷，具体指标应符合设计及现行相关规范要求（表 7.6–4 所示为普通混凝土外观质量要求）。

表 7.6–4　普通混凝土外观质量要求

检查项目	质量要求	检查方法	检验数量
有平整度要求的部位	符合设计及规范要求	用 2 m 靠尺或专用工具检查	100 m^2 以上的表面检查 6 ~ 10 点，100 m^2 以下的表面检查 3 ~ 5 点
形体尺寸	符合设计要求或允许偏差 ±20 mm	钢尺测量	抽查 15%
重要部位缺陷	不允许，应修复使其符合设计要求	观察	全部
表面平整度	每 2 m 偏差不大于 8 mm	用 2 m 靠尺或专用工具检查	100 m^2 以上的表面检查 6 ~ 10 点，100 m^2 以下的表面检查 3 ~ 5 点
麻面、蜂窝	麻面、蜂窝累计面积不超过 0.5%。经处理符合设计要求	观察、量测	全部
孔洞	单个面积不超过 0.01 m^2，且深度不超过骨料最大粒径。经处理符合设计要求		
错台跑模掉角	经处理符合设计要求		
表面裂缝	短小，深度不大于钢筋保护层厚度的表面裂缝经处理符合设计要求		

7.6.4　控制室、铺盖段、消力池、挡土墙等混凝土施工

控制室、铺盖段、消力池、挡土墙等混凝土施工质量控制要点及验收要求与坝身段基本一致。海漫段根据设计要求分别采用混凝土预制六棱块或雷诺护垫护坡。

图 7.6-15　模板拆卸

图 7.6-16　海漫段六棱块铺装

7.6.5　钢坝安装

钢坝安装根据设计要求由专业厂家负责，安装前，由土建施工方、厂家、监理共同复测放线。

7.6.5.1　闸门及埋件启闭机进场后，施工单位要报监理验收单位、设计单位、业主单位，联合验收后才能安装。验收内容：设备数量、外观质量是否与设计图纸一致。

7.6.5.2　闸门及埋件安装前应具备下列资料：

（1）设计图样、施工图样和技术技术文件。

（2）闸门出厂合格证。

（3）闸门制造验收资料和出厂检验资料。

（4）闸门制造竣工图或能反映闸门出厂时实际结构尺寸的图样。

（5）发货清单到货验收文件及装配编号图。

（6）安装用控制点位置图。

7.6.5.3　启闭机安装前应具备下列资料：

（1）出厂验收资料。

（2）启闭机产品合格证。

（3）制造正式图样安装图样和技术文件产品使用和维护说明书。

（4）产品发货清单。

（5）现场到货交接清单。

图 7.6-17　钢坝测量

图 7.6-18　钢坝组装

7.6.5.4　闸门焊缝外观质量要求

（1）焊工要求。

焊接工艺评定所用设备、仪表应处于正常工作状态，钢材焊材必须符合相应标准，应由施焊单位持有合格证书、技能熟练的人员焊接。

（2）焊缝质量验收要求。

焊缝无裂纹，表面无夹渣、焊溜等（表 7.6–5 所示为焊缝外观质量要求）。焊缝施工完成后，做焊缝无损检测，符合设计要求。

表 7.6–5　焊缝外观质量要求

<table>
<tr><th rowspan="2">检查项目</th><th colspan="3">允许缺欠尺寸（mm）</th></tr>
<tr><th>一类焊缝</th><th>二类焊缝</th><th>三类焊缝</th></tr>
<tr><td>裂纹</td><td colspan="3">不允许</td></tr>
<tr><td>焊溜</td><td colspan="3">不允许</td></tr>
<tr><td>飞溅</td><td colspan="3">清理干净</td></tr>
<tr><td>电弧擦伤</td><td colspan="3">不允许</td></tr>
<tr><td>未焊透</td><td>不允许</td><td>不加垫板单面焊允许值≤ 0.5 δ 且≤ 1.5，每 100 m 焊缝长度内缺欠总长度≤ 25</td><td>≤ 0.1 δ 且≤ 2，每 100 m 焊缝长度内缺欠总长度≤ 25</td></tr>
<tr><td>表面夹渣</td><td colspan="2">不允许</td><td>深≤ 0.2 δ，≤ 0.5 δ 且≤ 20</td></tr>
<tr><td>咬边</td><td>≤ 0.5</td><td>深≤ 1</td><td>深≤ 1.5</td></tr>
<tr><td>表面气孔</td><td>不允许</td><td>每米范围内允许 3 个 ϕ1.0 气孔，且间距≥ 20</td><td>每米范围内允许 5 个 ϕ1.5 气孔，且间距≥ 20</td></tr>
<tr><td rowspan="3">对接焊缝</td><td>未焊满</td><td colspan="2">不允许</td></tr>
<tr><td rowspan="2">焊缝余高</td><td>焊条电弧焊、气体保护焊</td><td>平焊 0 ～ 3
立焊、横焊、仰焊 0 ～ 4</td></tr>
<tr><td>埋弧焊</td><td>0 ～ 3</td></tr>
<tr><td rowspan="2">对接焊缝</td><td rowspan="2">焊缝宽度</td><td>焊条电弧焊、气体保护焊</td><td>盖过每侧坡口宽度 2 ～ 4，且平滑过渡</td></tr>
<tr><td>埋弧焊</td><td>开坡口时盖过每侧坡口宽度 2 ～ 7，且平滑过渡
不开坡口时盖过每侧坡口宽度 4 ～ 14，且平滑过渡</td></tr>
</table>

7.6.6　装饰工程

钢坝主体工程完工后，根据设计要求，与业主、监理共同明确外贴石材、栏杆等具体做法。

图 7.6–19　钢坝板面拼装

图 7.6–20　钢坝坝身段干挂镜面花岗岩

7.7 跌水堰

7.7.1 基础处理

对基础进行碾压、夯实，对软弱土层要进行处理。填土时应为最优含水量，取土样按击实试验确定最优含水量与相应的最大干密度。基土应均匀密实，压实系数应符合设计要求。

图 7.7-1 基础检测

7.7.2 混凝土浇筑

跌水堰施工时，池壁用钢模板双面支模，严禁出现断面尺寸偏差、轴线偏差、露筋、蜂窝、孔洞等现象，严把混凝土配合比与混凝土浇捣关，混凝土强度须满足设计要求。

7.7.3 装饰工程

跌水堰主体完成后，上面铺设景石、卵石装饰，铺设时注意景石及卵石的位置，使水流经过卵石及景石中间，水面成多角度流落，满足景观要求。

图 7.7-2 混凝土振捣

图 7.7-3 卵石砌筑

河南鑫港工程检测有限公司

151601060133
有效期2021年10月18日

地基承载力检验报告

委托单编号：WT-SZ1703041179　　　　报告编号：SZ-XC1703048723

委托单位	郑州航空港区航兴基础设施建设有限公司		
施工单位	中国电力建设股份有限公司		
工程名称	郑州航空港经济综合实验区（郑州新郑综合保税区）梅河支流景观工程		
工程部位	M23+200 跌水堰基础		
样品名称	轻型动力触探	委托日期	2017.04.21
检验日期	2017.04.21	报告日期	2017.04.21
检验依据	《冶金工业岩石勘察原位测试规范》GB/T 50480-2008 · 依据图纸设计要求		
序号	设计承载力（kPa）	实测承载力（kPa）	单项结论
1	≥160	172	符合要求
2	≥160	164	符合要求
3	≥160	180	符合要求
		以下空白	
备　注	委托人：刘治桥 取样人：刘治桥（H41140060000064） 见证人：胡浩（H41140050300087） 监理单位：中汽智达（洛阳）建设监理有限公司		
注意事项	1.报告无测试报告专用章及计量认证章无效。 2.报告无检验、审核、批准签章或签字无效，复印报告未加盖测试报告专用章无效。3.报告涂改无效。4.委托送检的，其检验测数据、结果仅对来样负责。5.对检验报告若有异议，应于收到报告之日起十五日内向检测单位提出，逾期不予办理。　地址：郑州市中原区桃源路 350 号友纳国际广场 15 层　　电话：0371-55185332；　传真：0371-55185332； 电子邮箱：xingangjiance@sina.com。		

检验人：　　　审核人：　　　批准人：

图 7.7–4　地基承载力检验报告

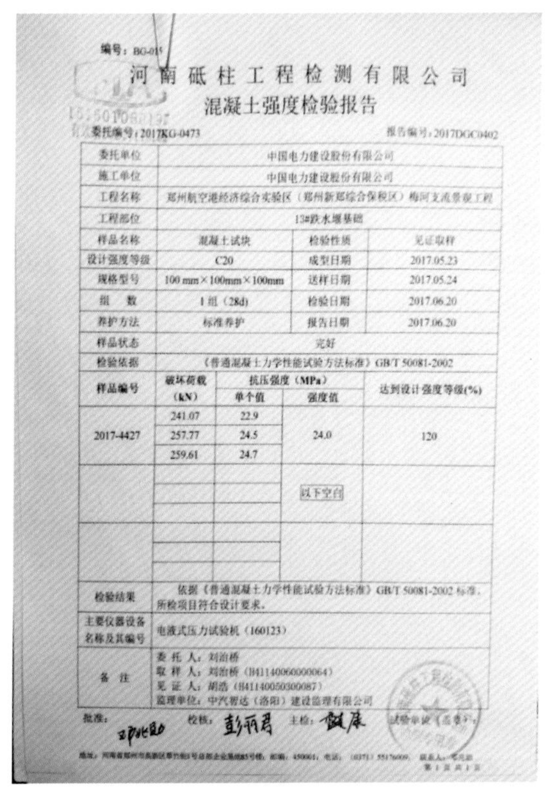

编号：BG-015

河南砥柱工程检测有限公司

混凝土强度检验报告

委托编号：2017KG-0473　　　　报告编号：2017DGC0402

委托单位	中国电力建设股份有限公司			
施工单位	中国电力建设股份有限公司			
工程名称	郑州航空港经济综合实验区（郑州新郑综合保税区）梅河支流景观工程			
工程部位	13#跌水堰基础			
样品名称	混凝土试块		检验性质	见证取样
设计强度等级	C20		成型日期	2017.05.23
规格型号	100 mm×100mm×100mm		送样日期	2017.05.24
组　数	1 组（28d）		检验日期	2017.06.20
养护方法	标准养护		报告日期	2017.06.20
样品状态	完好			
检验依据	《普通混凝土力学性能试验方法标准》GB/T 50081-2002			
样品编号	破坏荷载（kN）	抗压强度（MPa）		达到设计强度等级(%)
		单个值	强度值	
2017-4427	241.07	22.9	24.0	120
	257.77	24.5		
	259.61	24.7		
			以下空白	
检验结果	依据《普通混凝土力学性能试验方法标准》GB/T 50081-2002 标准，所检项目符合设计要求。			
主要仪器设备名称及其编号	电液式压力试验机（160123）			
备　注	委 托 人：刘治桥 取 样 人：刘治桥（H41140060000064） 见 证 人：胡浩（H41140050300087） 监理单位：中汽智达（洛阳）建设监理有限公司			

批准：　　　校核：　　　主检：　　　试验单位（盖章）

第 1 页 共 1 页

图 7.7–5　混凝土强度检验报告

7.8　加筋麦克垫

7.8.1　施工工艺流程

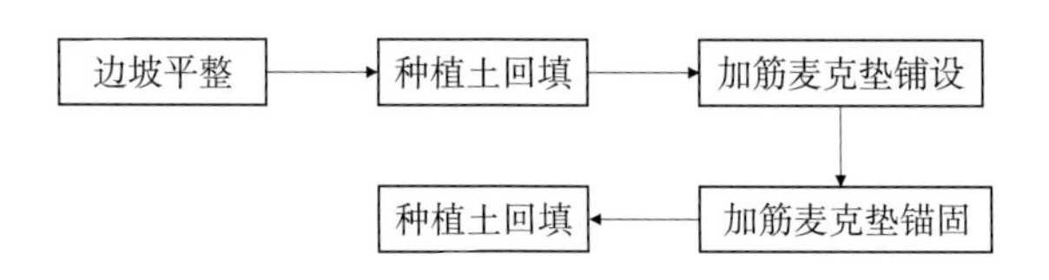

图 7.8–1　加筋麦克垫施工工艺流程图

7.8.2　边坡平整

人工配合机械清除坡面的杂物，如存在淤泥、生活垃圾等不合格土料，应予以清除，并在低洼处补填土、压实、平整坡面。如存在局部低洼处，需进行分层回填，分层厚度不得大于 20 cm，压实度按设计及规范要求实施。

图 7.8–2　边坡平整

7.8.3　种植土回填

边坡整平经验收合格后，按图纸要求进行种植土回填，回填应分层进行，分层厚度按规范及设计要求，每层种植土施工后需洒水沉降，确保种植土相对密实（边坡有压实要求的按设计要求施工）。达设计高程后，对完成沉降的种植土进行二次整平，检测坡比及高程后，方可进行加筋麦克垫铺设。

图 7.8–3　种植土回填

7.8.4　加筋麦克垫铺设

加筋麦克垫进场后应对其进行复检，施工前再次对加筋麦克垫进行外观检查，如出现破损等情况应及时更换。

铺设时将加筋麦克垫沿坡面展开，将平滑的一面接触土壤。自坡面由上而下摊铺，加筋麦克垫边缘对齐，如有搭接要求按设计要求进行搭接，上下均应按图纸要求进行锚固。

图 7.8–4　加筋麦克垫铺设

国家化学建筑材料测试中心

（材料测试部）

地址：北京市北三环东路14号北京化工研究院（和平东桥向东200米路南）　邮编：100013　网址：www.plastic-test.net
电话：(010) 64208747、64200694、64224642、84290301、59202479　传真：(010) 59202784

检　验　报　告

报告编号：2016(X)05145　　　　共 2 页 第 1 页

委托单位	马克菲尔（天津）土工合成材料有限公司	检验类别	委托检验
生产单位	马克菲尔（天津）土工合成材料有限公司	生产日期	/
样品名称	加筋麦克垫 8120GN	注册商标	/
样品规格	/	样品外观及制备	黑色
抽样基数	/	样品卷号	/
抽样数量	/	产品批号	/
封样地点	/	委托日期	2016.04.20
封样单位	/	封样日期	/
检验结论	所检产品按照委托方要求的检验项目及相应的 ASTM 标准、ISO 标准进行检验，检验结果详见 2 页。 （国家化学建筑材料测试中心 材料测试部 测试专用章） 签发日期：2016 年 05 月 26 日		
备　注	/		

批准：魏若奇　　　　审核：[illegible]

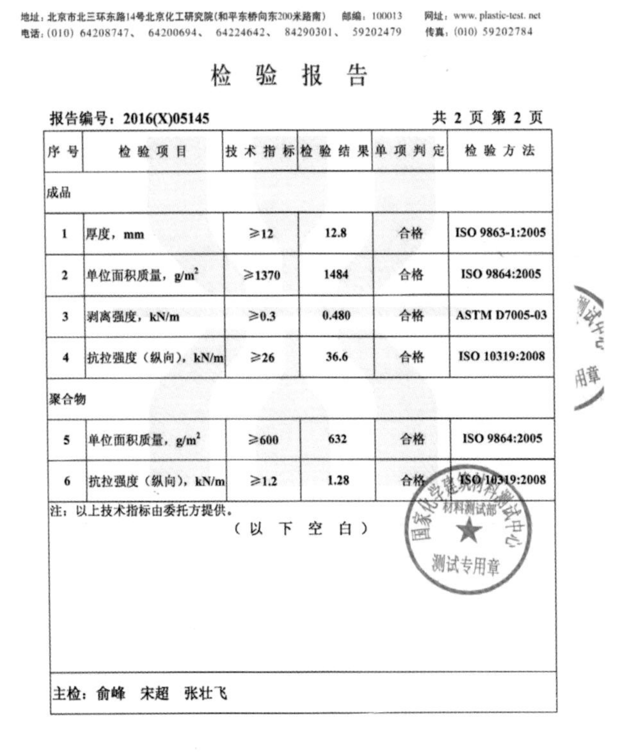

CMA 2015000585E

国家化学建筑材料测试中心

（材料测试部）

CNAS 检测 CNAS L1049

地址：北京市北三环东路14号北京化工研究院（和平东桥向东200米路南） 邮编：100013 网址：www. plastic-test. net
电话：(010) 64208747、 64200694、 64224642、 84290301、 59202479 传真：(010) 59202784

检 验 报 告

报告编号：2016(X)05145 共 2 页 第 2 页

序号	检验项目	技术指标	检验结果	单项判定	检验方法
成品					
1	厚度，mm	≥12	12.8	合格	ISO 9863-1:2005
2	单位面积质量，g/m²	≥1370	1484	合格	ISO 9864:2005
3	剥离强度，kN/m	≥0.3	0.480	合格	ASTM D7005-03
4	抗拉强度（纵向），kN/m	≥26	36.6	合格	ISO 10319:2008
聚合物					
5	单位面积质量，g/m²	≥600	632	合格	ISO 9864:2005
6	抗拉强度（纵向），kN/m	≥1.2	1.28	合格	ISO 10319:2008

注：以上技术指标由委托方提供。

（以 下 空 白）

国家化学建筑材料测试中心 材料测试部 测试专用章

主检：俞峰 宋超 张壮飞

图 7.8–5 加筋麦克垫检验报告

7.8.5 加筋麦克垫锚固

锚固方式按设计要求进行。如使用最小长度为 30 cm，ϕ 8 钢筋做成 U 形金属锚钉，梅花形布置，间距为 1 m，将加筋麦克垫固定于坡面；施工完成后应及时检查加筋麦克垫坡脚、坡顶是否锚固到位，边缘是否按设计及规范要求施工。

图 7.8–6 加筋麦克垫锚固

7.8.6　种植土回填

铺设完成后再次检查加筋麦克垫是否有翘起、鼓包等未紧密接触坡面的现象，如出现此类情况，在存在问题的局部增加 U 形金属锚钉，将加筋麦克垫固定于坡面。

加筋麦克垫铺设完毕验收合格后，按设计要求覆盖 0.1 m 厚的种植土，洒水沉降后方可按设计要求进行绿化种植。

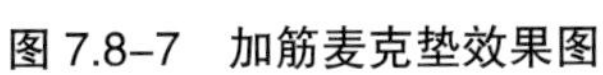

图 7.8-7　加筋麦克垫效果图

图 7.8-8　种植土回填

7.9　透水堰

7.9.1　施工工艺流程

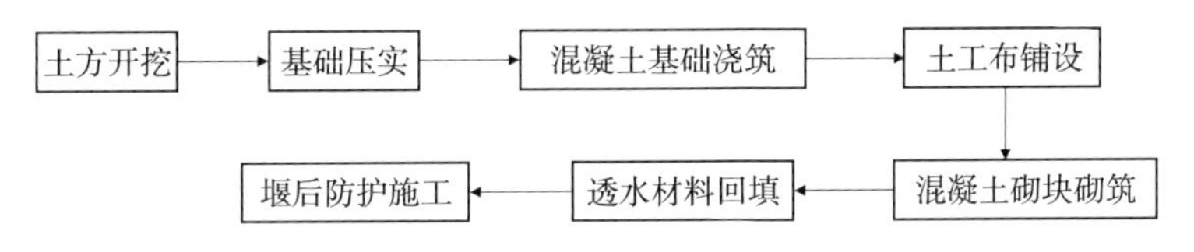

图 7.9-1　透水堰施工工艺流程图

7.9.2　土方开挖

开挖以机械开挖为主，人工辅助修整。开挖前严格按照图纸设计要求进行测量放线，开挖过程中随时用坡度尺（或全站仪）对边坡坡度进行检测，确保设计坡度。

图 7.9-2　土方开挖

7.9.3　基础压实

机械开挖至基地 30 ~ 50 cm 时采用人工开挖，人工开挖至设计面后，对基地按设计及规范要求碾压密实，表面应平整光滑，无明显轮迹。监理工程师验收后，进行下道工序施工。

图 7.9–3　基础压实

7.9.4　混凝土基础浇筑

混凝土浇筑前基面应充分润湿、无明水，基面及模板经监理验收合格后进行混凝土浇筑，混凝土浇筑后注意收面的及时性，过程中按设计及规范要求留相应试块，混凝土初凝之前抹平压光，并及时进行覆盖养护。

图 7.9–4　混凝土基础浇筑

7.9.5　土工布铺设

土工布铺设时应受力平顺，松紧适度，不得崩拉过紧，应与基础面密贴，不留空隙；相邻布块应上游压下游搭接，平地搭接宽度 30 cm，其他部位应不小于 50 cm，铺设完成后应避免车辆直接碾压土工布，验收通过后进行下道工序。

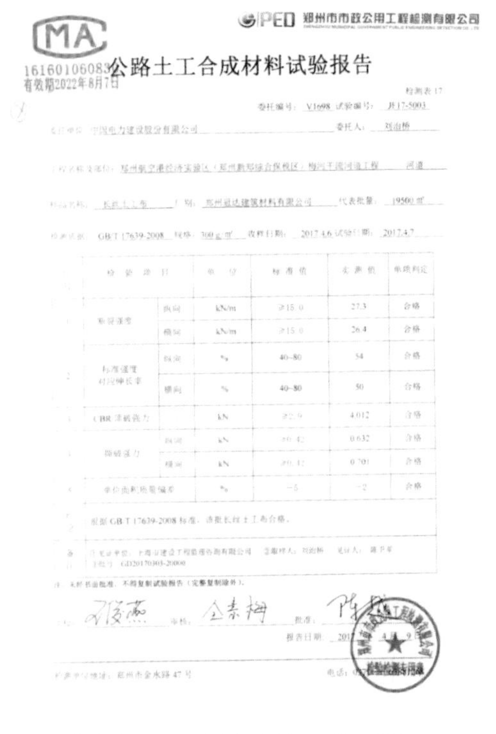

郑州市市政公用工程检测有限公司

MA 161601060833 有效期2022年8月7日

公路土工合成材料试验报告

检测表 17

委托编号：V1698 试验编号：JE17-5003

委托单位：中国电力建设股份有限公司　委托人：刘治桥

工程名称及部位：郑州航空港经济实验区（郑州新郑综合保税区）梅河干流河道工程　河道

样品名称：长丝土工布　厂别：郑州冠达建筑材料有限公司　代表批量：19500 m²

检测依据：GB/T 17639-2008　规格：300 g/m²　收样日期：2017.4.6 试验日期：2017.4.7

序号	检验项目		单位	标准值	实测值	单项判定
1	断裂强度	纵向	kN/m	≥15.0	27.3	合格
		横向	kN/m	≥15.0	26.4	合格
2	标准强度对应伸长率	纵向	%	40~80	54	合格
		横向	%	40~80	50	合格
3	CBR顶破强力		kN	≥2.9	4.012	合格
4	撕破强力	纵向	kN	≥0.42	0.632	合格
		横向	kN	≥0.42	0.701	合格
5	单位面积质量偏差		%	−5	−2	合格

结论：依据 GB/T 17639-2008 标准，该批长丝土工布合格。

备注：见证单位：上海山建设工程监理咨询有限公司　见证取样人：刘治桥　见证人：[illegible]　见证号：GD20170303-20000

注：未经书面批准，不得复制试验报告（完整复制除外）。

试验：　审核：　批准：

报告日期：2017 年 4 月 9 日

检测单位地址：郑州市金水路 47 号　电话：[illegible]

图 7.9–5　土工合成材料试验报告

7.9.6　混凝土砌块砌筑

混凝土砌块经有资质的预制厂商预制生产后运至现场，到场后应对其进行复检，施工前再次对台阶式多边形混凝土砌块进行外观检查，如出现缺棱掉角、开裂等情况应及时更换。砌块砌筑形式按设计要求施工（如梅花形布置、上下层砌体间错开搭接，搭接长度 21 cm），砌块四周按要求进行锚固（如玻纤尼龙棒锚固）。

砌筑过程中做好砌块下部土工布铺设工作，砌筑一层混凝土砌块压铺一层土工布，同时做好透水堰内部透水材料回填，砌筑至顶端后土工布应搭接到位，包裹所填砾石后砌筑最后一层混凝土砌块。

图 7.9–6　混凝土砌块砌筑

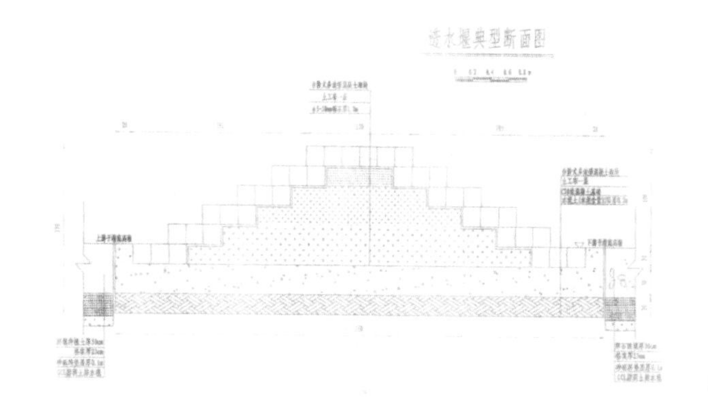

图 7.9–7　混凝土砌筑成型

7.9.7　透水材料回填

回填透水材料应夯捣密实、表面平整，确保砌筑稳固；砌块下压铺的土工布尽量为整块布料，如出现搭接，按照搭接宽度不少于 50 cm 搭接；每层多边形混凝土砌块砌筑完成后应对其搭接长度、平整度、相对位置进行复核，确认无误后进行下步施工。

图 7.9–8　透水材料回填

7.9.8　堰后防护施工

透水堰施工完毕后，按设计要求做好堰后防护。

第 8 章　质量文明施工

8.1　现场质量管理标识牌

8.1.1　工程概况牌

标牌的大小为 120 cm 宽、240 cm 长，字体为黑体，可根据内容对效果图大小调整。主要内容包括工程名称、建设单位、施工单位、设计单位、勘察单位、监理单位、监督单位、项目负责人、工程地点、工程结构总体介绍、工程效果图。

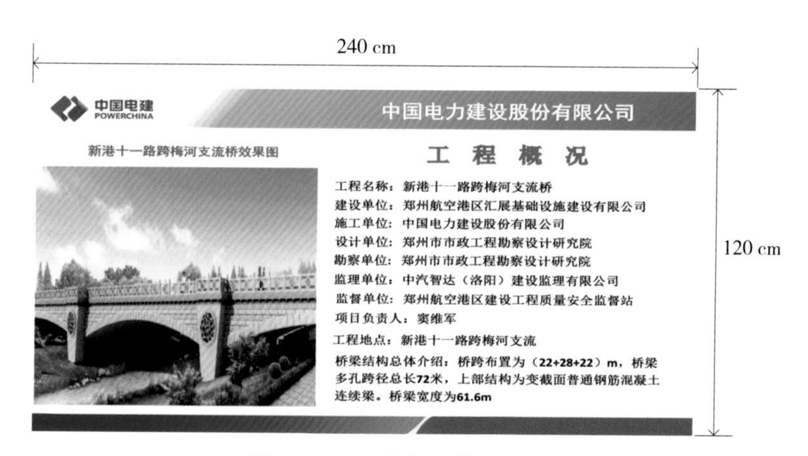

图 8.1–1　工程概况牌

8.1.2　管理人员名单及监督电话牌

标牌的大小为 120 cm 宽、240 cm 长，字体为黑体，可根据内容对图片大小调整。主要介绍项目管理人员职务及姓名，以及现场安全负责人监督电话，安全生产警钟图示。

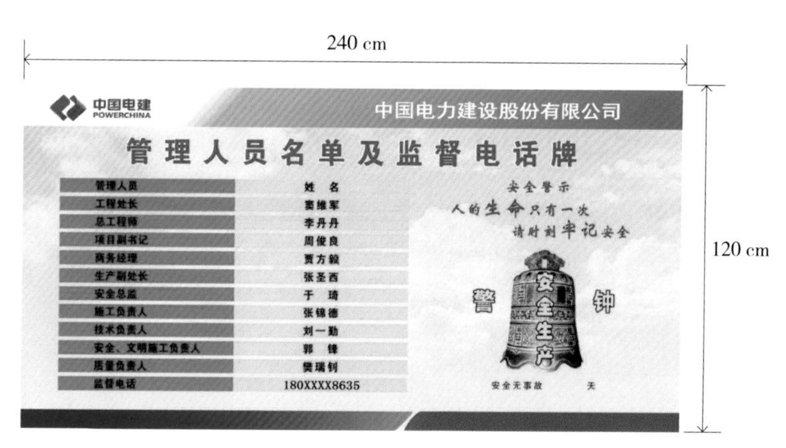

图 8.1–2　管理人员名单及监督电话牌

8.1.3 质量保证体系图

标牌的大小为 120 cm 宽、240 cm 长，字体为宋体，主要内容包括组织保证体系、施工全过程保证体系、工作质量保证体系。图框可根据字数适当调整。企业标示在图牌上方。

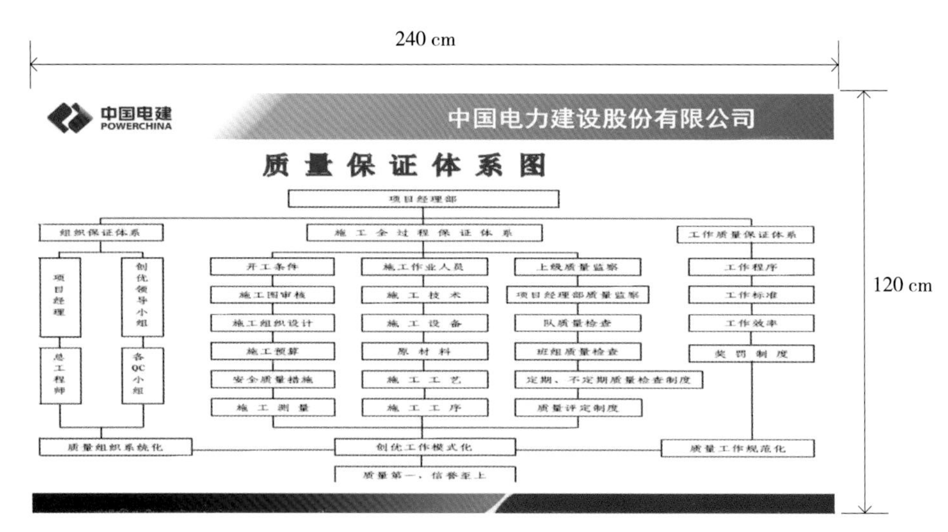

图 8.1–3　质量保证体系图

8.1.4 质量管理机构图

标牌的大小为 120 cm 宽、240 cm 长，字体为宋体，主要体现在由最高领导项目经理往下划分，分到各个领导班子，再由各个领导班子分到各部门，各部门到作业队的一个整体质量管理组织机构。

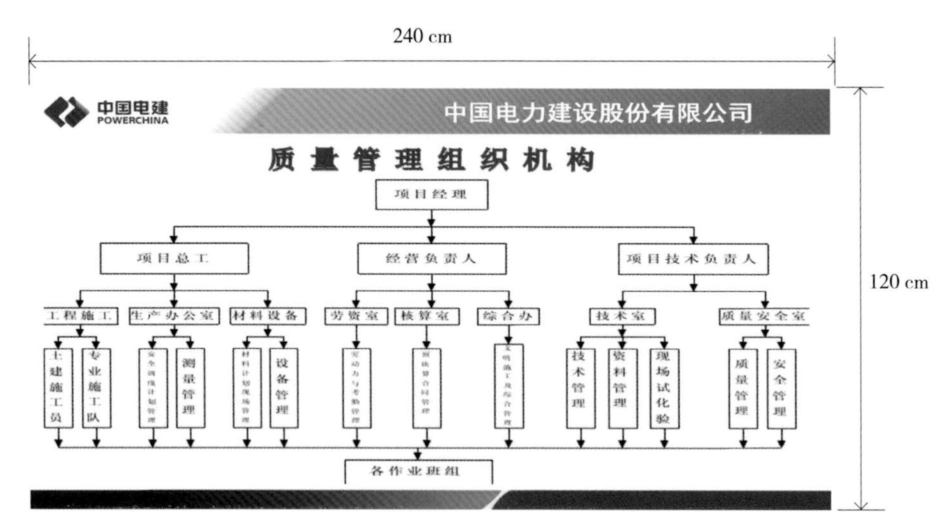

图 8.1–4　质量管理机构图

8.1.5 施工现场平面布置图

标牌的大小为 120 cm 宽、240 cm 长，字体为宋体， 图框可根据设计图版适当调整。企业标示在图牌上方。

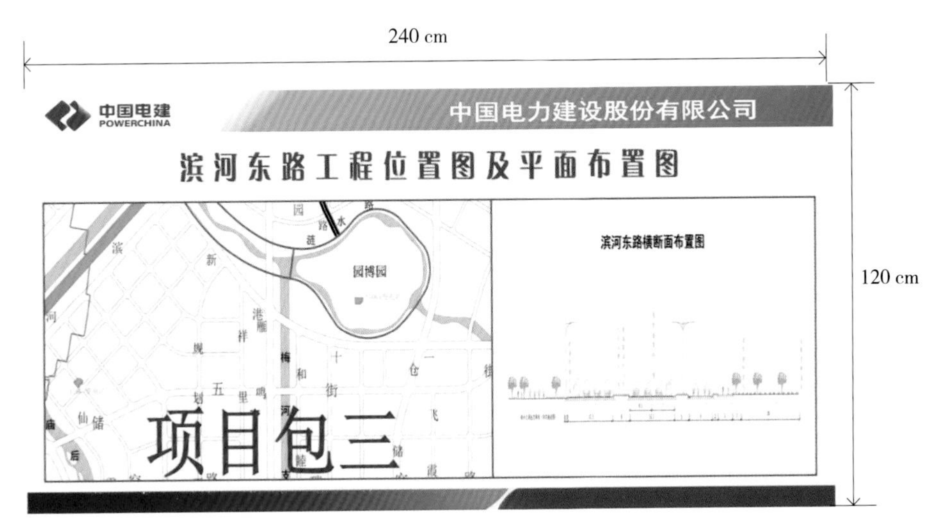

图 8.1–5　施工现场平面布置图

8.1.6　二维码技术质量服务图

标牌的大小为 120 cm 宽、240 cm 长，字体为黑体， 图框可根据设计图版适当调整。主要内容包括安全环保施工方案、施工质量控制重点。

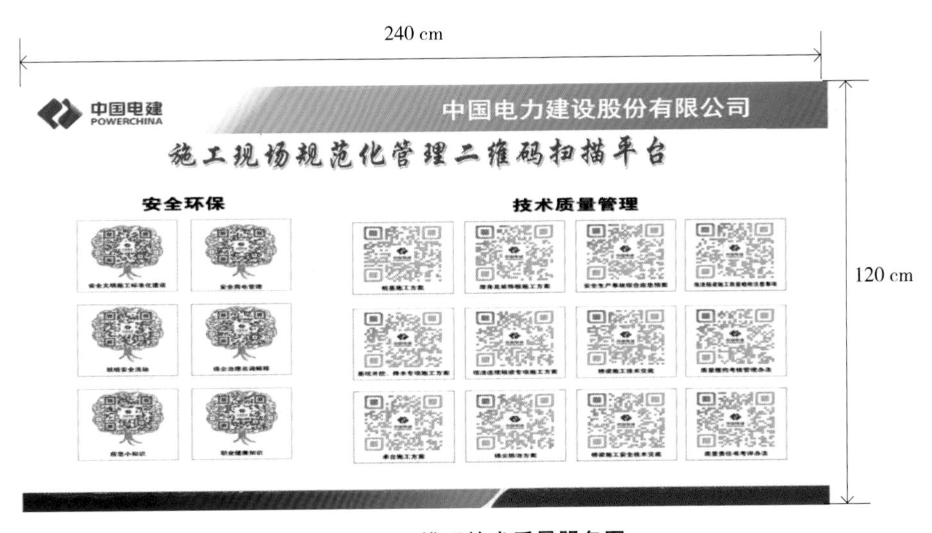

图 8.1–6　二维码技术质量服务图

8.2　质量管理体系标识牌

8.2.1　质量管理图牌

工程质量管理制度牌、质量员岗位职责牌，标牌的大小为 50 cm 宽、100 cm 长，字体为黑体，字体大小可根据内容适当调整。

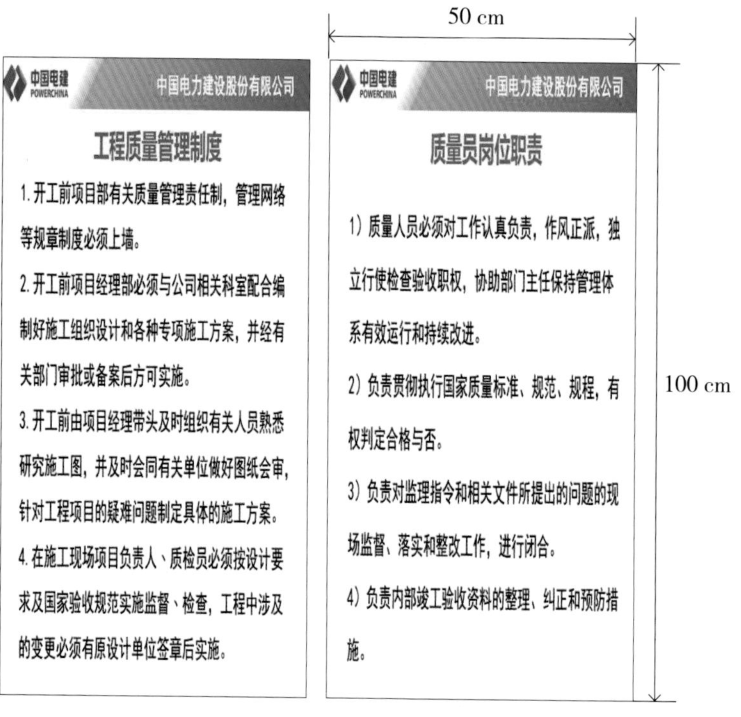

图 8.2-1　质量管理图牌

8.2.2　质量部长图牌

质量管理部职责、质量部长职责牌，标牌的大小为 50 cm 宽、100 cm 长，字体为黑体。职责及工作目标对质量管理体系的策划、实施、监督和评审工作都起着决定性的作用。

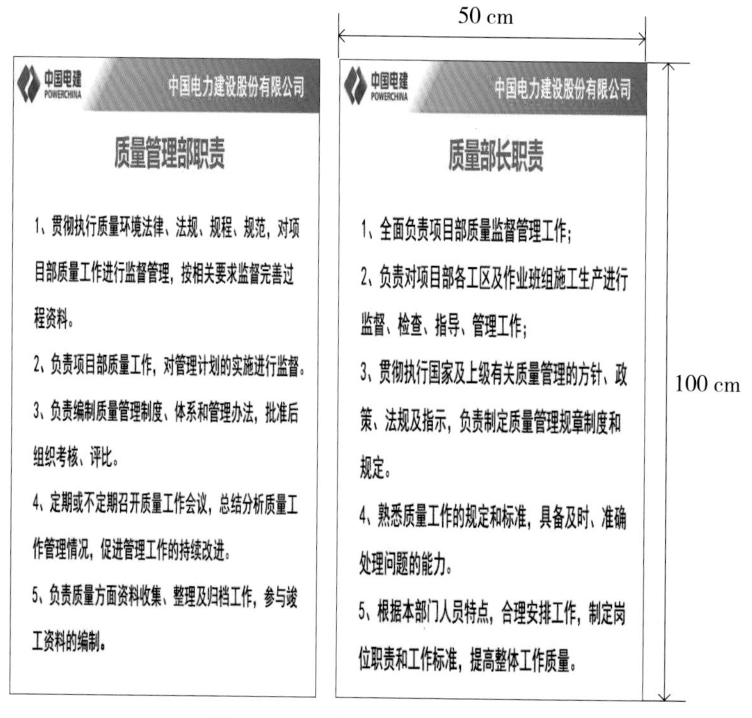

图 8.2-2　质量部长图牌

8.2.3　质量部内部管理制度图牌

质量部内部管理制度，是项目质量部的规章制度，必须严格遵守。图板可视板式进行调整，大小为 70 cm 长、 50 cm 宽，字体为黑体。本图制度条例为示意，仅供参考。

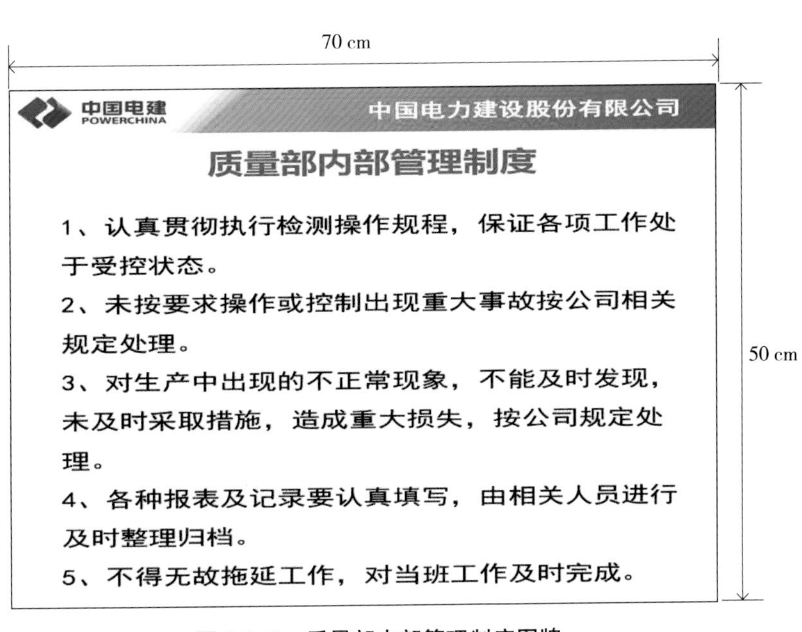

图 8.2–3　质量部内部管理制度图牌

8.2.4　质量验收图牌

质量验收制度，是项目质量人员在工程验收时必须遵守的规章制度，制定后对现场检验工作效果极为重要，图牌大小为 70 cm 长、 50 cm 宽，字体为黑体。

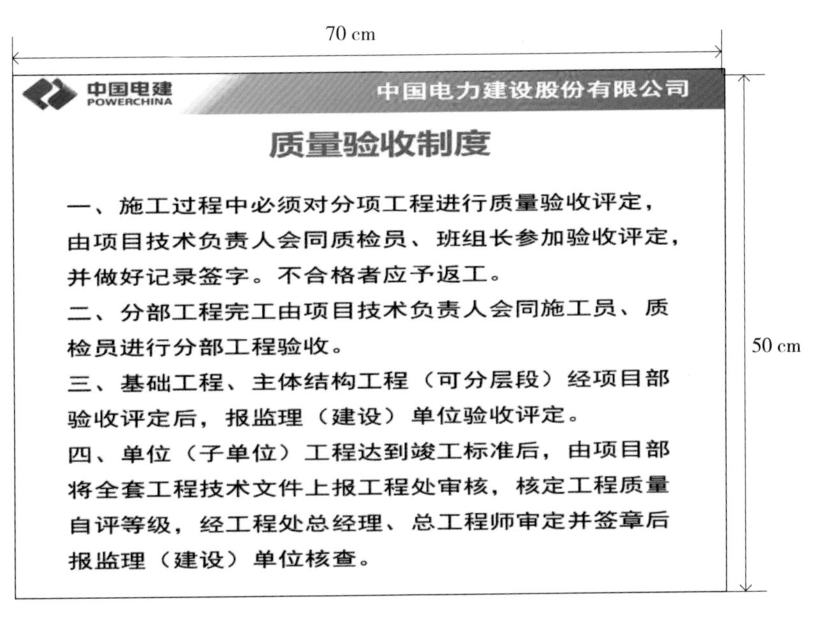

图 8.2–4　质量验收图牌

8.3 原材料及半成品标识牌

8.3.1 原材料标识牌

（1）原材料放置区牌，用于工程所用原材料统一存放场所标识，标牌的大小为 50 cm 宽、70 cm 长，字体为黑体。

（2）不合格原材料放置区牌，用于工程不合格原材料统一存放场所标识，标牌的大小为 50 cm 宽、70 cm 长，字体为红色黑体。

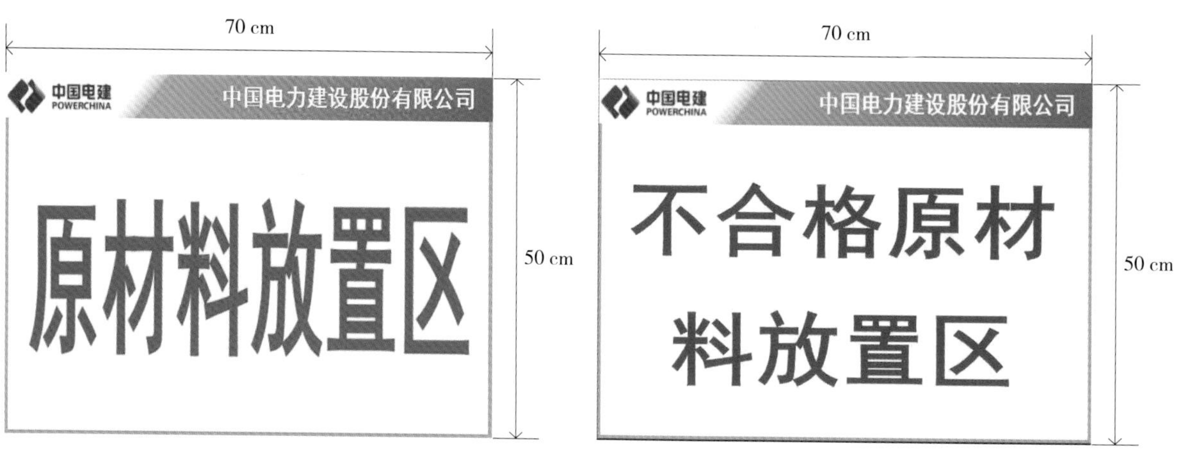

图 8.3-1　原材料放置区牌

图 8.3-2　不合格原材料放置区牌

（3）原材料标识牌，用于原材料检合格后，原材料存放标识，标牌的大小为 50 cm 宽、70 cm 长，字体为黑体，主要标明原材料品名、规格、数量、进场日期、检验状态。

（4）混凝土标识牌，主要体现混凝土施工质量控制信息，包括工程名称、施工部位、混凝土强度等级、坍落度、商品混凝土站名称、施工日期、养护时间、养护责任人等。图牌的大小为 50 cm 宽、70 cm 长，字体为黑体。

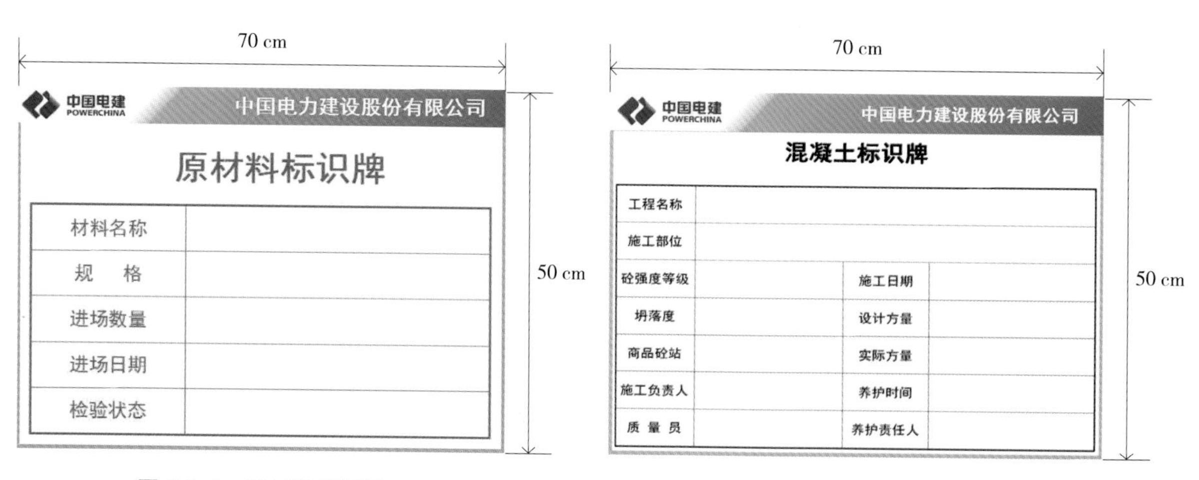

图 8.3-3　原材料标识牌

图 8.3-4　混凝土标识牌

8.3.2　半成品标识牌

（1）半成品合格存放区标识牌，用于现场半成品合格存放场所标识，标牌的大小为 50 cm 宽、70 cm 长，字体为黑体。

（2）半成品不合格放置区标识牌，用于现场半成品不合格存放场所标识，标牌的大小为 50 cm 宽、70 cm 长，字体为红色黑体。

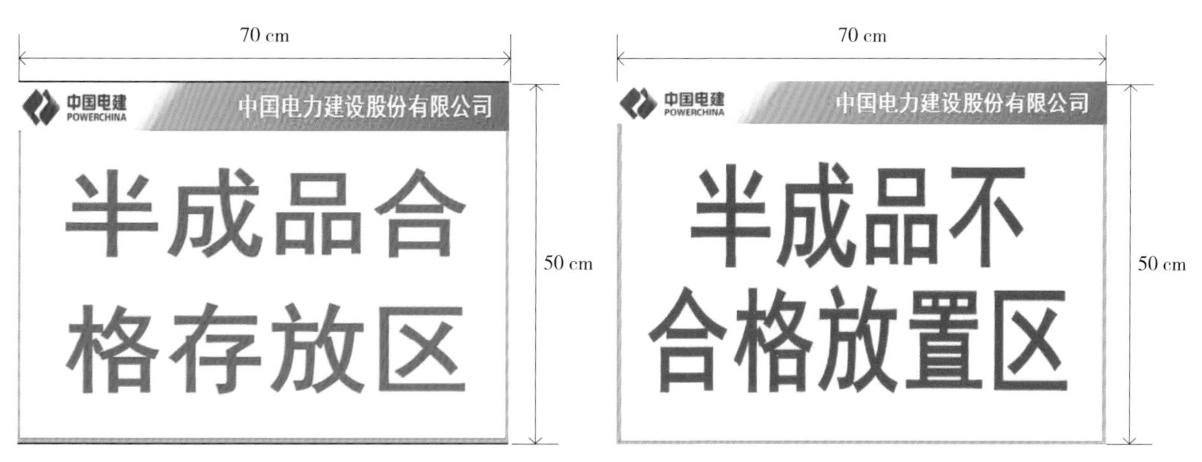

图 8.3–5　半成品合格存放区标识牌　　图 8.3–6　半成品不合格放置区标识牌

（3）半成品验收状态牌，用于现场半成品报检验收标识，标牌的大小为 50 cm 宽、70 cm 长，字体为黑体。

（4）半成品不合格通知牌，用于现场半成品报检验收不合格整改标识，标牌的大小为 50 cm 宽、70 cm 长，字体为黑体。

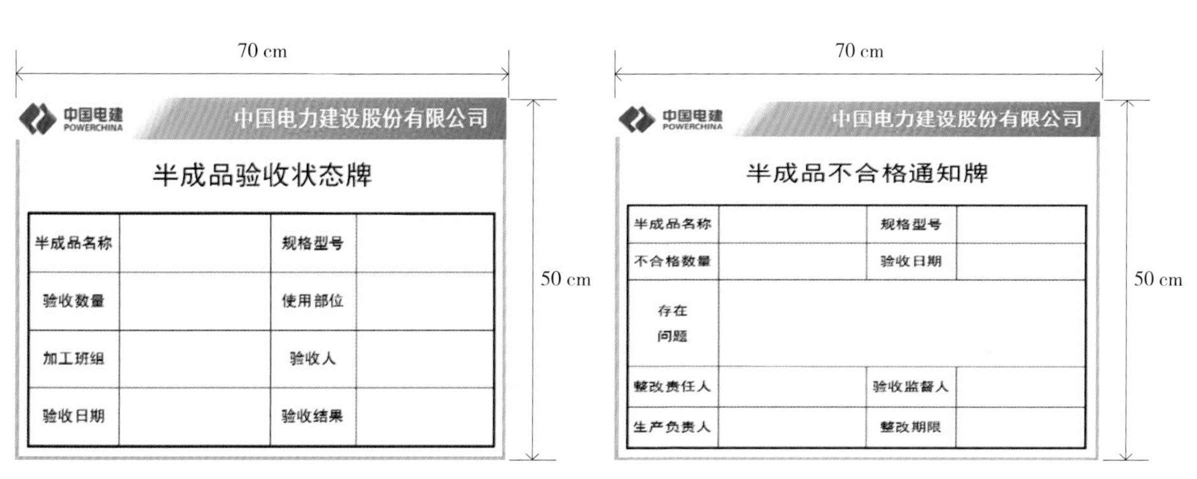

半成品验收状态牌

半成品名称		规格型号	
验收数量		使用部位	
加工班组		验收人	
验收日期		验收结果	

半成品不合格通知牌

半成品名称		规格型号	
不合格数量		验收日期	
存在问题			
整改责任人		验收监督人	
生产负责人		整改期限	

图 8.3–7　半成品验收状态牌　　图 8.3–8　半成品不合格通知牌

8.4 施工现场工序质量控制标识牌

8.4.1 道路工程

8.4.1.1 土方路基施工图牌

（1）路基填筑及水泥稳定碎石基层施工工艺流程图牌，图牌的大小为 120 cm 宽、240 cm 长，字体为黑体，有了工艺流程就有利于水泥稳定碎石基层、路基填筑施工和质量控制，保证质量。

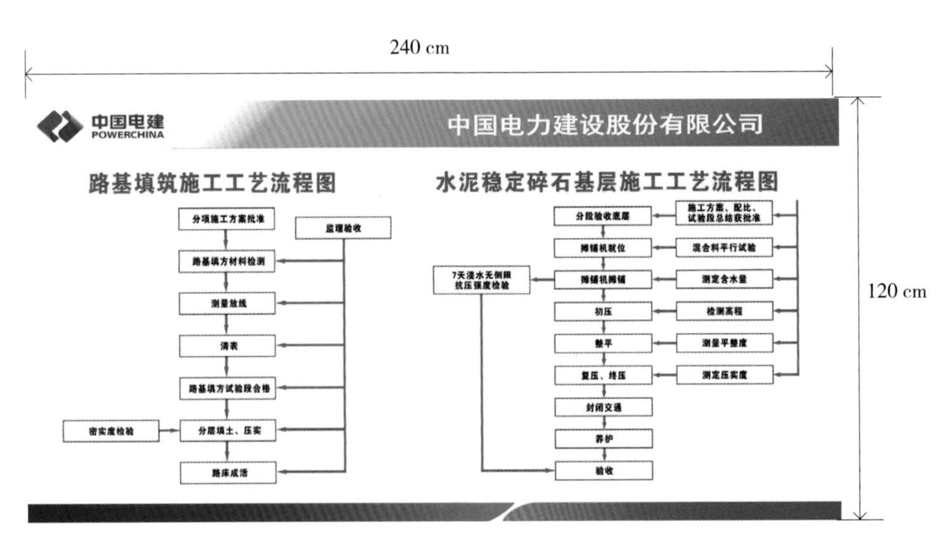

图 8.4–1　路基填筑及水泥稳定碎石基层施工工艺流程图牌

（2）路床及二灰土施工工艺流程图牌，用于路床和二灰土施工的质量控制，图牌的大小为 120 cm 宽、240 cm 长，字体为黑体，主要为现场相关负责人员、施工人员提供技术服务，保证按工序严格施工。

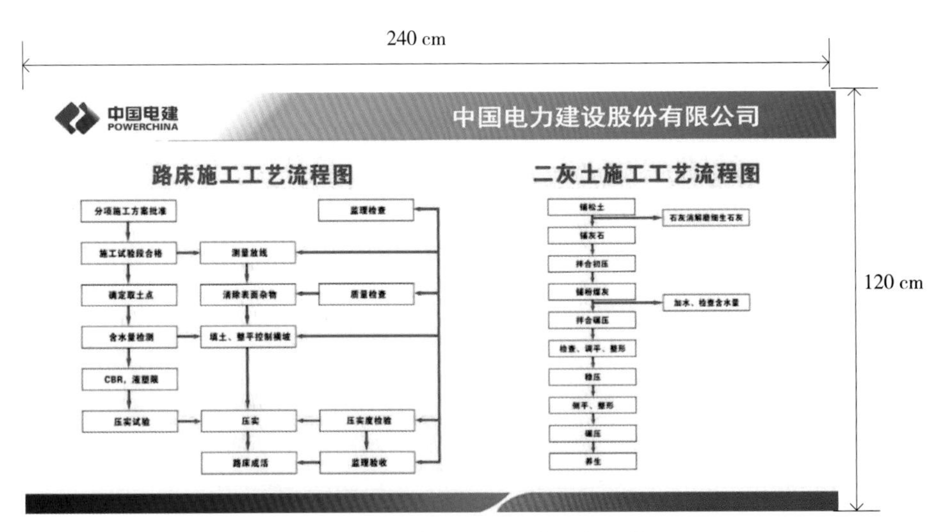

图 8.4–2　路床及二灰土施工工艺流程图牌

（3）道路封闭牌，图牌的大小为 80 cm 宽、120 cm 长，字体为黑体，主要体现道路封闭、禁止车辆行驶，便于路床的修整施工。

（4）道路分部分项牌，图牌的大小为 80 cm 宽、120 cm 长，字体为黑体。用于对道路的具体划分，是分项工程的质量控制、验收、评定和中间交工的依据。

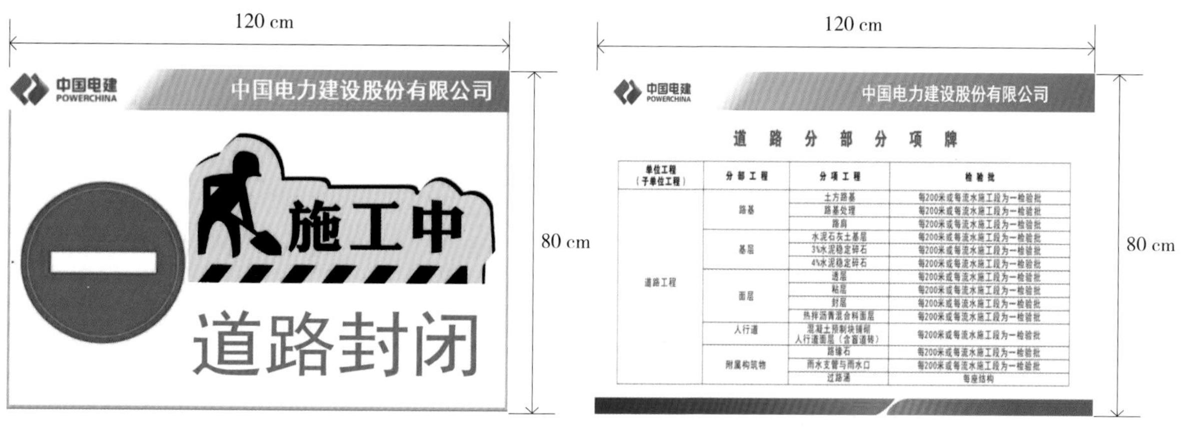

单位工程（子单位工程）	分部工程	分项工程	检验批
道路工程	路基	土方路基	每200米或每流水施工段为一检验批
		路基处理	每200米或每流水施工段为一检验批
		路肩	每200米或每流水施工段为一检验批
	基层	水泥石灰土基层	每200米或每流水施工段为一检验批
		3%水泥稳定碎石	每200米或每流水施工段为一检验批
		4%水泥稳定碎石	每200米或每流水施工段为一检验批
	面层	透层	每200米或每流水施工段为一检验批
		粘层	每200米或每流水施工段为一检验批
		封层	每200米或每流水施工段为一检验批
		热拌沥青混合料面层	每200米或每流水施工段为一检验批
	人行道	混凝土预制块铺砌人行道面层（含盲道砖）	每200米或每流水施工段为一检验批
	附属构筑物	路缘石	每200米或每流水施工段为一检验批
		雨水支管与雨水口	每200米或每流水施工段为一检验批
		过路涵	每座结构

图 8.4–3　道路封闭牌　　图 8.4–4　道路分部分项牌

8.4.1.2　软基处理施工图牌

（1）软基处理质量检测控制牌，用于道路基层施工质量控制，图牌的大小为 80 cm 宽、120 cm 长，字体为黑体，主要对软基施工质量进行把控，严控质量。

（2）土方路基检验标准牌，图牌的大小为 80 cm 宽、120 cm 长，字体为黑体。根据检查数量以及检验方法，对路基的检验情况做一个标准的验收依据。

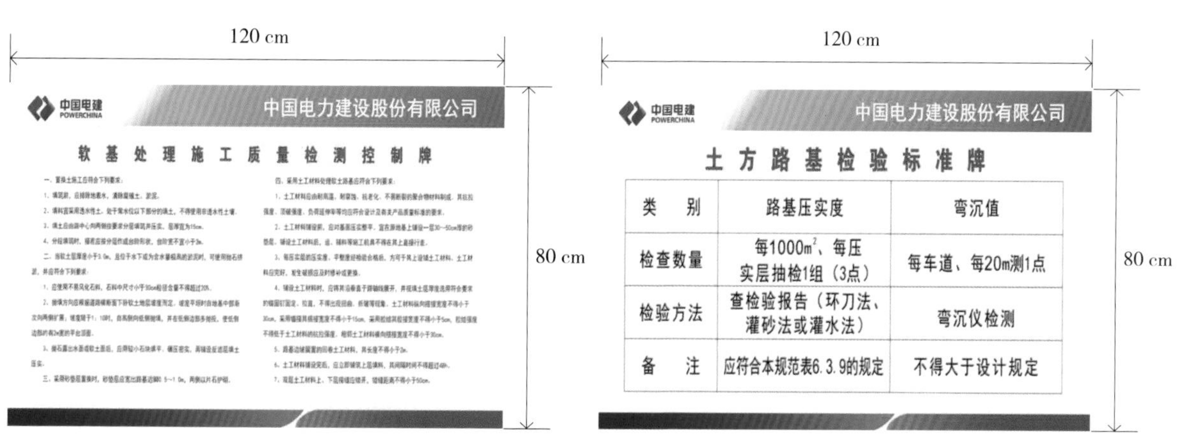

类　别	路基压实度	弯沉值
检查数量	每1000m²、每压实层抽检1组（3点）	每车道、每20m测1点
检验方法	查检验报告（环刀法、灌砂法或灌水法）	弯沉仪检测
备　注	应符合本规范表6.3.9的规定	不得大于设计规定

图 8.4–5　软基处理施工质量检测控制牌　　图 8.4–6　土方路基检验标准牌

8.4.1.3　石灰稳定土基层及底基层施工图牌

（1）石灰稳定土类基层及底基层施工控制牌，图牌的大小为 80 cm 宽、120 cm 长，字体为黑体，主要体现基层与底基层的纵断高程、中线位移、基层与底基层的平整度、宽度等。对此施工项目进行施工控制。

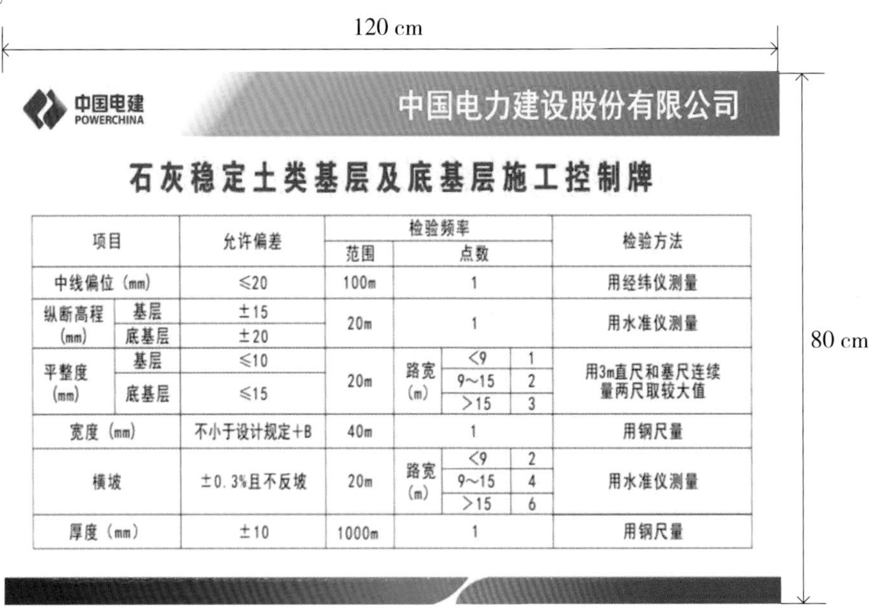

石灰稳定土类基层及底基层施工控制牌

项目		允许偏差	检验频率			检验方法
			范围	点数		
中线偏位（mm）		≤20	100m	1		用经纬仪测量
纵断高程（mm）	基层	±15	20m	1		用水准仪测量
	底基层	±20				
平整度（mm）	基层	≤10	20m	路宽（m） <9	1	用3m直尺和塞尺连续量两尺取较大值
				9~15	2	
	底基层	≤15		>15	3	
宽度（mm）		不小于设计规定+B	40m	1		用钢尺量
横坡		±0.3%且不反坡	20m	路宽（m） <9	2	用水准仪测量
				9~15	4	
				>15	6	
厚度（mm）		±10	1000m	1		用钢尺量

图 8.4–7　石灰稳定土类基层及底基层施工控制牌

（2）二灰土施工质量检测控制牌，用于对二灰土进行质量检测的过程中，有效地起到质量控制，对检查中的各种问题，分析原因并控制。图牌的大小为 80 cm 宽、120 cm 长，字体为黑体。

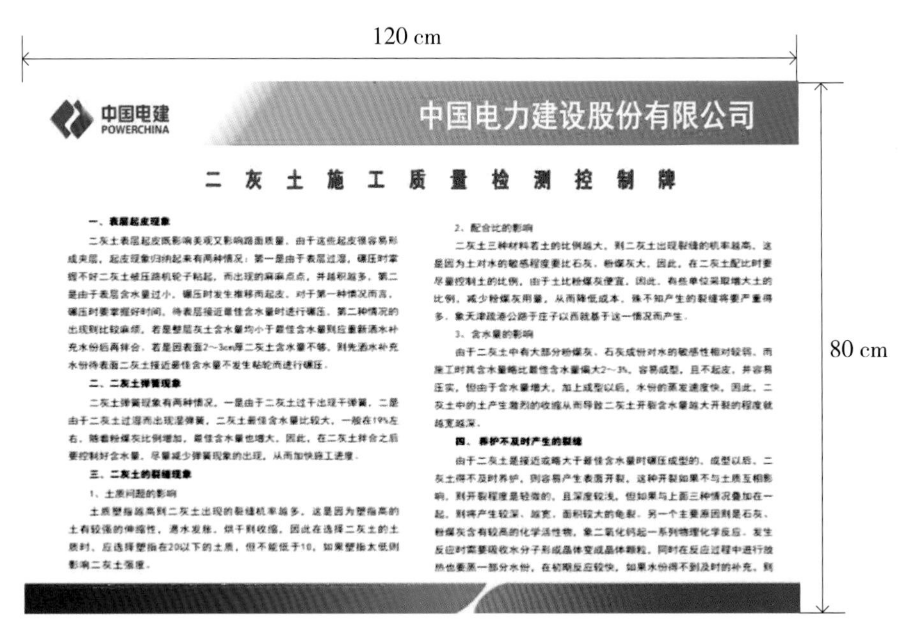

二 灰 土 施 工 质 量 检 测 控 制 牌

一、表层起皮现象

二灰土表层起皮既影响美观又影响路面质量，由于这些起皮很容易形成夹层，起皮现象归纳起来有两种情况：第一是由于表层过湿，碾压时掌握不好二灰土被压路机轮子粘起，而出现的麻麻点点，并越积越多。第二是由于表层含水量过小，碾压时发生推移而起皮。对于第一种情况而言，碾压时要掌握好时间，待表层接近最佳含水量时进行碾压。第二种情况的出现则比较麻烦，若是整层灰土含水量均小于最佳含水量则应重新洒水补充水份后再拌合。若是因表面2~3cm厚二灰土含水量不够，则先洒水补充水份待表面二灰土接近最佳含水量不发生粘轮而进行碾压。

二、二灰土弹簧现象

二灰土弹簧现象有两种情况，一是由于二灰土过干出现干弹簧，二是由于二灰土过湿而出现湿弹簧，二灰土最佳含水量比较大，一般在19%左右，随着粉煤灰比例增加，最佳含水量也增大，因此，在二灰土拌合之后要控制好含水量，尽量减少弹簧现象的出现，从而加快施工进度。

三、二灰土的裂缝现象

1、土质问题的影响

土质塑指越高则二灰土出现的裂缝机率越多，这是因为塑指高的土有较强的伸缩性，遇水发胀，烘干则收缩，因此在选择二灰土的土质时，应选择塑指在20以下的土质，但不能低于10，如果塑指太低则影响二灰土强度。

2、配合比的影响

二灰土三种材料若土的比例越大，则二灰土出现裂缝的机率越高，这是因为土对水的敏感程度要比石灰、粉煤灰大，因此，在二灰土配比时要尽量控制土的比例，由于土比粉煤灰便宜，因此，有些单位采取增大土的比例，减少粉煤灰用量，从而降低成本，殊不知产生的裂缝将要严重得多，象天津疏港公路于庄子以西就基于这一情况而产生。

3、含水量的影响

由于二灰土中有大部分粉煤灰、石灰成份对水的敏感性相对较弱，而施工时其含水量略比最佳含水量偏大2~3%，容易成型，且不起皮，并容易压实，但由于含水量增大，加上成型以后，水份的蒸发速度快，因此，二灰土中的土产生激烈的收缩从而导致二灰土开裂含水量越大开裂的程度就越宽越深。

四、养护不及时产生的裂缝

由于二灰土是接近或略大于最佳含水量时碾压成型的，成型以后，二灰土得不及时养护，则容易产生表面开裂，这种开裂如果不与土质互相影响，则开裂程度是轻微的，且深度较浅，但如果与上面三种情况叠加在一起，则将产生较深、较宽，面积较大的龟裂，另一个主要原因则是石灰、粉煤灰含有较高的化学活性物，象二氧化钙起一系列物理化学反应，发生反应时需要吸收水分子形成晶体变成晶体颗粒，同时在反应过程中进行放热也要蒸一部分水份，在初期反应较快，如果水份得不到及时的补充，则

图 8.4–8　二灰土施工质量检测控制牌

8.4.1.4　路基施工控制牌

图牌的大小为 80 cm 宽、120 cm 长，字体为黑体。主要以路床纵断高程、路床中心偏位、平整度以及路床宽度等展开控制。

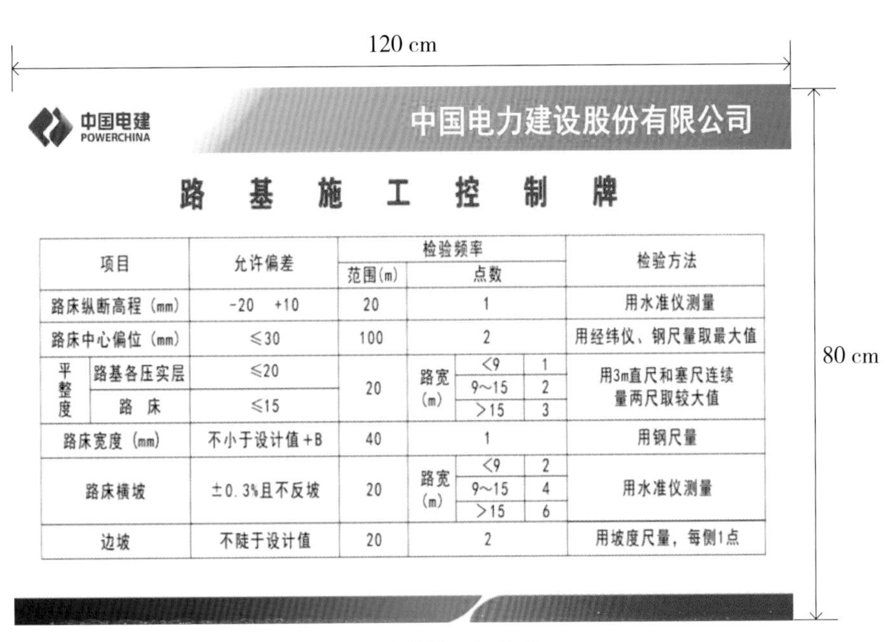

项目		允许偏差	检验频率			检验方法
			范围(m)	点数		
路床纵断高程（mm）		-20　+10	20	1		用水准仪测量
路床中心偏位（mm）		≤30	100	2		用经纬仪、钢尺量取最大值
平整度	路基各压实层	≤20	20	路宽（m）	<9：1 9~15：2 >15：3	用3m直尺和塞尺连续量两尺取较大值
	路　床	≤15				
路床宽度（mm）		不小于设计值+B	40	1		用钢尺量
路床横坡		±0.3%且不反坡	20	路宽（m）	<9：2 9~15：4 >15：6	用水准仪测量
边坡		不陡于设计值	20	2		用坡度尺量，每侧1点

图 8.4–9　路基施工控制牌

8.4.1.5　透层施工图牌

（1）透层质量控制检测牌，用于透层施工的质量控制，图牌的大小为 80 cm 宽、120 cm 长，字体为黑体，主要体现透层油的用量及渗透深度、透层油适合怎么喷洒、透层油的养护时间等。对沥青路面透层材料的规格和用量统一基准。

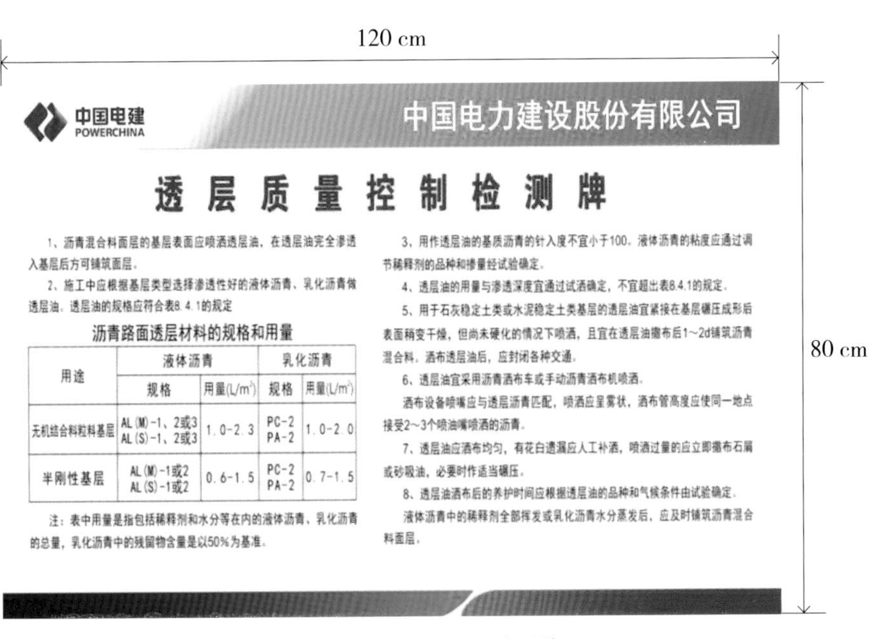

1、沥青混合料面层的基层表面应喷洒透层油，在透层油完全渗透入基层后方可铺筑面层。

2、施工中应根据基层类型选择渗透性好的液体沥青、乳化沥青做透层油。透层油的规格应符合表8.4.1的规定

沥青路面透层材料的规格和用量

用途	液体沥青		乳化沥青	
	规格	用量(L/m²)	规格	用量(L/m²)
无机结合料粒料基层	AL(M)-1、2或3 AL(S)-1、2或3	1.0-2.3	PC-2 PA-2	1.0-2.0
半刚性基层	AL(M)-1或2 AL(S)-1或2	0.6-1.5	PC-2 PA-2	0.7-1.5

注：表中用量是指包括稀释剂和水分等在内的液体沥青、乳化沥青的总量，乳化沥青中的残留物含量是以50%为基准。

3、用作透层油的基质沥青的针入度不宜小于100。液体沥青的粘度应通过调节稀释剂的品种和掺量经试验确定。

4、透层油的用量与渗透深度宜通过试洒确定，不宜超出表8.4.1的规定。

5、用于石灰稳定土类或水泥稳定土类基层的透层油宜紧接在基层碾压成形后表面稍变干燥，但尚未硬化的情况下喷洒，且宜在透层油撒布后1~2d铺筑沥青混合料。洒布透层油后，应封闭各种交通。

6、透层油宜采用沥青洒布车或手动沥青洒布机喷洒。

洒布设备喷嘴应与透层沥青匹配，喷洒应呈雾状，洒布管高度应使同一地点接受2~3个喷油嘴喷洒的沥青。

7、透层油应洒布均匀，有花白遗漏应人工补洒，喷洒过量的应立即撒布石屑或砂吸油，必要时作适当碾压。

8、透层油洒布后的养护时间应根据透层油的品种和气候条件由试验确定。

液体沥青中的稀释剂全部挥发或乳化沥青水分蒸发后，应及时铺筑沥青混合料面层。

图 8.4–10　透层质量控制检测牌

（2）透层施工工艺牌，用于透层施工顺序控制，图牌的大小为 80 cm 宽、120 cm 长，字体为黑体，主要体现为每道工序质量做到把控，可根据工艺图施工顺序进行施工。

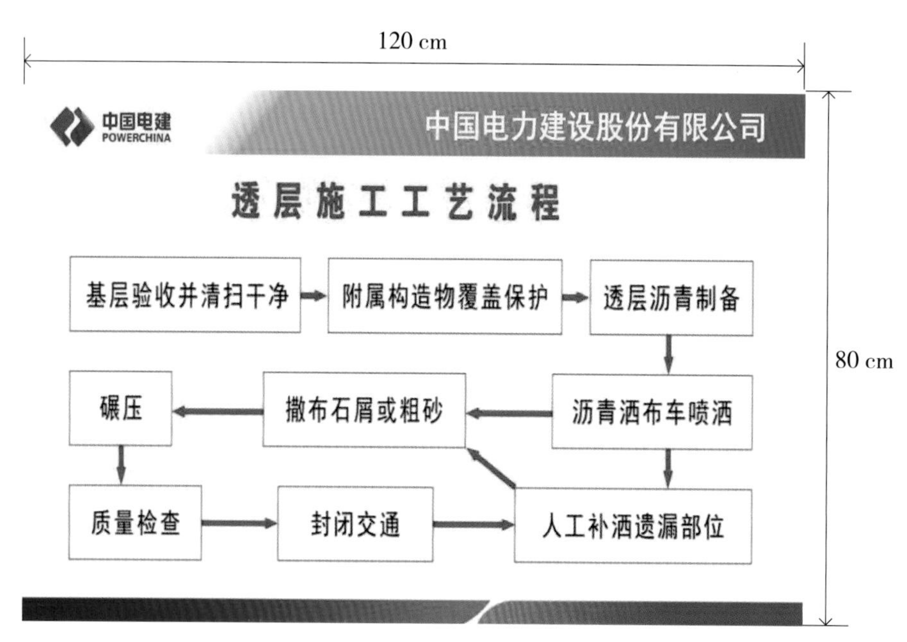

图 8.4–11　透层施工工艺牌

8.4.1.6　粘层及封层施工图牌

（1）粘层质量控制检测牌，用于粘层路面施工质量控制，图牌的大小为 80 cm 宽、120 cm 长，字体为黑体，主要体现粘层施工的质量控制方法以及根据，对材料用量做到符合控制要求。

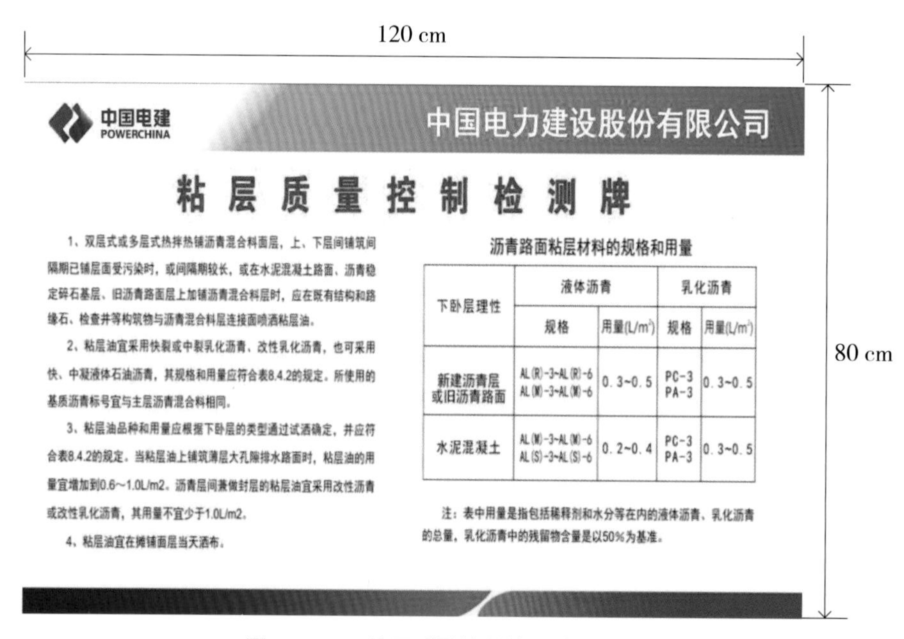

图 8.4–12　粘层质量控制检测牌

（2）封层质量检测控制牌，用于封层路面施工质量控制，图牌的大小为 80 cm 宽、120 cm 长，字体为黑体，主要体现封层施工所用的材料、配合比等用料，必须根据相关标准要求。

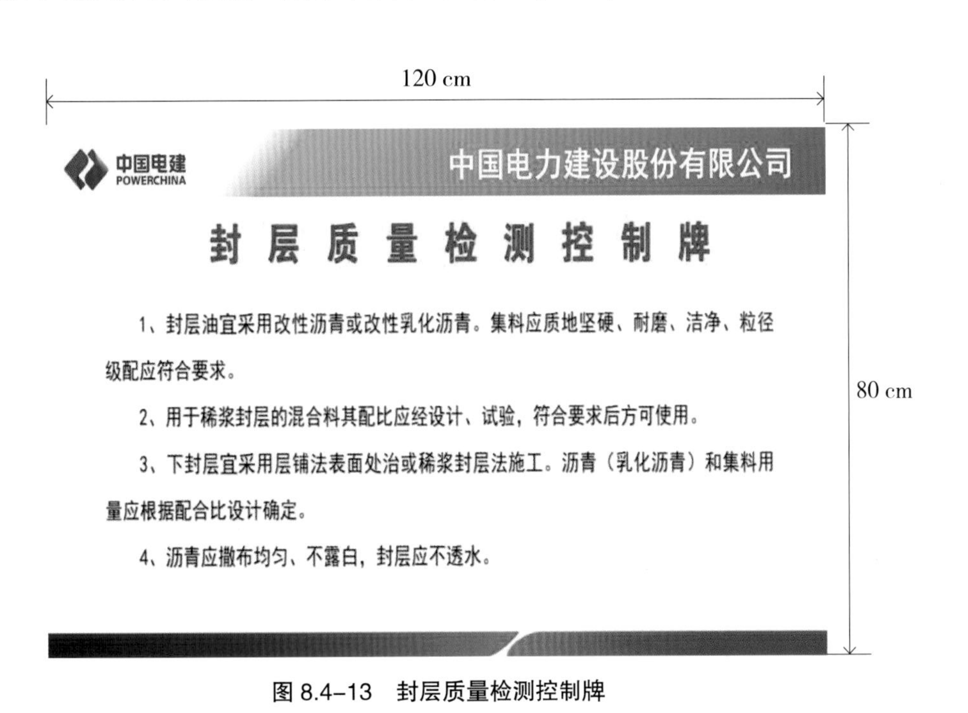

图 8.4–13　封层质量检测控制牌

8.4.1.7　热拌沥青混合料面层施工图牌

（1）热拌沥青混合料面层施工控制牌，图牌的大小为 80 cm 宽、120 cm 长，字体为黑体，主要内容包括次干路与支路的纵断高程、中线偏位、基层与底基层的平整度、宽度等。用于对此施工项目进行施工控制。

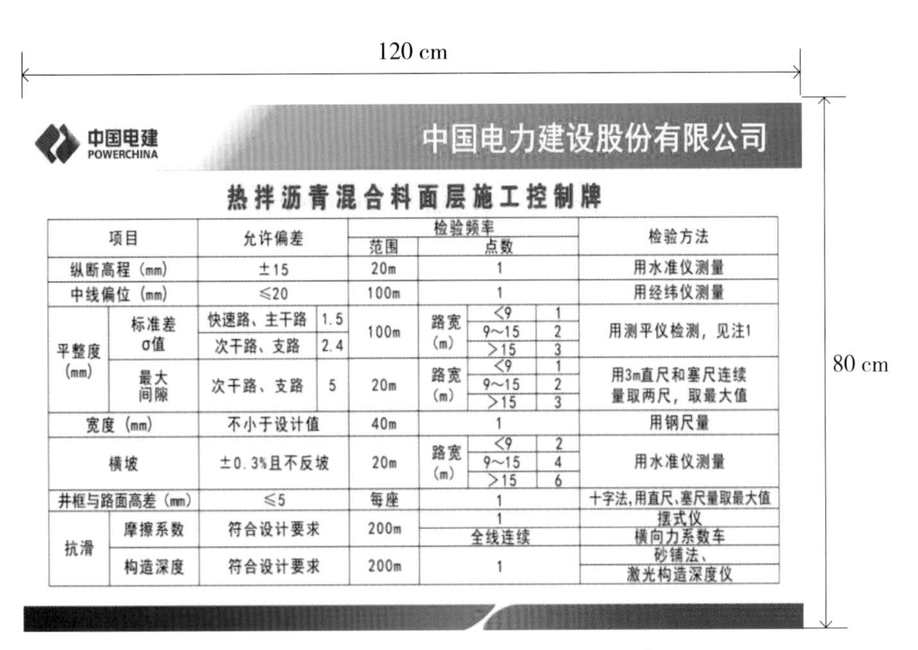

项目		允许偏差		检验频率				检验方法
				范围	点数			
纵断高程（mm）		±15		20m	1			用水准仪测量
中线偏位（mm）		≤20		100m	1			用经纬仪测量
平整度（mm）	标准差σ值	快速路、主干路	1.5	100m	路宽（m）	<9	1	用测平仪检测，见注1
		次干路、支路	2.4			9~15	2	
						>15	3	
	最大间隙	次干路、支路	5	20m	路宽（m）	<9	1	用3m直尺和塞尺连续量取两尺，取最大值
						9~15	2	
						>15	3	
宽度（mm）		不小于设计值		40m	1			用钢尺量
横坡		±0.3%且不反坡		20m	路宽（m）	<9	2	用水准仪测量
						9~15	4	
						>15	6	
井框与路面高差（mm）		≤5		每座	1			十字法，用直尺、塞尺量取最大值
抗滑	摩擦系数	符合设计要求		200m	1			摆式仪
					全线连续			横向力系数车
	构造深度	符合设计要求		200m	1			砂铺法、激光构造深度仪

图 8.4–14　热拌沥青混合料面层施工控制牌

（2）热拌沥青混合料面层质量检验标准牌，图牌的大小为 80 cm 宽、120 cm 长，字体为黑体。用于对沥青混合料面层的质量检验控制。

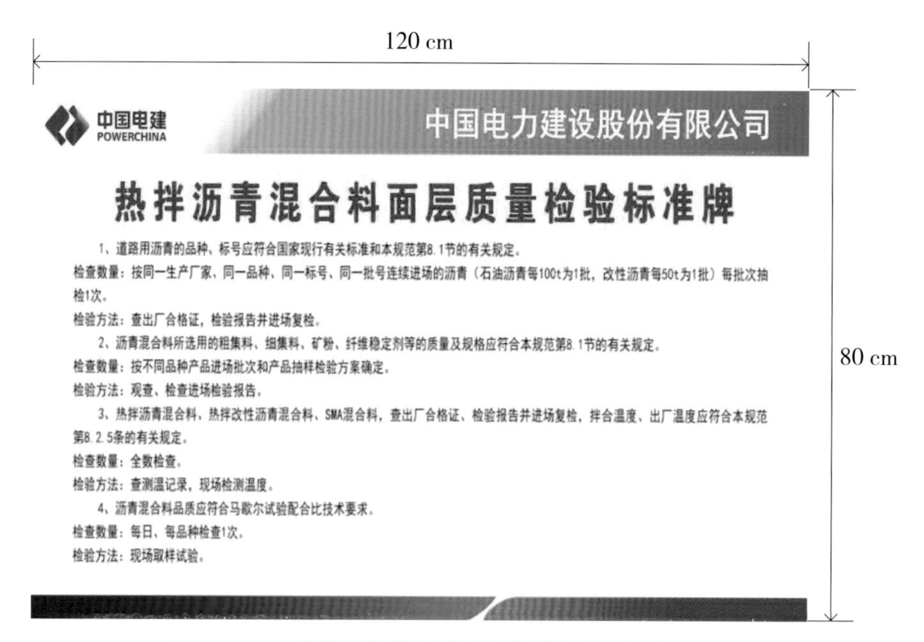

图 8.4–15　热拌沥青混合料面层质量检验标准牌

8.4.1.8　人行道图牌

（1）人行道质量检验控制牌，用于对人行道的面层铺筑中，控制质量检验的标准，牌的大小为 80 cm 宽、120 cm 长，字体为黑体，主要体现路床与基层、砂浆强度、石材强度等质量控制。

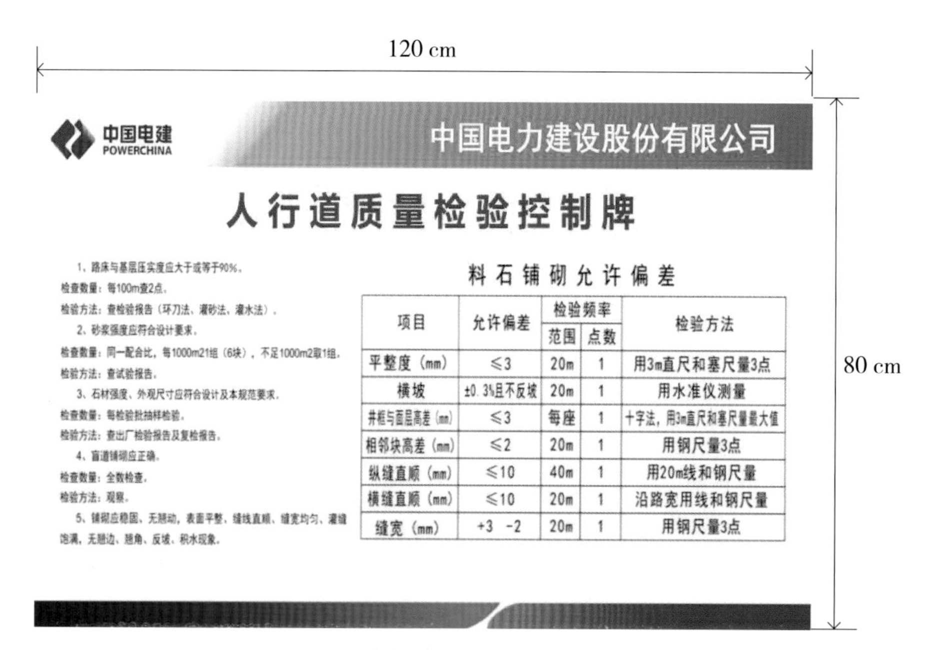

项目	允许偏差	检验频率		检验方法
		范围	点数	
平整度（mm）	≤3	20m	1	用3m直尺和塞尺量3点
横坡	±0.3%且不反坡	20m	1	用水准仪测量
井框与面层高差（mm）	≤3	每座	1	十字法，用3m直尺和塞尺量最大值
相邻块高差（mm）	≤2	20m	1	用钢尺量3点
纵缝直顺（mm）	≤10	40m	1	用20m线和钢尺量
横缝直顺（mm）	≤10	20m	1	沿路宽用线和钢尺量
缝宽（mm）	+3　-2	20m	1	用钢尺量3点

图 8.4–16　人行道质量检验控制牌

（2）砂浆配合比控制牌，图牌的大小为 50 cm 宽、70 cm 长，字体为黑体。主要为了合理地配制水泥砂浆，水、砂子和水泥的配合比例，即水泥、砂及用水量的标准比例。

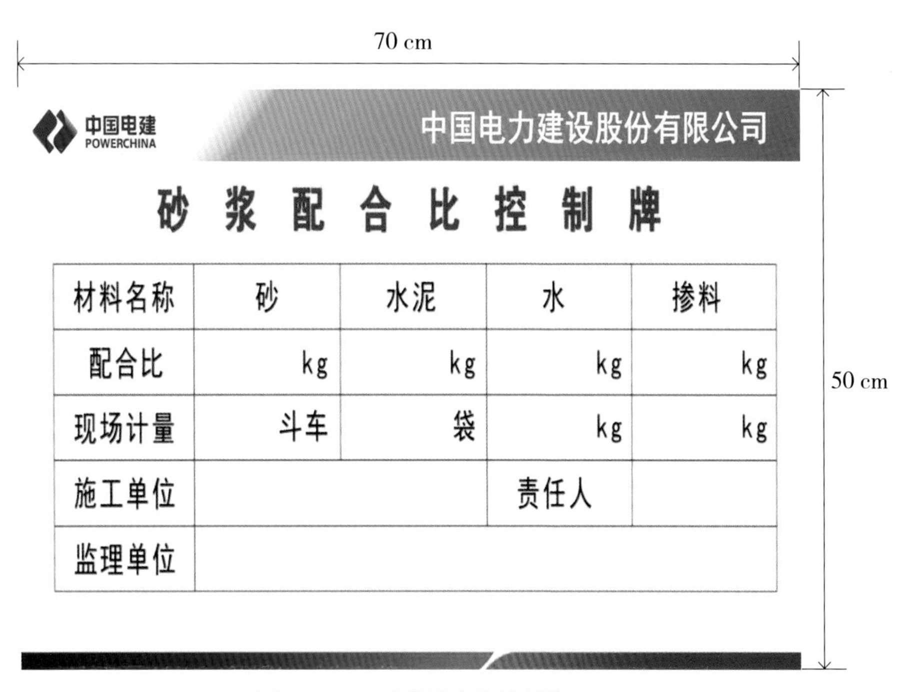

图 8.4-17　砂浆配合比控制牌

8.4.2　排水工程

8.4.2.1　排水工程施工图牌

（1）排水管道工程施工形象进度图，用于排水工程施工，图牌的大小为 120 cm 宽、240 cm 长，字体为黑体，主要体现管道位置、桩号、进度等。

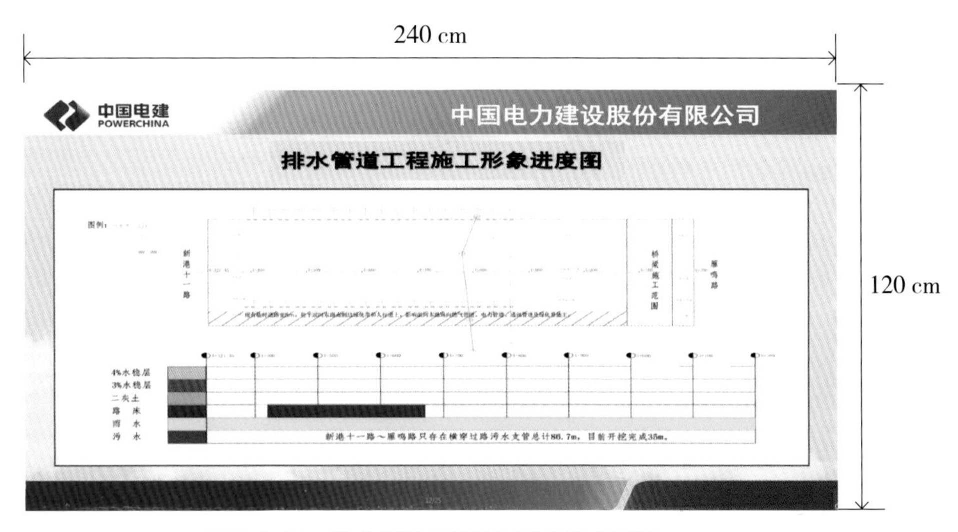

图 8.4-18　排水管道工程施工形象进度图牌

（2）排水管道施工工艺图，用于排水工程施工交底和控制，图牌的大小为 80 cm 宽、120 cm 长，标题字体为黑体，内容字体为宋体，主要体现排水工程具体施工流程，指导管道施工规范操作。

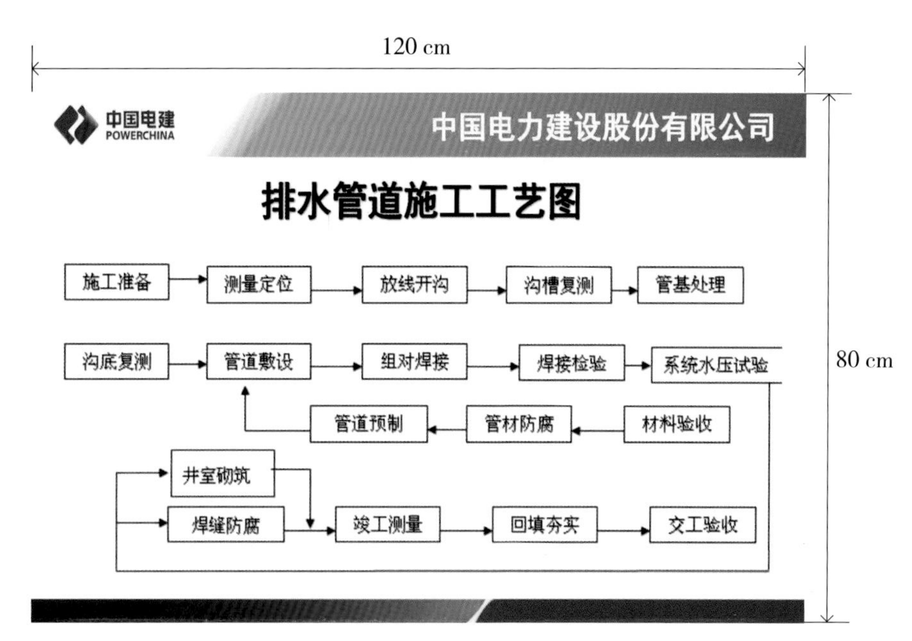

图 8.4–19 排水管道施工工艺图

8.4.2.2 沟槽施工图牌

（1）沟槽开挖标识牌，用于排水管道施工交底和控制，图牌的大小为 50 cm 宽、70 cm 长，字体为黑体，主要体现开挖放坡坡比、深度尺寸、开口宽度等。

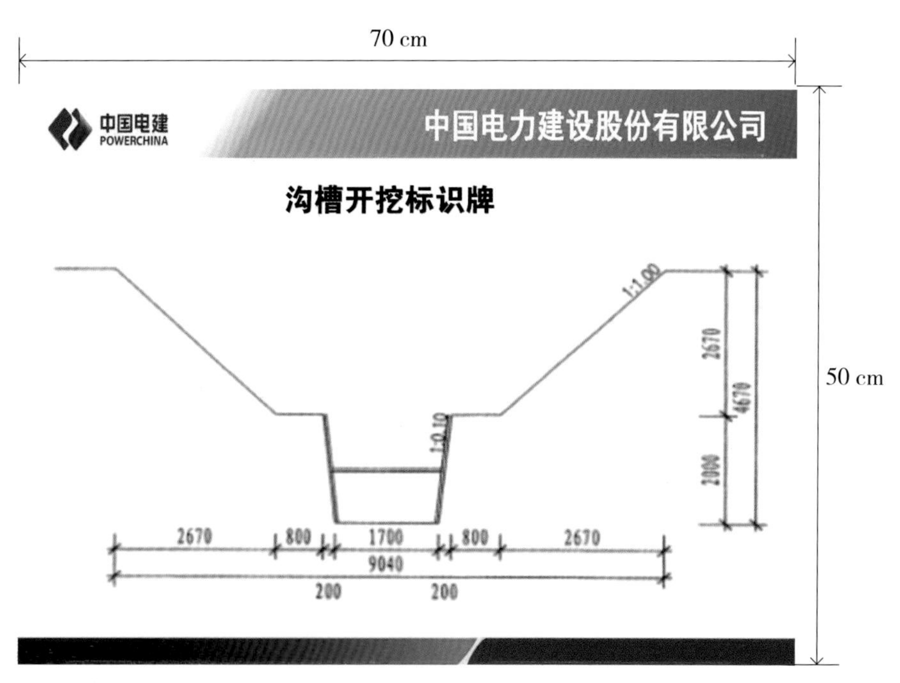

图 8.4–20 沟槽开挖标识牌

（2）沟槽回填施工图，用于管线沟槽回填施工质量控制，图牌的大小为 80 cm 宽、120 cm 长，字体为黑体，主要体现管道回填材料、层厚、压实度等检测指标，为施工质量控制提供参考依据。

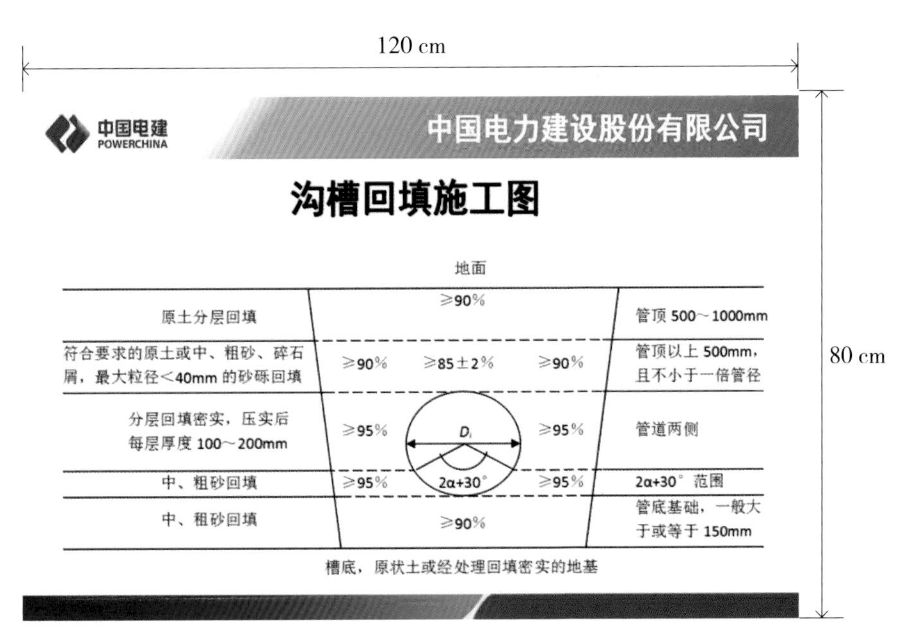

图 8.4–21　沟槽回填施工图牌

（3）沟槽回填质量验收牌，用于管线施工技术质量控制，图牌的大小为 80 cm 宽、120 cm 长，字体为黑体，主要标识管线质量验收情况。标牌内容包括工程名称、施工部位、回填材料、回填厚度、检验方法、验收结果、施工日期等。

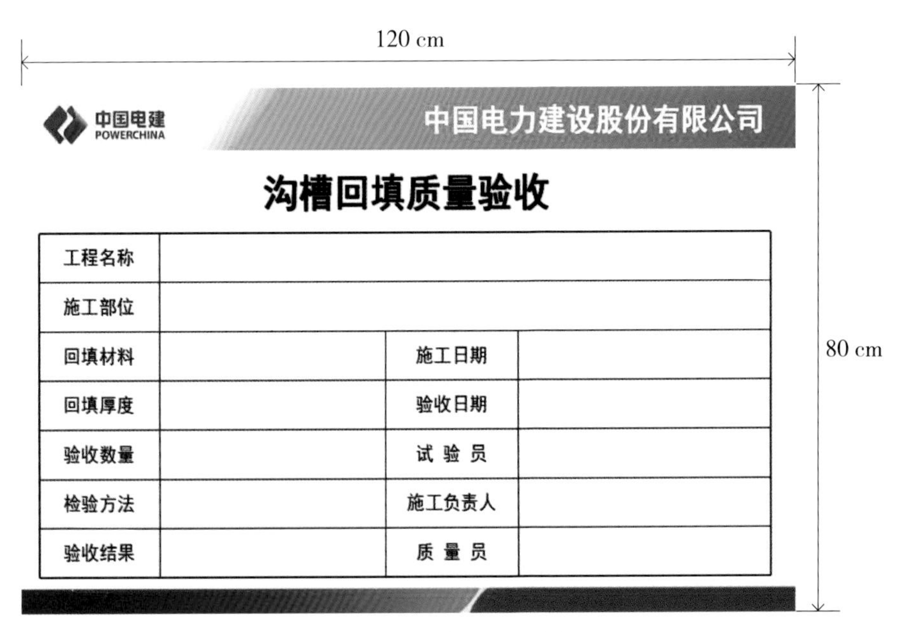

沟槽回填质量验收

工程名称			
施工部位			
回填材料		施工日期	
回填厚度		验收日期	
验收数量		试 验 员	
检验方法		施工负责人	
验收结果		质 量 员	

图 8.4–22　沟槽回填质量验收牌

8.4.2.3　检查井施工图牌

（1）检查井施工图，用于管线施工质量控制，图牌的大小为 80 cm 宽、120 cm 长，字体为黑体，主要体现检查井型尺寸，为施工质量控制提供参考依据。

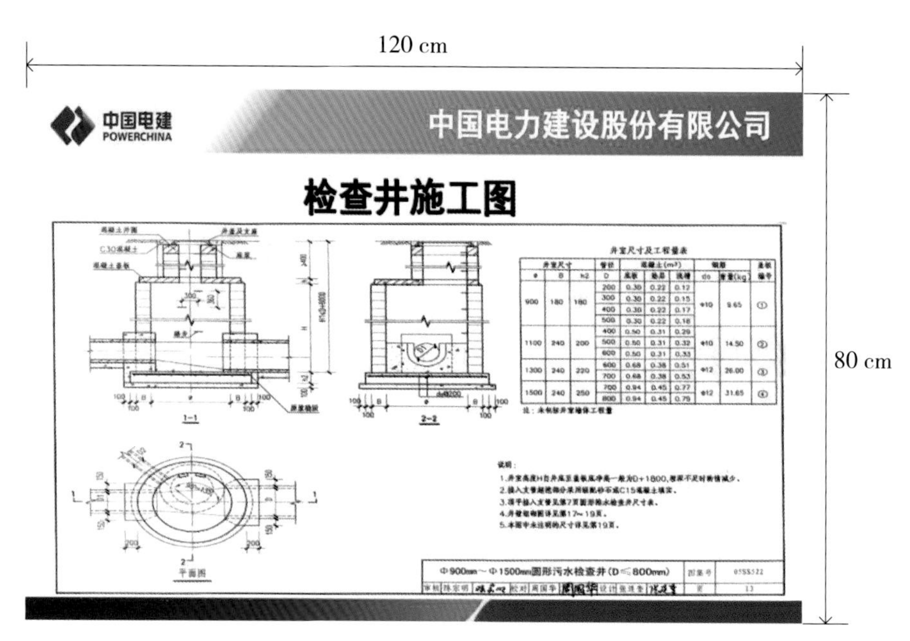

图 8.4-23　检查井施工图牌

（2）检查井回填质量验收，用于检查井井周回填施工后验收的质量控制，图牌的大小为 80 cm 宽、120 cm 长，字体为黑体，标牌内容包括工程名称、验收部位、回填材料、回填厚度、检验方法、验收结果、施工日期等。

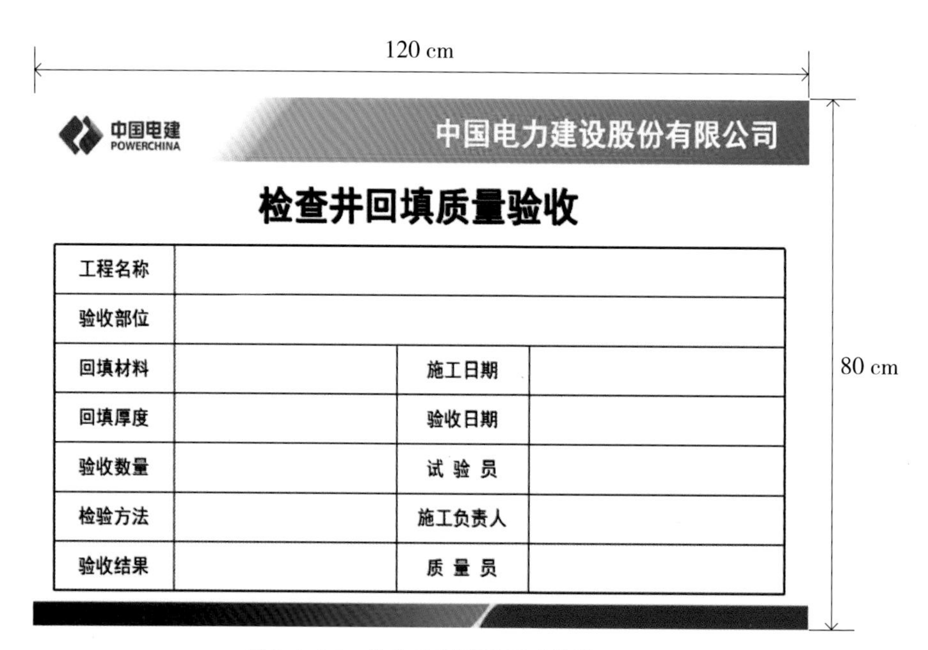

工程名称			
验收部位			
回填材料		施工日期	
回填厚度		验收日期	
验收数量		试 验 员	
检验方法		施工负责人	
验收结果		质 量 员	

图 8.4-24　检查井回填质量验收牌

（3）检查井标识牌，用于检查井施工使用，图牌的大小为 50 cm 宽、70 cm 长，字体为黑体，主要体现检查井名称、位置、桩号及尺寸。

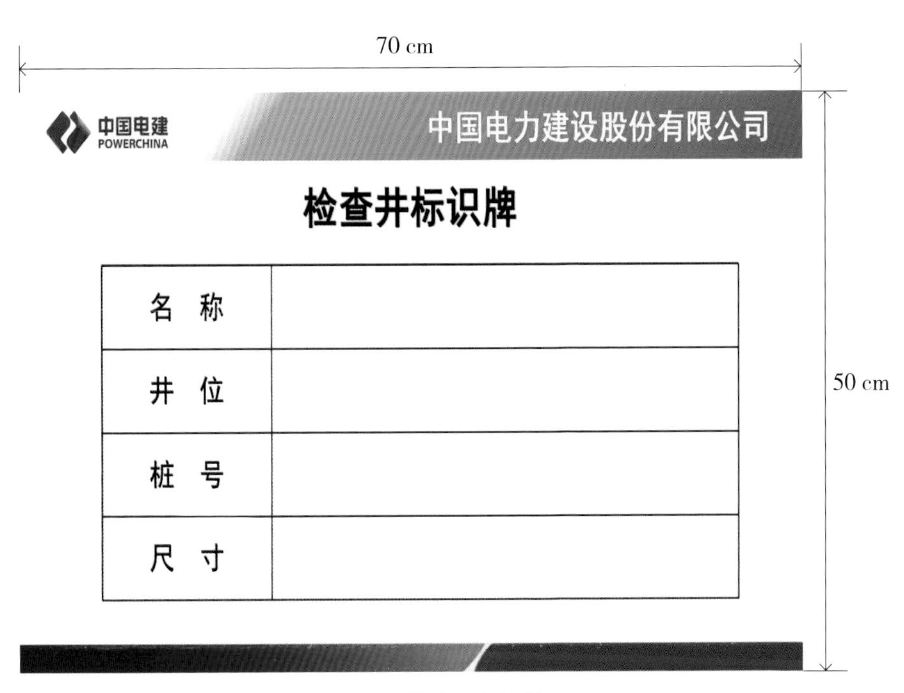

图 8.4–25　检查井标识牌

8.4.2.4　试验检测图牌

（1）试验检测项目及结果告知牌，用于试验检测结果告示，图牌的大小为 80 cm 宽、120 cm 长，字体为黑体，主要提示试验检查项目、规范要求、检查结果。

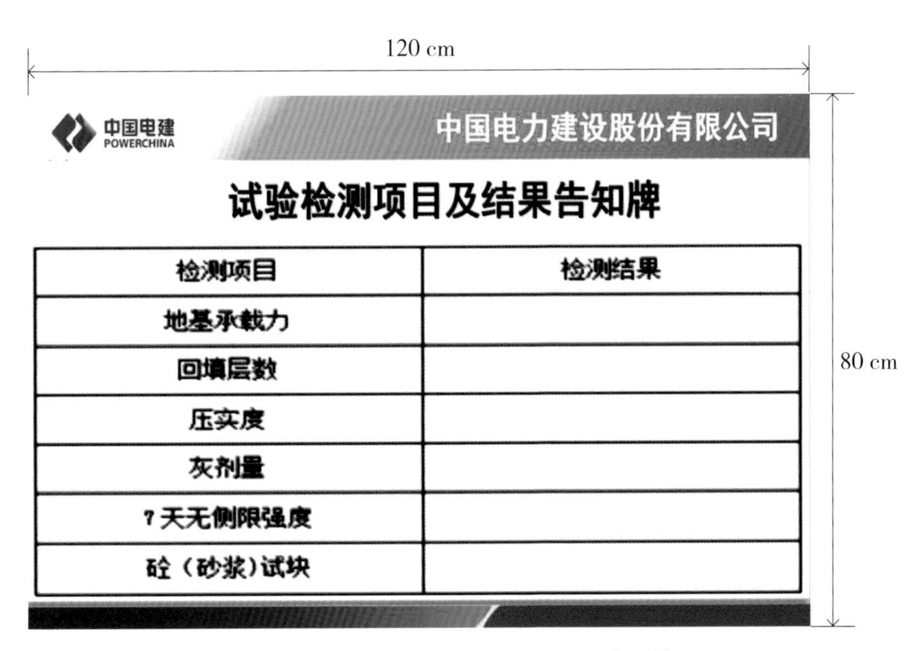

图 8.4–26　试验检测项目及结果告知牌

（2）无压力管道闭水试验标识牌，用于排水工程管道闭水使用，图牌的大小为 80 cm 宽、120 cm 长，字体为黑体，主要体现管道闭水时间、桩号、渗水量等。

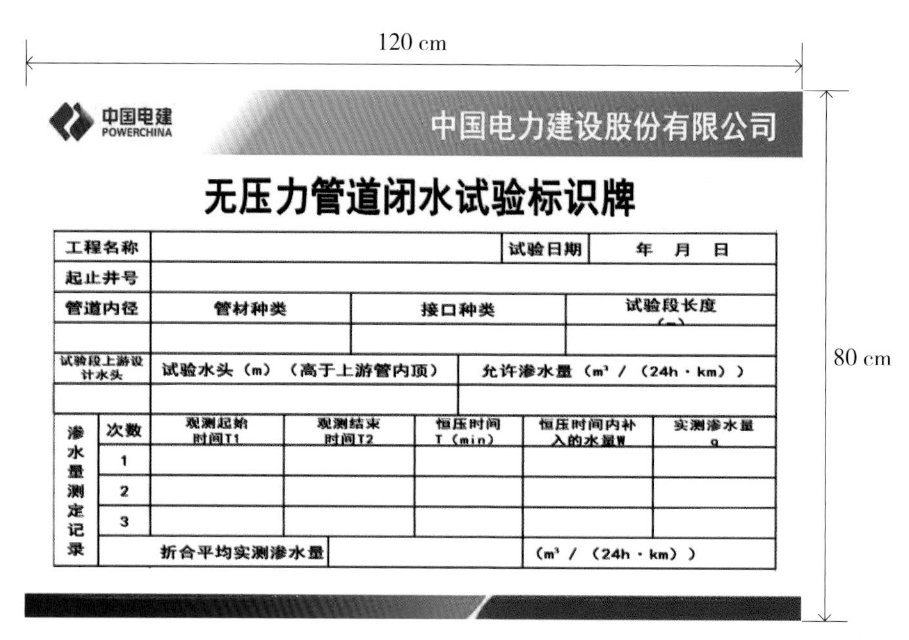

图 8.4-27　无压力管道闭水试验标识牌

8.4.3　桥梁工程

8.4.3.1　桩基施工图牌

（1）桥梁桩基平面布置图及施工形象进度图，用于桥梁桩基施工，图牌的大小为 80 cm 宽、120 cm 长，字体为黑体，主要体现桥梁桩基位置、方位、编号、间距。

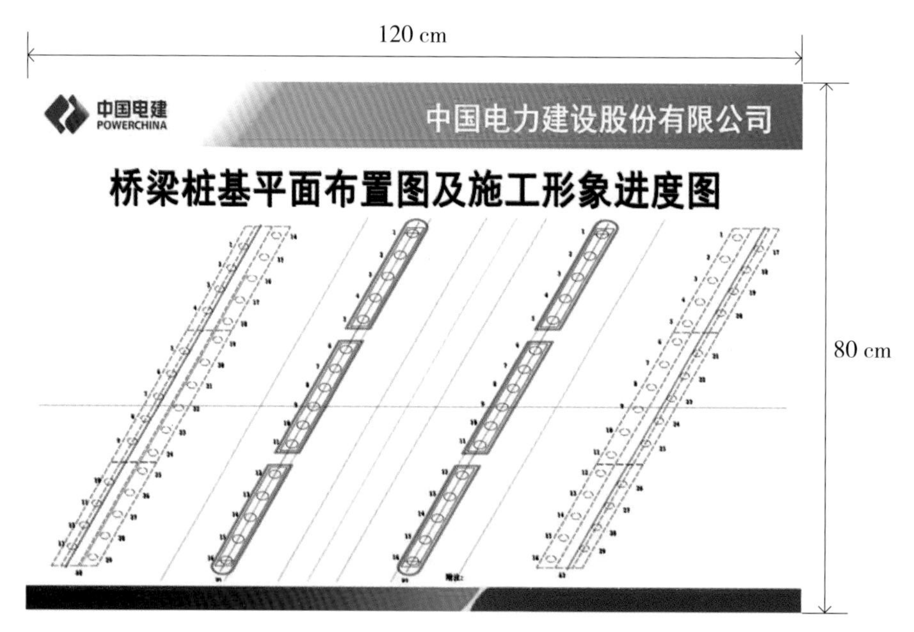

图 8.4-28　桥梁桩基平面布置图及施工形象进度图牌

（2）桥梁桩基施工工艺流程图，用于桥梁桩基施工交底和控制，图牌的大小为 80 cm 宽、120 cm 长，标题字体为黑体，内容字体为宋体，主要体现桥梁桩基具体施工流程，指导桩基施工规范操作。

图 8.4-29　桥梁桩基施工工艺流程图牌

（3）桥梁桩基施工标识牌，用于桥梁桩基施工交底和控制，图牌的大小为 80 cm 宽、120 cm 长，字体为黑体，主要体现桥梁桩基编号、桩长、桩径、护筒顶标高、桩顶标高、孔深、装底标高、现场负责人员信息。

（4）钻孔桩泥浆标识牌，用于桥梁桩基施工泥浆质量控制，图牌的大小为 80 cm 宽、120 cm 长，字体为黑体，主要体现泥浆检测项目、检测指标、检测结果、现场试验人员、检测时间。

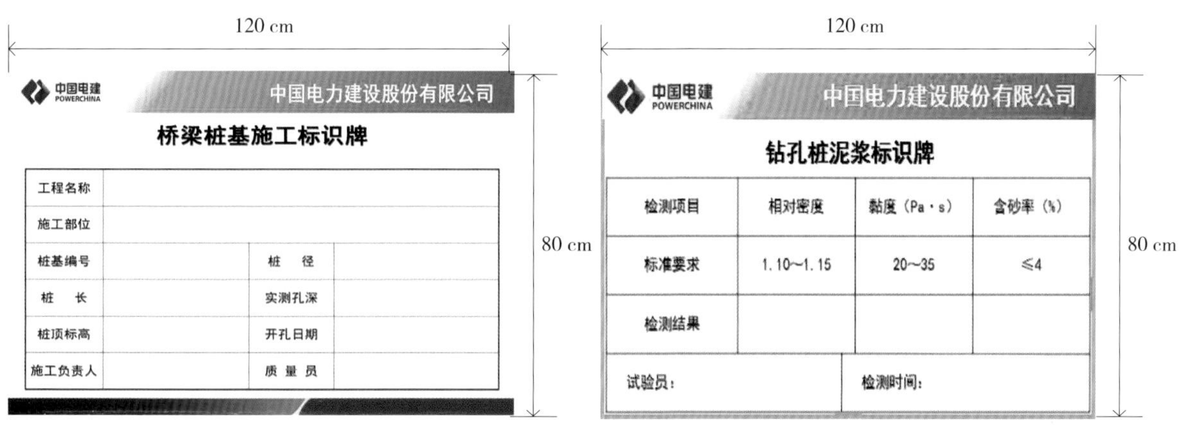

图 8.4-30　桥梁桩基施工标识牌　　图 8.4-31　钻孔桩泥浆标识牌

（5）桩基钢筋笼验收牌，用于桥梁桩基钢筋笼加工质量控制，图牌的大小为 80 cm 宽、120 cm 长，字体为黑体， 主要体现钢筋骨架直径、主钢筋间距、加强筋间距、钢筋骨架垂直度等。

（6）桩基混凝土灌注施工标识牌，用于桥梁桩基混凝土灌注施工质量控制，图牌的大小为 80 cm 宽、120 cm 长，字体为黑体，主要体现桩基编号、混凝土等级、坍落度、实测孔深、设计方量、商品混凝土站名称、混凝土车辆编号等。

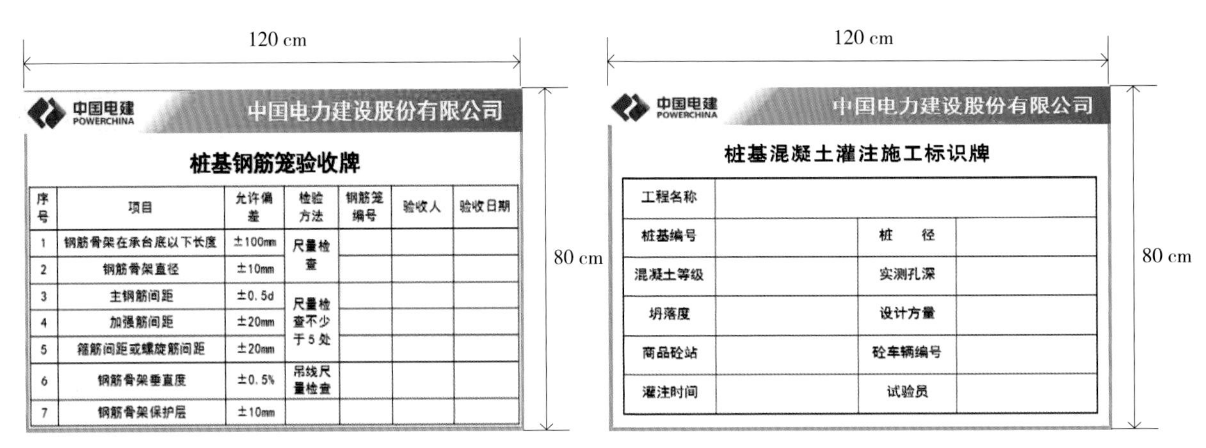

图 8.4-32　桩基钢筋笼验收牌

图 8.4-33　桩基混凝土灌注施工标识牌

8.4.3.2　承台施工图牌

（1）承台施工立面图，用于桥梁承台施工质量控制，图牌的大小为 120 cm 宽、240 cm 长，字体为黑体，主要体现承台基坑开挖断面高程、尺寸及混凝土施工断面高程、尺寸。

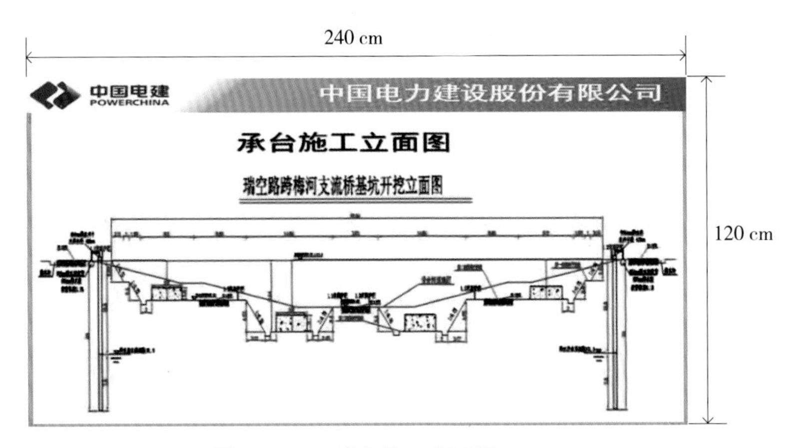

图 8.4-34　承台施工立面图

（2）承台施工工艺框图，用于承台施工质量控制，图牌的大小为 120 cm 宽、240 cm 长，字体为黑体，主要体现承台施工工艺流程。

（3）承台质量检验标准牌，用于桥梁承台施工质量控制，图牌的大小为 80 cm 宽、120 cm 长，字体为黑体，主要体现承台混凝土仓号施工验收情况。

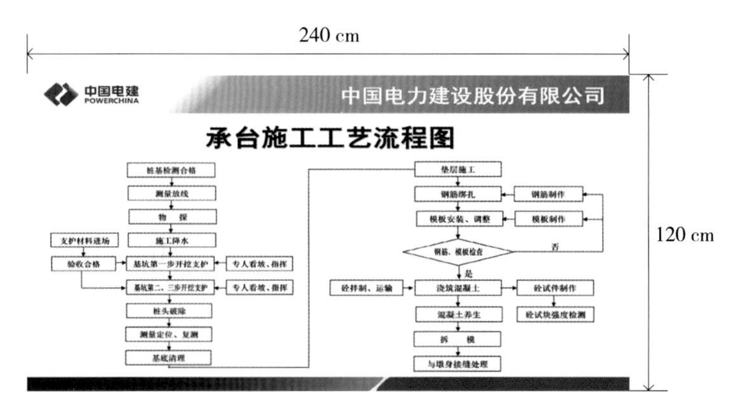

图 8.4–35　承台施工工艺框图牌

工程名称			
施工部位		施工日期	
序号	检查项目	规范值	检查结果
1	轴线偏位	允许偏差 15mm	
2	结构尺寸	允许偏差 ±30mm	
3	顶面高程	允许偏差 ±20mm	
4	模板相邻两板表面高低差	允许偏差 2mm	
5	模板表面平整	允许偏差 5mm	
6	预埋件中心线位置	允许偏差 3mm	
7	预留孔洞中心位置	允许偏差 10mm	
检查人		检查日期	

图 8.4–36　承台质量检验标准牌

（4）承台混凝土施工标识牌，用于承台混凝土施工质量控制，图牌的大小为 80 cm 宽、120 cm 长，字体为黑体，主要体现承台混凝土施工质量控制信息，包括混凝土强度等级、坍落度、商品混凝土站名称、混凝土车编号、养护时间、养护责任人等。

工程名称			
施工部位		施工日期	
砼强度等级		设计方量	
坍落度		实际方量	
商品砼站		养护时间	
砼车编号		养护责任人	
施工负责人		质量员	

图 8.4–37　承台混凝土施工标识牌

8.4.3.3　桥台、桥墩施工图牌

（1）桥台、桥墩施工形象进度图，用于桥梁承台施工质量控制，图牌的大小为 80 cm 宽、120 cm 长，字体为黑体，主要体现桥台、桥墩体型尺寸，为施工质量控制提供参考依据。

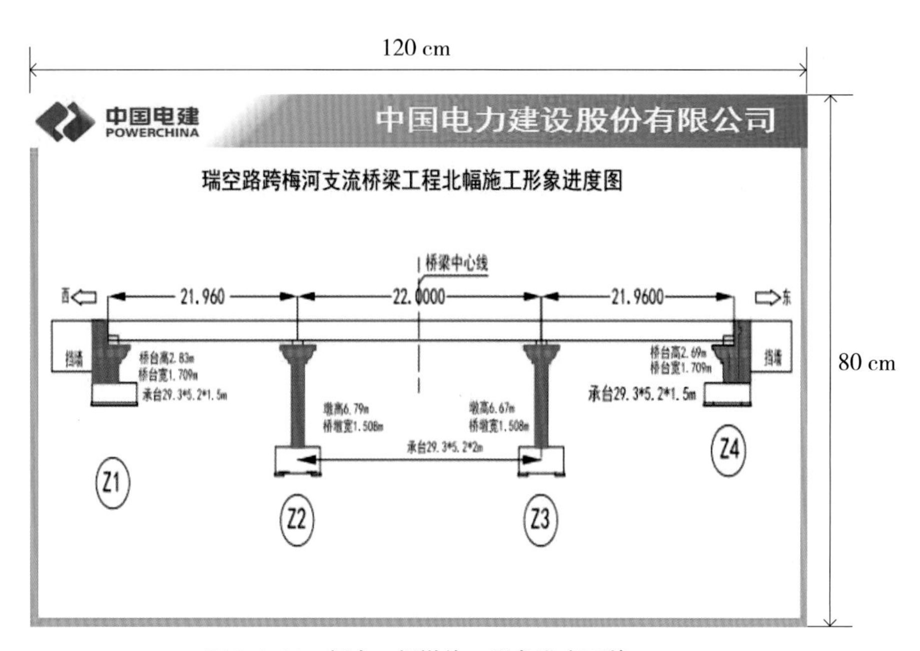

图 8.4–38　桥台、桥墩施工形象进度图牌

（2）桥台、桥墩施工工艺流程图，用于承台施工质量控制，图牌的大小为 80 cm 宽、120 cm 长，字体为黑体，主要展现桥台、桥墩施工工艺流程。

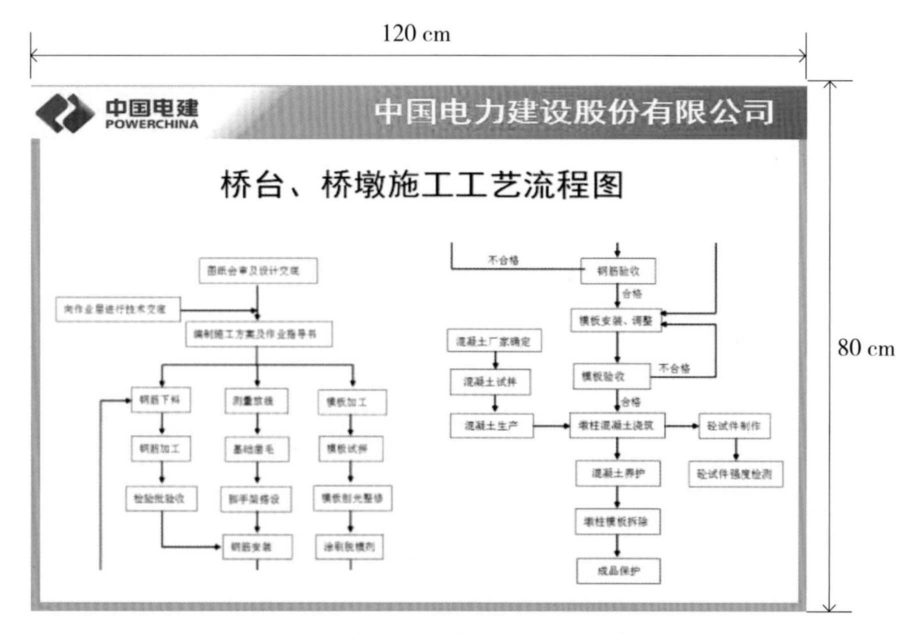

图 8.4–39　桥台、桥墩施工工艺流程图牌

（3）桥台、桥墩质量检验标准牌，用于桥台、桥墩施工质量控制，图牌的大小为 80 cm 宽、120 cm 长，字体为黑体，主要展示桥台、桥墩混凝土仓号施工验收情况。

（4）桥台、桥墩混凝土施工标识牌，用于承台混凝土施工质量控制，图牌的大小为 80 cm 宽、120 cm 长，字体为黑体，主要体现承台混凝土施工质量控制信息，包括混凝土强度等级、坍落度、商品混凝土站名称、混凝土车编号、养护时间、养护责任人等。

工程名称			
施工部位		施工日期	
序号	检查项目	规范值	检查结果
1	轴线偏位	允许偏差 15mm	
2	结构尺寸	允许偏差±30mm	
3	顶面高程	允许偏差±20mm	
4	模板相邻两板表面高低差	允许偏差 2mm	
5	模板表面平整	允许偏差 5mm	
6	预埋件中心线位置	允许偏差 3mm	
7	预留孔洞中心位置	允许偏差 10mm	
检查人		检查日期	

工程名称			
施工部位		施工日期	
砼强度等级		设计方量	
坍落度		实际方量	
商品砼站		养护时间	
砼车编号		养护责任人	
施工负责人		质量员	

图 8.4-40　桥台、桥墩质量检验标准牌

图 8.4-41　桥台、桥墩混凝土施工标识牌

8.4.3.4　支座施工图牌

（1）桥梁支座平面布置图，用于桥梁支座施工技术质量控制，图牌的大小为 80 cm 宽、120 cm 长，字体为黑体，主要体现支座规格型号、安装位置，为施工质量控制提供参考依据。

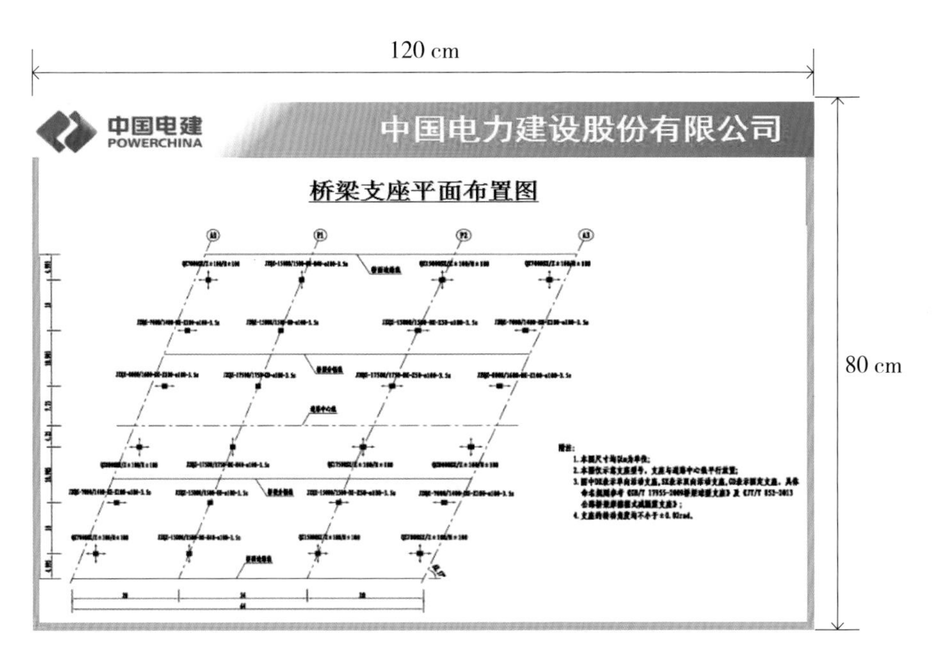

图 8.4-42　桥梁支座平面布置图

（2）支座质量检验标准牌，用于桥梁支座施工技术质量控制，图牌的大小为 80 cm 宽、120 cm 长，字体为黑体，主要标识桥梁支座安装质量验收情况。

图 8.4–43　支座质量检验标准牌

8.4.3.5　箱梁支架施工图牌

（1）箱梁支架检验标识牌，用于预应力箱梁混凝土施工质量控制，图牌的大小为 80 cm 宽、120 cm 长，字体为黑体，主要标识箱梁支架验收检查项目、规范要求、检查结果。

（2）支架验收合格牌，用于桥梁箱梁混凝土施工前的质量控制，图牌的大小为 80 cm 宽、120 cm 长，字体为黑体，主要标识验收部位、验收日期、搭设高度、搭设班组、验收人员等。

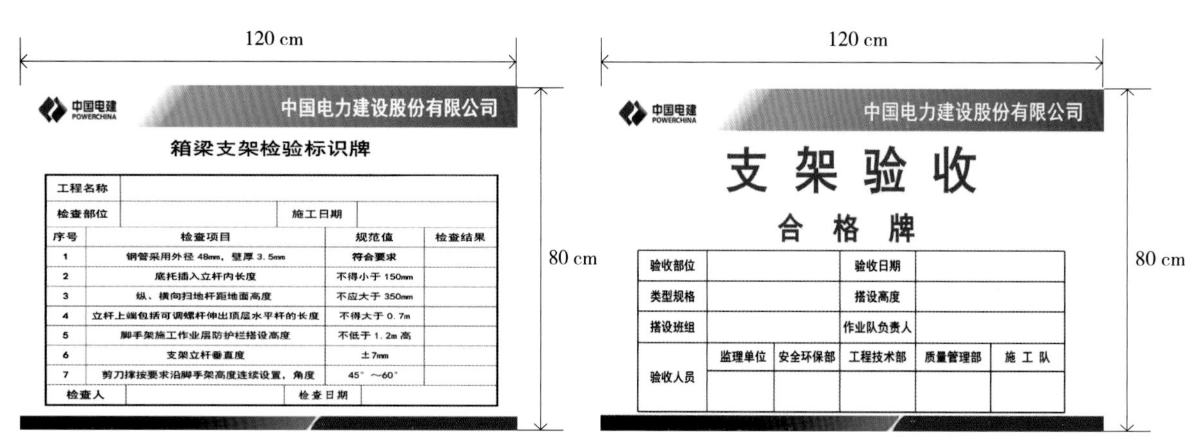

图 8.4–44　箱梁支架检验标识牌　　图 8.4–45　支架验收合格牌

8.4.3.6　箱梁施工图牌

（1）桥梁箱梁立剖面图，用于桥梁箱梁施工技术质量控制，图牌的大小为 80 cm 宽、120 cm 长，字体为黑体，主要展示箱梁结构尺寸，为施工质量控制提供参考依据。

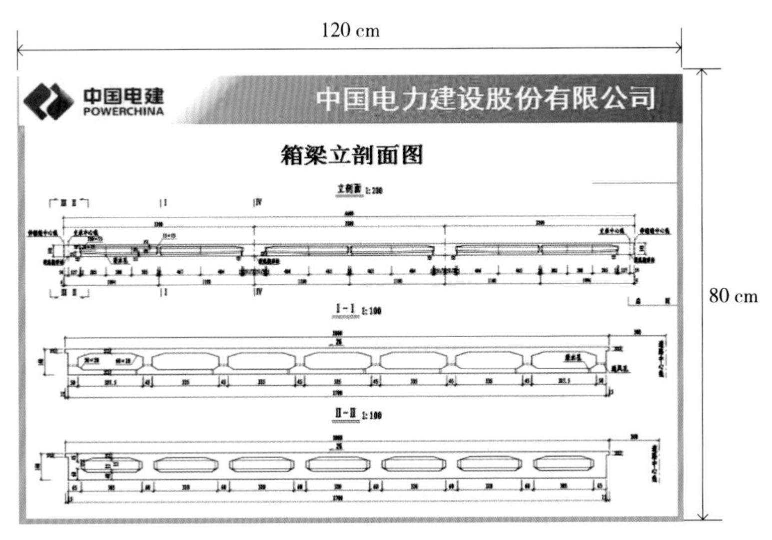

图 8.4–46　桥梁箱梁立剖面图牌

（2）预应力箱梁施工工艺流程图，用于预应力箱梁施工质量控制，图牌的大小为 80 cm 宽、120 cm 长，字体为黑体，主要展现预应力箱梁施工工艺流程。

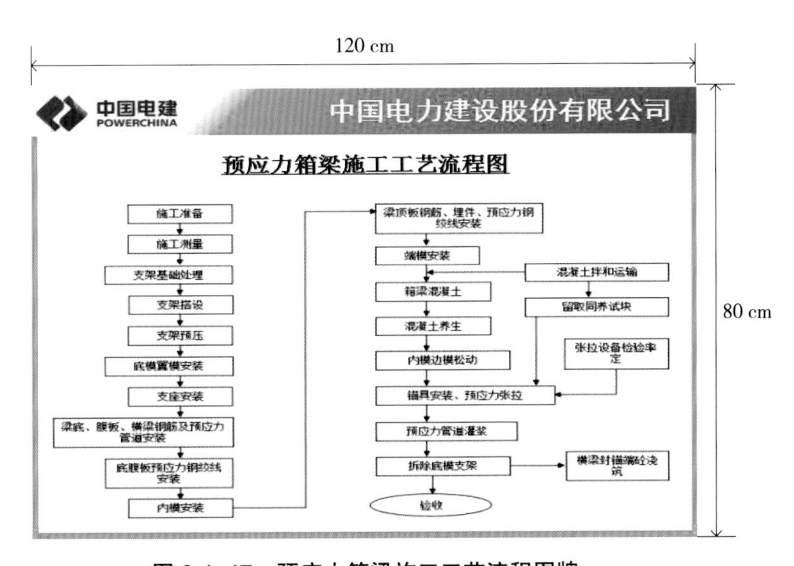

图 8.4–47　预应力箱梁施工工艺流程图牌

（3）箱梁质量检验标准牌，用于预应力箱梁施工质量控制，图牌的大小为 80 cm 宽、120 cm 长，字体为黑体，主要展示箱梁混凝土施工验收情况。

（4）箱梁混凝土施工标识牌，用于箱梁混凝土施工质量控制，图牌的大小为 80 cm 宽、120 cm 长，字体为黑体，主要标识箱梁混凝土施工质量控制信息，包括混凝土强度等级、坍落度、商品混凝土站名称、混凝土车编号、养护时间、养护责任人等。

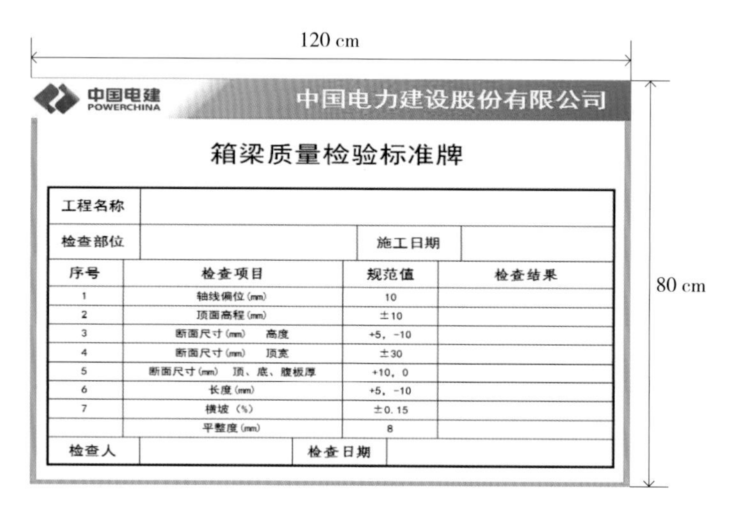

工程名称			
检查部位		施工日期	
序号	检查项目	规范值	检查结果
1	轴线偏位(mm)	10	
2	顶面高程(mm)	±10	
3	断面尺寸(mm) 高度	+5，-10	
4	断面尺寸(mm) 顶宽	±30	
5	断面尺寸(mm) 顶、底、腹板厚	+10，0	
6	长度(mm)	+5，-10	
7	横坡（%）	±0.15	
	平整度(mm)	8	
检查人		检查日期	

图 8.4-48　箱梁质量检验标准牌

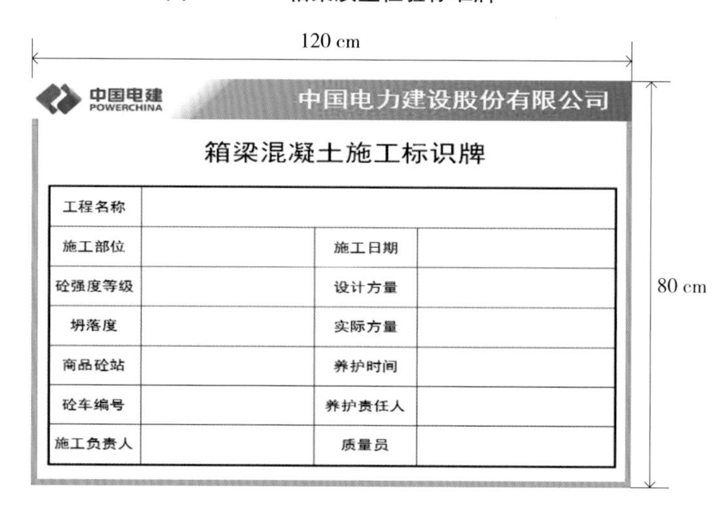

工程名称			
施工部位		施工日期	
砼强度等级		设计方量	
坍落度		实际方量	
商品砼站		养护时间	
砼车编号		养护责任人	
施工负责人		质量员	

图 8.4-49　箱梁混凝土施工标识牌

（5）后张预应力质量检验标识牌，用于预应力张拉施工质量控制，图牌的大小为 80 cm 宽、120 cm 长，字体为黑体，主要标识箱梁预应力施工质量验收情况。

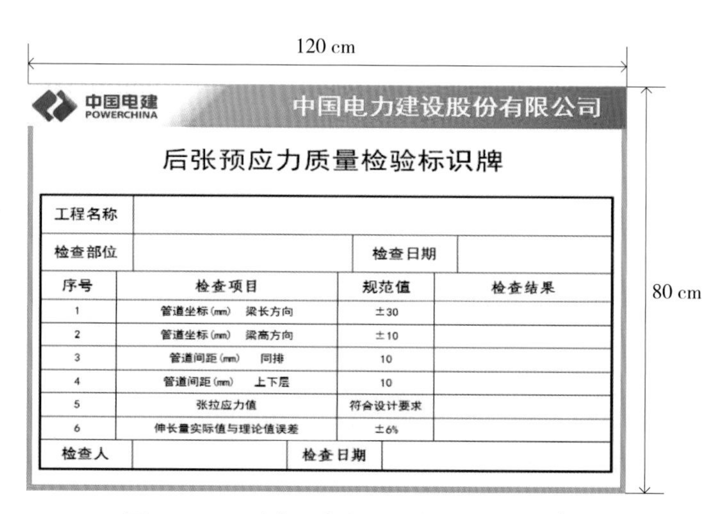

工程名称			
检查部位		检查日期	
序号	检查项目	规范值	检查结果
1	管道坐标(mm) 梁长方向	±30	
2	管道坐标(mm) 梁高方向	±10	
3	管道间距(mm) 同排	10	
4	管道间距(mm) 上下层	10	
5	张拉应力值	符合设计要求	
6	伸长量实际值与理论值误差	±6%	
检查人		检查日期	

图 8.4-50　后张预应力质量检验标识牌

（6）后张预应力孔道注浆施工标识牌，用于预应力孔道注浆施工质量控制，图牌的大小为 80 cm 宽、120 cm 长，字体为黑体，主要标识预应力孔道注浆施工质量控制信息等。

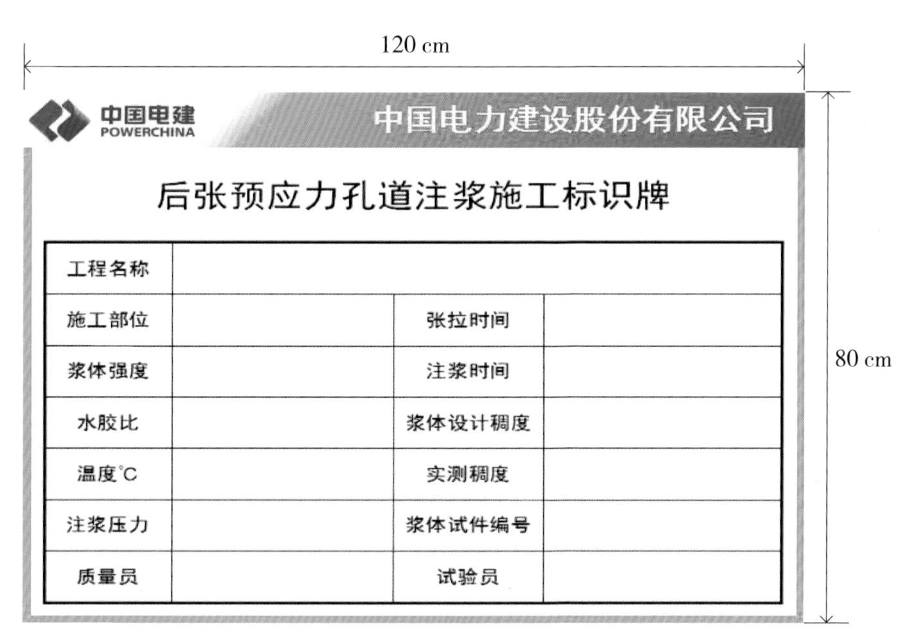
120 cm

80 cm

中国电建 POWERCHINA　中国电力建设股份有限公司

后张预应力孔道注浆施工标识牌

工程名称			
施工部位		张拉时间	
浆体强度		注浆时间	
水胶比		浆体设计稠度	
温度℃		实测稠度	
注浆压力		浆体试件编号	
质量员		试验员	

图 8.4-51　后张预应力孔道注浆施工标识牌

8.4.3.7　桥面系施工图牌

（1）伸缩装置施工断面图，用于伸缩缝施工技术质量控制，图牌的大小为 80 cm 宽、120 cm 长，字体为黑体，主要展示伸缩装置结构尺寸，为施工质量控制提供参考依据。

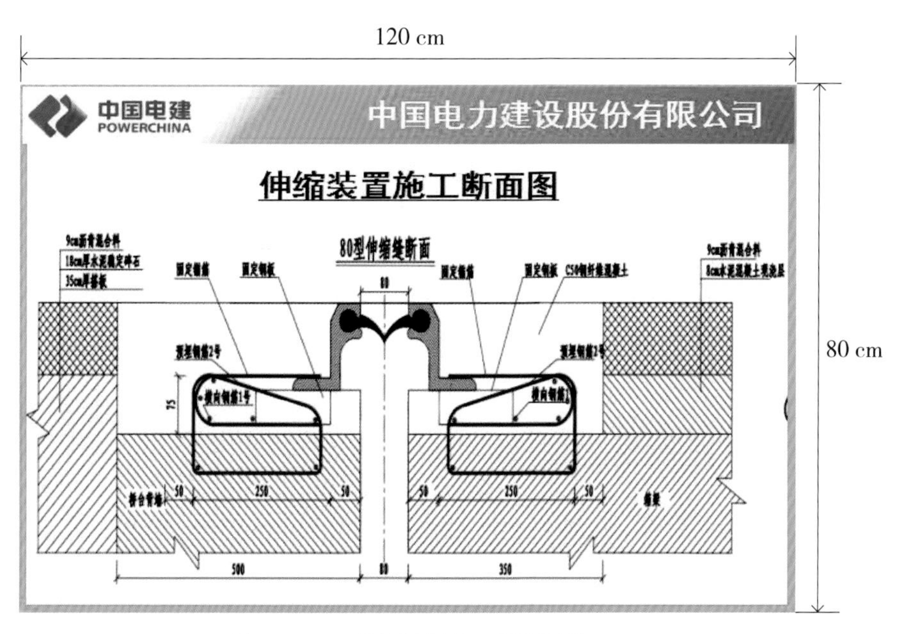

图 8.4-52　伸缩装置施工断面图牌

（2）伸缩装置质量检验标识牌，用于伸缩装置施工质量控制，图牌的大小为 80 cm 宽、120 cm 长，字体为黑体，主要标识伸缩装置施工质量验收情况。

伸缩装置质量检验标识牌

工程名称			
检查部位		检查日期	
序号	检查项目	规范值	检查结果
1	长　度　(mm)	符合设计要求	
2	缝　宽　(mm)	符合设计要求	
3	与桥面高差 (mm)	2	
4	纵　坡　(%)	±0.2	
5	横向平整度 (mm)	3	
检查人		检查日期	

图 8.4–53　伸缩装置质量检验标识牌

（3）桥面铺装施工断面图，用于桥面铺装施工技术质量控制，图牌的大小为 80 cm 宽、120 cm 长，字体为黑体，主要展示桥面铺装断面结构尺寸，为施工质量控制提供依据。

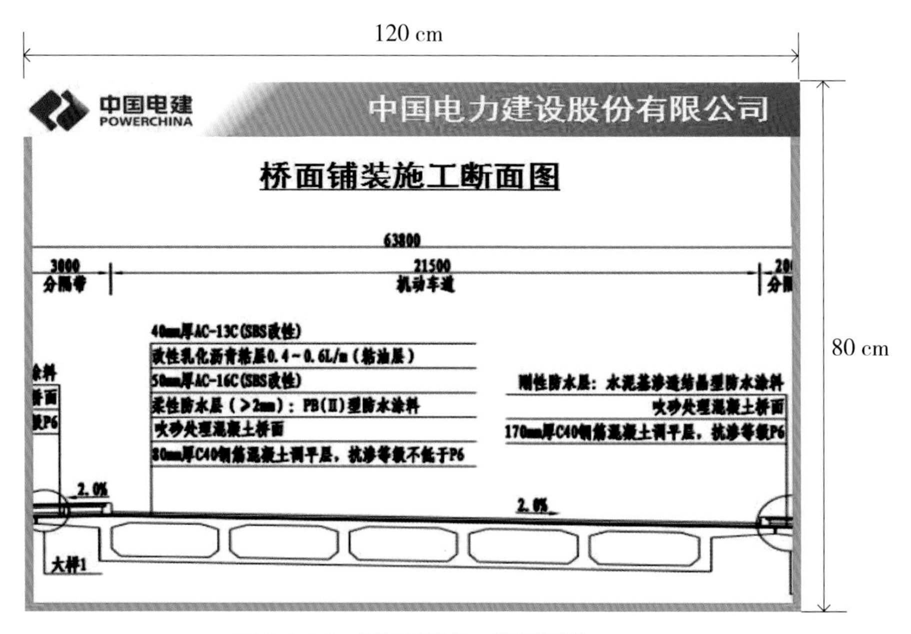

图 8.4–54　桥面铺装施工断面图牌

(4)桥面铺装质量检验标识牌，用于桥面铺装施工质量控制，图牌的大小为 80 cm 宽、120 cm 长，字体为黑体，主要标识桥面铺装施工质量验收情况。

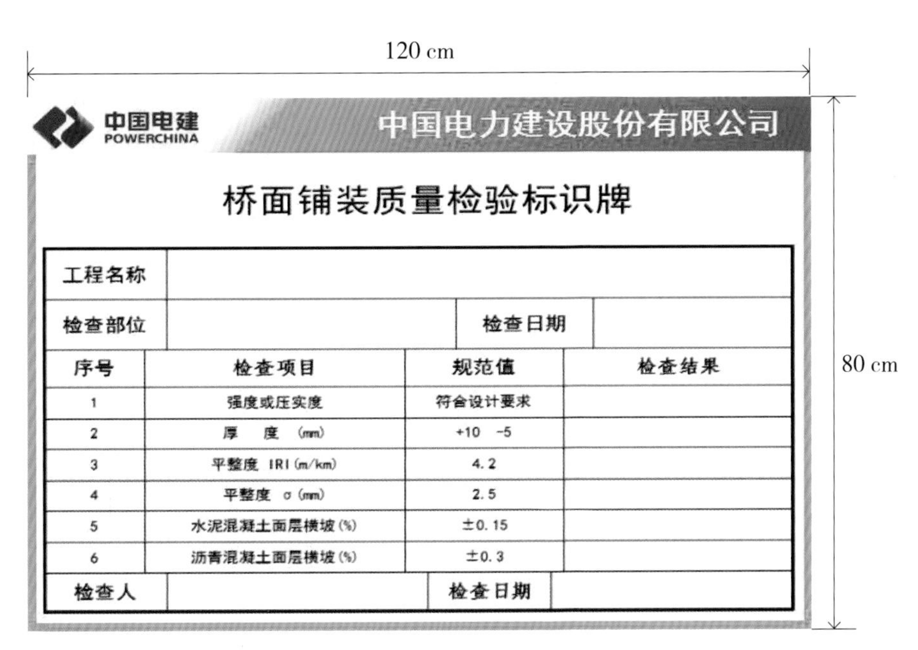

桥面铺装质量检验标识牌

工程名称			
检查部位		检查日期	
序号	检查项目	规范值	检查结果
1	强度或压实度	符合设计要求	
2	厚　度 (mm)	+10　-5	
3	平整度 IRI (m/km)	4.2	
4	平整度 σ (mm)	2.5	
5	水泥混凝土面层横坡 (%)	±0.15	
6	沥青混凝土面层横坡 (%)	±0.3	
检查人		检查日期	

图 8.4-55　桥面铺装质量检验标识牌

8.4.3.8　装修及装饰施工图牌

(1)栏杆、护栏质量检验标识牌，用于桥面栏杆、护栏施工质量控制，图牌的大小为 80 cm 宽、120 cm 长，字体为黑体，主要标识栏杆、护栏施工质量控制及验收情况。

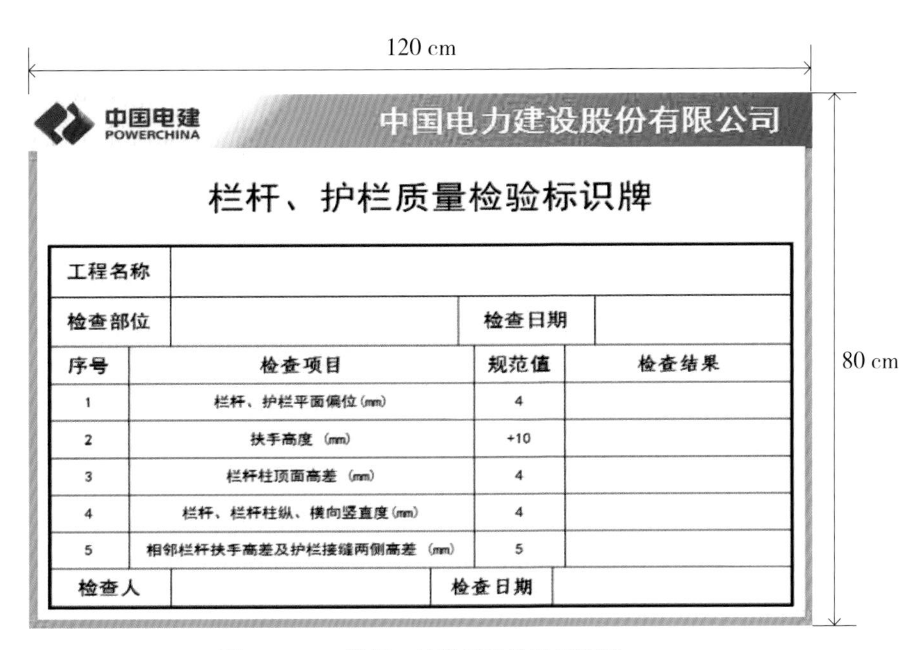

栏杆、护栏质量检验标识牌

工程名称			
检查部位		检查日期	
序号	检查项目	规范值	检查结果
1	栏杆、护栏平面偏位 (mm)	4	
2	扶手高度 (mm)	+10	
3	栏杆柱顶面高差 (mm)	4	
4	栏杆、栏杆柱纵、横向竖直度 (mm)	4	
5	相邻栏杆扶手高差及护栏接缝两侧高差 (mm)	5	
检查人		检查日期	

图 8.4-56　栏杆、护栏质量检验标识牌

（2）人行道铺设质量检验标识牌，用于人行道铺设施工质量控制，图牌的大小为 80 cm 宽、120 cm 长，字体为黑体，主要标识人行道铺设施工质量控制及验收情况。

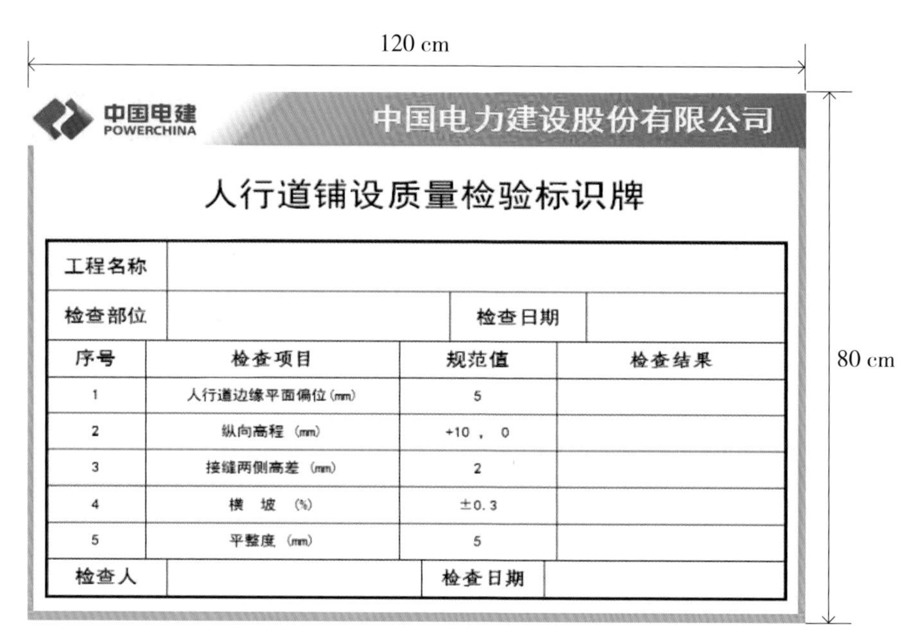

120 cm

80 cm

中国电建 POWERCHINA　中国电力建设股份有限公司

人行道铺设质量检验标识牌

工程名称			
检查部位		检查日期	
序号	检查项目	规范值	检查结果
1	人行道边缘平面偏位（mm）	5	
2	纵向高程（mm）	+10，0	
3	接缝两侧高差（mm）	2	
4	横　坡（%）	±0.3	
5	平整度（mm）	5	
检查人		检查日期	

图 8.4–57　人行道铺设质量检验标识牌

8.4.3.9　桥台搭板施工图牌

（1）桥台搭板立面布置图，用于桥台搭板施工技术质量控制，图牌的大小为 80 cm 宽、120 cm 长，字体为黑体，主要展示桥台搭板断面结构尺寸，为施工质量控制提供依据。

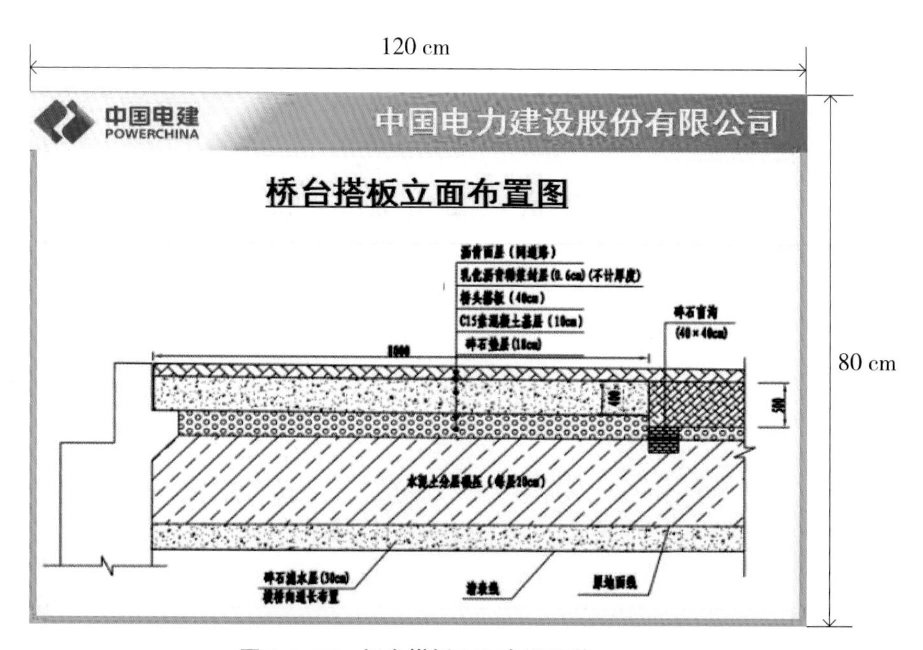

图 8.4–58　桥台搭板立面布置图牌

（2）桥台搭板质量验收标识牌，用于桥台搭板施工流程质量控制，图牌的大小为 80 cm 宽、120 cm 长，字体为黑体，主要标识桥台施工工序流程及验收情况等。

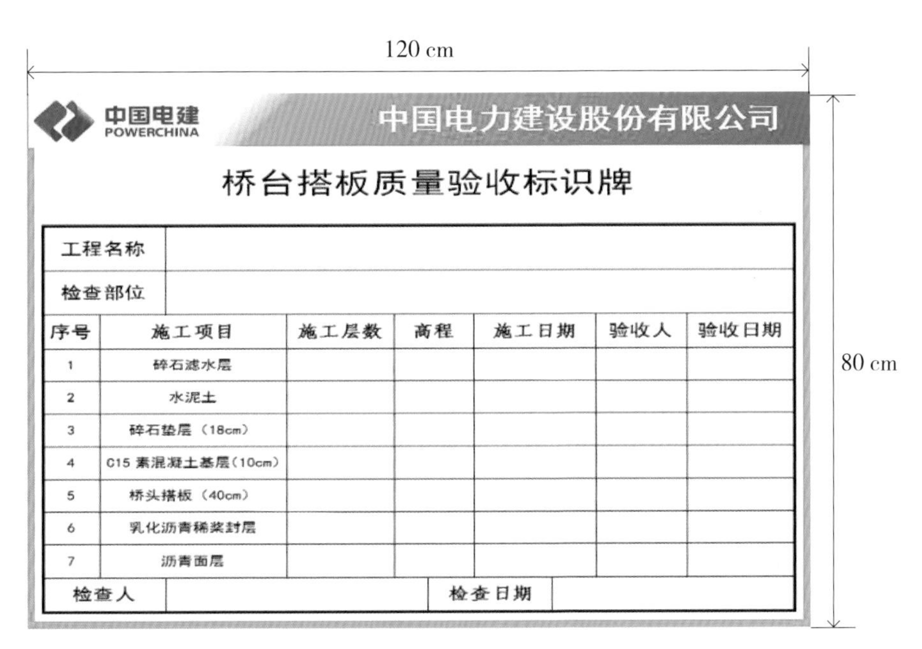

桥台搭板质量验收标识牌

工程名称						
检查部位						
序号	施工项目	施工层数	高程	施工日期	验收人	验收日期
1	碎石滤水层					
2	水泥土					
3	碎石垫层（18cm）					
4	C15 素混凝土基层（10cm）					
5	桥头搭板（40cm）					
6	乳化沥青稀浆封层					
7	沥青面层					
检查人			检查日期			

图 8.4–59　桥台搭板质量验收标识牌

8.4.4　隧道工程

（1）隧道工程施工工艺流程图，有了工艺流程就有利于保证，为现场相关负责的人员以及施工人员方便施工，图牌的大小为 80 cm 宽、120 cm 长，字体为黑体。

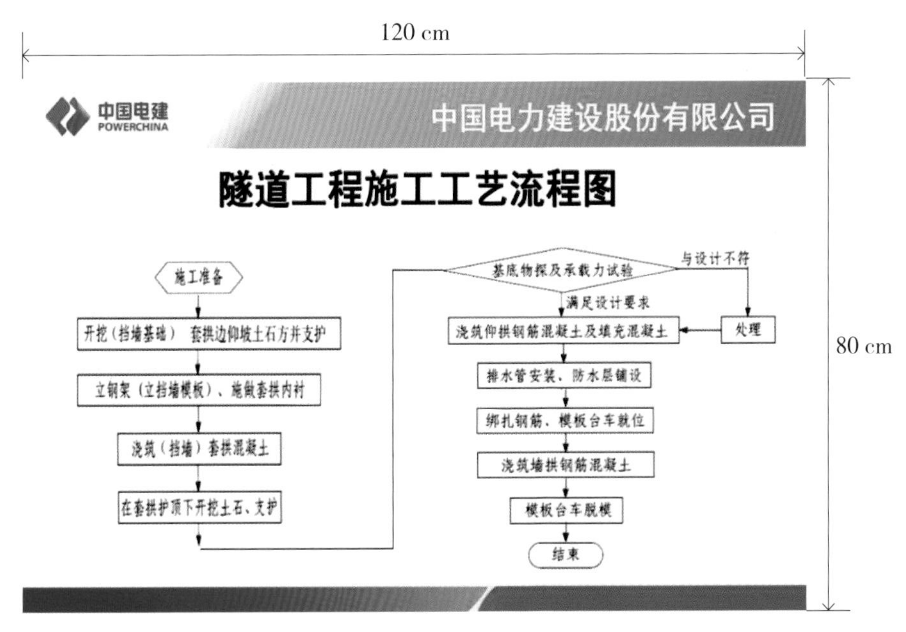

图 8.4–60　隧道工程施工工艺流程图牌

（2）隧道工程项目划分牌，主要体现分部工程、分项工程，是做检验批的基础。图牌大小为 80 cm 宽、120 cm 长，字体为黑体。

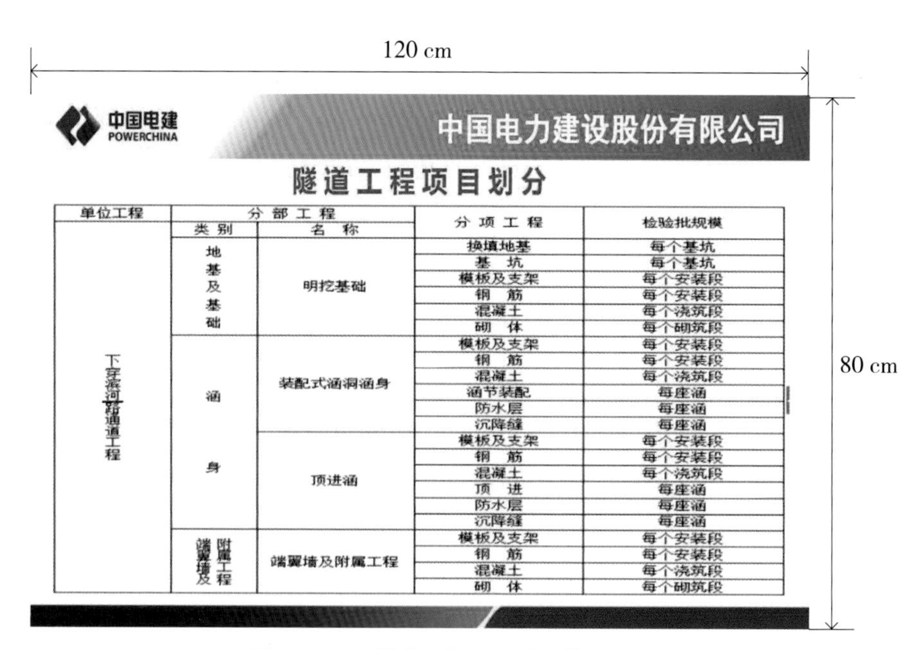

单位工程	分部工程		分项工程	检验批规模
	类别	名称		
下穿滨河路通道工程	地基及基础	明挖基础	换填地基	每个基坑
			基坑	每个基坑
			模板及支架	每个安装段
			钢筋	每个安装段
			混凝土	每个浇筑段
			砌体	每个砌筑段
	涵身	装配式涵洞涵身	模板及支架	每个安装段
			钢筋	每个安装段
			混凝土	每个浇筑段
			涵节装配	每座涵
			防水层	每座涵
			沉降缝	每座涵
		顶进涵	模板及支架	每个安装段
			钢筋	每个安装段
			混凝土	每个浇筑段
			顶进	每座涵
			防水层	每座涵
			沉降缝	每座涵
	端翼墙及附属工程	端翼墙及附属工程	模板及支架	每个安装段
			钢筋	每个安装段
			混凝土	每个浇筑段
			砌体	每个砌筑段

图 8.4–61 隧道工程项目划分牌

（3）隧道工程质量控制要点，主要介绍在每一步施工时重要的质量控制点，使现场能够更好地进行施工。图牌大小为 80 cm 宽、120 cm 长，字体为黑体。

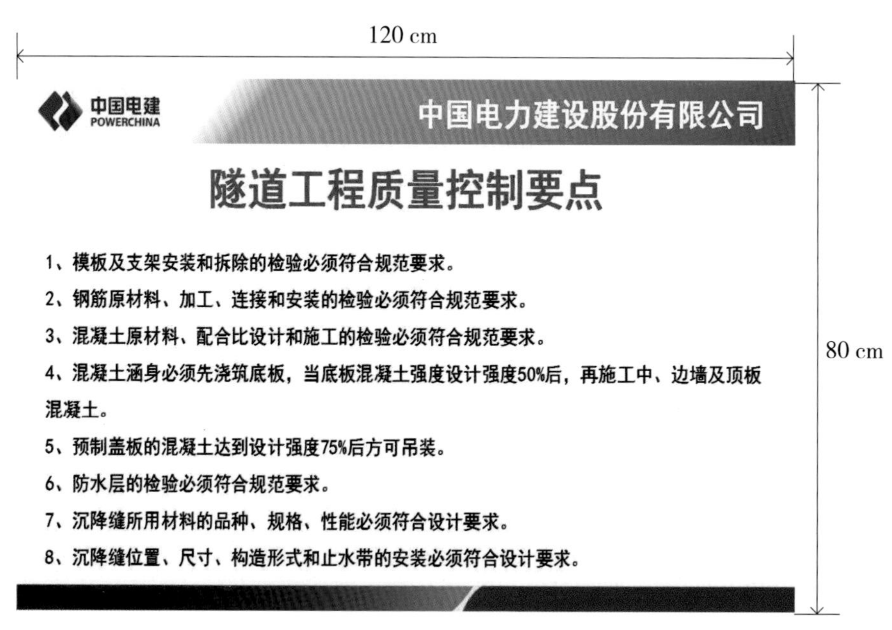

图 8.4–62 隧道工程质量控制要点牌

（4）隧道工程质量控制重点牌，主要介绍在每一步施工时重要的质量控制点，使现场能够更好地进行施工。图牌大小为 80 cm 宽、120 cm 长，字体为黑体。

序号	工序	检查要点	工序操作、控制方法及控制要点	检查方法（方式）
1	沟槽开挖	位置是否准确，开挖深度是否合格。	1、测量放线：由测量人员根据图纸设计要求进行放线。 2、沟槽开挖：开挖前测量人员根据图纸设计要求说明下挖都需要哪些要求。 3、控制要点：测量人员全程旁站。	仪器测量 承载力检测
2	钢筋加工	原材是否合格，现场是否有加工棚，钢筋是否锈蚀，加工时是否进行二次弯折，加工时是否对钢筋进行加热。	1、原材合格证及厂家资质：原材进场前进行报验，提供产品合格证。 2、加工棚：钢筋送检合格后按型号放置，并在现场建造加工棚； 3、控制要点：进场时检查原材是否出现锈蚀等现象，加工时是否对钢筋进行加热及二次弯折。	观察
3	钢筋安装	钢筋之间的间距	1、按照图纸要求进行安装：按图纸要求将钢筋进行安装。 2、控制要点：安装后对钢筋型号进行检验，对钢筋之间的间距进行检测，对钢筋接头进行检验。	观察，尺量
4	模板安装	外观质量，	1、模板安装：在安装前对模板进行清理并涂抹脱模剂。 2、控制要点：安装前检查模板有无破损、裂缝等现象，模板接缝处不能出现漏浆现象。	观察，尺量
5	砼浇筑	现场有无振捣棒，浇筑时保护层是否符合要求	1、砼浇筑：浇筑前现场必须配有振捣棒，并检查保护层是否符合要求，浇筑时不需一次成型，并做试块。 2、控制要求：现场必须配有振捣棒，且一次浇筑成型，浇筑时必须做试块用来送检做强度检测。	观察、检测

图 8.4–63　隧道工程质量控制重点牌

8.5　成品保护标识牌

（1）成品保护管理措施牌，图牌大小为 80 cm 宽、120 cm 长，字体为黑体。施工现场成品保护是保证工程实体质量的重要环节，是施工管理的重要组成部分。主要体现成品保护具体措施。

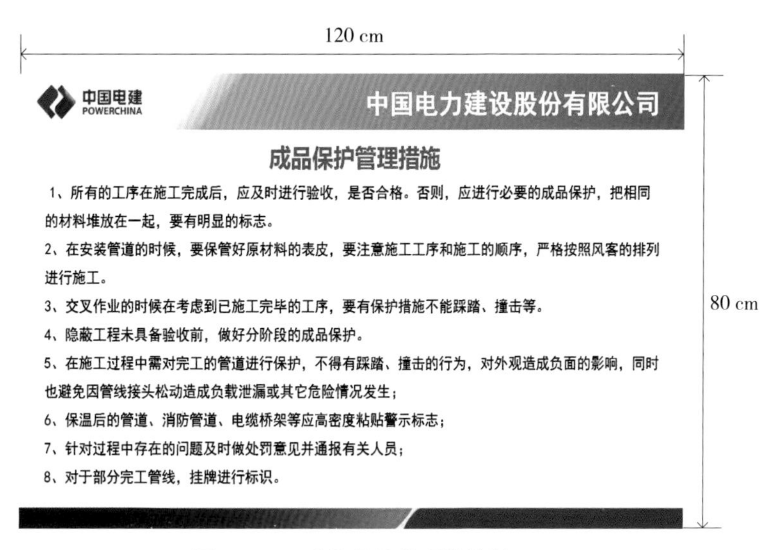

图 8.5–1　成品保护管理措施牌

（2）成品保护管理制度牌，图牌的大小为 80 cm 宽、120 cm 长，字体为黑体，是关系到保证工程质量、降低工程成本和按期竣工的重要工作，在施工过程中，对已完成的和正在施工的分项、检验批工程进行保护。

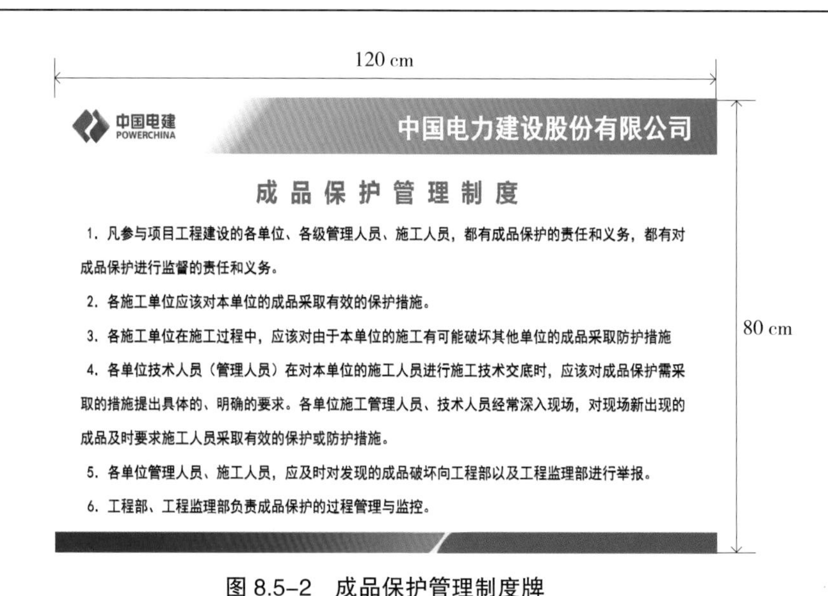

图 8.5–2　成品保护管理制度牌

（3）检查井成品保护牌，用于检查井成品保护标识，图牌的大小为 50 cm 宽、100 cm 长，字体为红色黑体，主要体现所标识部位的二维码信息及提示语。

（4）管道安装半成品保护牌，用于管子敷设安装后成品保护标识，图牌的大小为 50 cm 宽、100 cm 长，字体为红色黑体，主要体现所保护部位及提示语。

图 8.5–3　检查井成品保护牌

图 8.5–4　管道安装半成品保护牌

（5）混凝土浇筑仓号警示牌，用于混凝土仓号保护标识，图牌的大小为 50 cm 宽、100 cm 长，字体为红色黑体，主要为保护混凝土浇筑仓号干净无污染所设警示牌。

（6）混凝土仓号成品保护牌，用于混凝土浇筑仓号保护标识，图牌的大小为 50 cm 宽、100 cm 长，字体为红色黑体，主要为保护仓号警示语。

（7）桥梁支座成品保护牌，用于桥梁支座安装后成品保护标识，图牌的大小为 50 cm 宽、100 cm 长，字体为红色黑体，主要体现所保护部位及提示语。

图 8.5–5　混凝土浇筑仓号警示牌

图 8.5–6　混凝土仓号成品保护牌

图 8.5–7　桥梁支座成品保护牌

（8）混凝土浇筑仓号警示牌，用于混凝土仓号保护标识，图牌的大小为 50 cm 宽、100 cm 长，字体为红色黑体，主要为提示入仓人员进入施工部位提示语。

（9）混凝土成品保护牌，用于各部位混凝土成品保护标识，图牌的大小为 50 cm 宽、100 cm 长，字体为红色黑体，主要体现所标识部位的二维码信息及提示语。

（10）混凝土同条件养护试块保护牌，用于混凝试块保护标识，图牌的大小为 50 cm 宽、100 cm 长，字体为红色黑体，主要为混凝土试块二维码信息及提示语。

图 8.5–8　凝土浇筑仓号警示牌

图 8.5–9　混凝土成品保护牌

图 8.5–10　混凝土同条件养护试块保护牌

注：本章标牌规格、尺寸、内容等仅供参考，具体标准可根据企业内部及相关部门要求进行调整。